Thomas Wenisch

# Kurzlehrbuch Biologie

4. Auflage

Mit 73 Abbildungen und 9 Tabellen

Lerntipps von Maximilian Friedrich

URBAN & FISCHER   München

**Zuschriften an:**
Elsevier GmbH, Urban & Fischer Verlag, Hackerbrücke 6, 80335 München

**Wichtiger Hinweis für den Benutzer**
Die Erkenntnisse in der Medizin unterliegen laufendem Wandel durch Forschung und klinische Erfahrungen. Die Autoren dieses Werkes haben große Sorgfalt darauf verwendet, dass die in diesem Werk gemachten therapeutischen Angaben (insbesondere hinsichtlich Indikation, Dosierung und unerwünschter Wirkungen) dem derzeitigen Wissensstand entsprechen. Das entbindet den Nutzer dieses Werkes aber nicht von der Verpflichtung, anhand weiterer schriftlicher Informationsquellen zu überprüfen, ob die dort gemachten Angaben von denen in diesem Werk abweichen und seine Verordnung in eigener Verantwortung zu treffen.
**Für die Vollständigkeit und Auswahl der aufgeführten Medikamente übernimmt der Verlag keine Gewähr.**
Geschützte Warennamen (Warenzeichen) werden in der Regel besonders kenntlich gemacht (®). Aus dem Fehlen eines solchen Hinweises kann jedoch nicht automatisch geschlossen werden, dass es sich um einen freien Warennamen handelt.

**Bibliografische Information der Deutschen Nationalbibliothek**
Die Deutsche Nationalbibliothek verzeichnet diese Publikation in der Deutschen Nationalbibliografie; detaillierte bibliografische Daten sind im Internet über http://www.d-nb.de/ abrufbar.

15   16   17   18   19          5   4   3   2   1

Für Copyright in Bezug auf das verwendete Bildmaterial siehe Abbildungsnachweis.

Um den Textfluss nicht zu stören, wurde bei Patienten und Berufsbezeichnungen die grammatikalisch maskuline Form gewählt. Selbstverständlich sind in diesen Fällen immer Frauen und Männer gemeint.

Planung: Benjamin Rempe
Lektorat und Projektmanagement: Sabine Hennhöfer
Redaktion: Dr. rer. nat. Claudia Deigele
Herstellung: Cornelia von Saint Paul
Satz: abavo GmbH, Buchloe/Deutschland; TnQ, Chennai/Indien
Druck und Bindung: Printer Trento, Trento/Italien
Umschlaggestaltung: SpieszDesign, Neu-Ulm

ISBN Print    978-3-437-43324-5
ISBN e-Book   978-3-437-18809-1

Aktuelle Informationen finden Sie im Internet unter **www.elsevier.de** und **www.elsevier.com**

# Vorwort

Das Medizinstudium umfasst viele Fächer, dazu gehören in der Vorklinik die naturwissenschaftlichen Grundlagen. Physik, Chemie und Biologie sind die im Physikum mit nur wenigen Fragen vertretenen so genannten „kleinen Fächer".

Dennoch werden gerade in diesen Fächern Grundlagen vermittelt, die für das tiefere Verständnis anderer Bereiche der Medizin erforderlich sind.

Grundlagen der Biologie werden für das Verständnis der Biochemie benötigt. Auch viele heute im klinischen Alltag angewandte diagnostische Verfahren beruhen auf Methoden der Molekularbiologie.

Der Medizinstudent steht nun vor der Frage, wie er sich die für seine Ausbildung erforderlichen naturwissenschaftlichen Kenntnisse aneignen soll. Für jedes Fach ein mehrere hundert Seiten umfassendes Standardlehrbuch durchzuarbeiten wäre sicherlich sinnvoll. Aber in der Regel ist dies bei dem vollen Stundenplan der ersten Semester zeitlich einfach kaum durchführbar. Fragensammlungen mit kommentierten Prüfungsfragen oder Lerntexte, die eher stichwortartig den Gegenstandskatalog wiedergeben, mögen in der letzten Phase einer Prüfungsvorbereitung angebracht sein, ein tieferes Verständnis, das es ermöglicht, den Lehrstoff auch selbständig auf neue Fragestellungen anzuwenden, lässt sich auf diese Weise aber nicht vermitteln. Die Folge dieses Dilemmas sind für viele Studenten oft frustrierende Erfahrungen in Klausuren und Praktika.

Hier liegt der Ansatzpunkt für eine Reihe von Kurzlehrbüchern, die eine übersichtliche und prägnante Darstellung des wirklich relevanten Prüfungsstoffes geben.

In den beiden ersten Auflagen waren alle drei Fächer Physik, Chemie und Biologie in einem Band zusammengefasst. In der Neuauflage erscheinen sie nun als separate Lehrbücher.

Die Themen des Gegenstandskatalogs werden vollständig abgedeckt. Es handelt sich hierbei aber nicht um eine reine Auflistung der GK-Themen. Besonders prüfungsrelevante Themen und solche, die für das Medizinstudium oder die spätere ärztliche Praxis wichtig sind, werden ausführlicher behandelt.

Weniger wichtige im GK genannte Begriffe werden nur kurz angesprochen.

Die Reihenfolge der Kapitel und die Hauptüberschriften folgen dem Gegenstandskatalog für die ärztliche Vorprüfung. Dies soll dem Studenten die Orientierung erleichtern. In einigen Kapiteln wird aus Gründen der verständlicheren Darstellung des Lehrstoffes aber von der weiteren Untergliederung des GK abgewichen.

Auf wichtige Punkte wird im Text besonders hingewiesen, sie werden durch Merktexte hervorgehoben. Ebenso werden an vielen Stellen klinische Anwendungen und Beispiele aufgezeigt. Lerntipps sollen das erworbene Wissen festigen und vertiefen.

An der Entstehung eines Buches hat nicht nur der Autor Anteil, sondern stets auch viele Mitarbeiter eines Verlages. Mein Dank gilt dem Bereich Medizinstudium des Elsevier Verlages und hier besonders dem Lektorat mit Frau Sabine Hennhöfer und Frau Veronika Rojacher, Frau Claudia Deigele sowie Herrn cand. med. Maximilian Friedrich, der viele und wertvolle Lerntipps beigesteuert hat. Ohne die konstruktive Zusammenarbeit aller Beteiligten hätte dieses Buch nicht in der vorliegenden Form erscheinen können.

Dieses Lehrbuch erscheint nun in der 4. Auflage. Der Inhalt wurde an die Aktualisierung der Prüfungsthemen angepasst und an einigen Stellen erweitert. Ich bedanke mich bei den engagierten Lesern, ihre Zuschriften fanden Eingang in die Überarbeitung und Korrekturen.

Anregungen, Verbesserungsvorschläge und Kritiken von Seiten der Leser sind stets willkommen. Sie helfen, das Buch weiterhin zu verbessern und auch für zukünftige Generationen von Studenten aktuell zu halten.

Für das Studium und die Prüfungsvorbereitung wünsche ich allen Lesern dieses Buches viel Erfolg!

Juni 2015
**Thomas Wenisch**

# Lesen, verstehen, bestehen – die Kurzlehrbücher

Auf die Frage, was ein perfektes Kurzlehrbuch ausmacht, nennen Studenten immer wieder die gleichen Stichworte:

- effektive Vorbereitung auf Semesterprüfungen und Staatsexamen
- Beschränkung auf das Wesentliche, klare Trennung von Wichtigem und Unwichtigem
- didaktisch klar aufbereitetes Wissen und gut strukturierte Texte von Autoren, die verständlich erklären können.

Die neue Kurzlehrbuchreihe ist genau auf diese Bedürfnisse zugeschnitten. Autoren mit viel Erfahrung in der Lehre setzen sich im Vorfeld intensiv mit den bisherigen Examens-Fragen des IMPP auseinander und gestalten ihre Texte anschließend so, dass sie den Studierenden optimal semesterbegleitend und prüfungsvorbereitend durch den Stoff leiten. Die Texte setzen sinnvolle Schwerpunkte, Prüfungsrelevantes ist deutlich gekennzeichnet, Lerntipps helfen bei der Prüfungsvorbereitung.

Darüber hinaus sind die neuen Kurzlehrbücher Teil der **mediscript Lernwelt:** Die Lernwelt verknüpft Lernen, Üben, Vertiefen auf perfekte Weise und das alles auf einen Klick. Mit dem Code auf der Innenseite Ihres Buches erhalten Sie zwölf Monate Online-Zugang zu:

- **mediscript Online mit allen IMPP-Fragen zum Fach,** mit Sammelkörben, detaillierten Statistiken und den besten Kommentaren zu allen Antwort-Optionen
- **Ihrem Buch in der Online-Bibliothek** zum Nachlesen von überall her

Und das Beste: Von mediscript Online können Sie über Links direkt zur richtigen Buchseite springen – kein Suchen mehr in Inhaltsverzeichnis oder Register.

Lesen – verstehen – bestehen mit den Kurzlehrbüchern in der mediscript Lernwelt!

# Die didaktischen Elemente im Überblick

Auf einen Blick relevantes Wissen filtern dank farbig hervorgehobener Textpassagen. Die Kennzeichnungen im Einzelnen:

Prüfungsrelevanz auf einen Blick: Für die Prüfung besonders wichtige Absätze sind – wie dieser Abschnitt – mit einem grünen Balken am linken Rand markiert. Ermittelt wurde die Prüfungsrelevanz aufgrund der Häufigkeit der zu dem jeweiligen Thema gestellten Fragen der letzten zehn Examina. Wer diesen Stoff lernt, kann optimal punkten.

## IMPP-Hits

Wo liegen die Schwerpunkte und was bringt Punkte im schriftlichen Examen? Die grünen Kästen zu Beginn jedes Kapitels geben einen Überblick über die bisherigen „Lieblingsthemen" des IMPP.

## Merke

In den gelben Kästen finden Sie für das Verständnis, die Prüfung oder die Klinik besonders wichtige Zusammenhänge, die es sich einzuprägen lohnt.

## Beispiel

Beispiele zu bestimmten Themen im Text sind in roten Kästen zu finden.

## Klinik

Gibt der Gegenstandskatalog in der Vorklinik Krankheitsbilder vor, dann sind diese in den lilafarbenen Kästen genannt. So werden früh klinische Bezüge hergestellt und ein besseres praxisrelevantes Verständnis gefördert.

## Lerntipp

Insider-Know-How von Studenten für Studenten: In den grünen Kästen finden sich Eselsbrücken, Merkhilfen, Tipps und Tricks. So sind Sie bestens gewappnet für typische IMPP-Formulierungen und mündliche Prüfungen.

# Abbildungsnachweis

Folgende Abbildungen wurden von Stefan Dangl gezeichnet: 1.7, 3.1, 3.5 und 3.7.

Die Abbildung 1.14 wurde von Gerda Raichle gezeichnet.

Alle anderen Abbildungen des Buches wurden von Wolfgang Zettlmeier gezeichnet.

# Quellennachweis

1. Huch, Renate, K. D. Jürgens: Mensch, Körper, Krankheit, 6. Aufl. Urban & Fischer, München 2011.
2. Sperlich, Diether, M. Sperlich: Biologie für Mediziner. Gustav Fischer, Stuttgart, Jena, New York 1995.
3. modifiziert nach Sperlich [2] und Menche, N. (Hrsg.): Pflege heute, 5. Aufl. Urban & Fischer, München 2011.
4. modifiziert nach Crapo, Lawrence M.: Hormone. Die chemischen Botenstoffe des Körpers, 3. Aufl. Spektrum Akademischer Verlag, Heidelberg, Berlin 1988.
5. nach Campbell, J. B. Reece: Biologie, 6. Aufl. Spektrum Akademischer Verlag, Heidelberg, Berlin 2003.

# Inhaltsverzeichnis

# 01

# Allgemeine Zellbiologie, Zellteilung und Zelltod

## IMPP-Hits

- Zytoskelett (► Kap. 1.14)
- Mitochondrien (► Kap. 1.13)
- Meiose (► Kap. 1.16)
- Zellzyklus und Zellteilung (► Kap. 1.15)
- Zellkern (► Kap. 1.4)
- Plasmamembran, Glykokalix (► Kap. 1.3.2)
- Endoplasmatisches Retikulum (► Kap. 1.7)
- Lysosomen (► Kap. 1.11)
- Peroxisomen (► Kap. 1.12)
- Apoptose (► Kap. 1.17.1)

## 1.1 Wegweiser

Die Zelle ist das kleinste selbstständig reproduktionsfähige biologische System. Alle höheren Organismen sind aus einzelnen Zellen aufgebaut. Dieses Kapitel beginnt mit einer Übersicht über den Aufbau der Zelle (► Kap. 1.2) und erklärt die Struktur und Funktion der einzelnen Zellbestandteile (► Kap. 1.3 bis ► Kap. 1.14). Daran anschließend werden die Vermehrung von Zellen durch Teilung (► Kap. 1.15, ► Kap. 1.16), der Zelltod (► Kap. 1.17) und Wege der Kommunikation zwischen Zellen beschrieben (► Kap. 1.18).

## 1.2 Zellbegriff und zelluläre Strukturelemente

### 1.2.1 Die Zelle

#### 1.2.1.1 Die Zelle als kleinste Einheit des Lebens

Es stellte sich in der Biologie die Frage, wo die Grenze zwischen der belebten und der unbelebten Natur anzunehmen sei. Wird der Begriff des Lebendigen so definiert, dass ein Lebewesen
- über einen Stoffwechsel verfügt, d. h. Substanzen aus seiner Umgebung aufnimmt und andere Stoffe wieder an seine Umwelt abgibt, und
- zu selbständiger Reproduktion in der Lage ist,
dann ist die Zelle die **kleinste Einheit** des Lebens.
Die Zelle kann als das kleinste Individuum angesehen werden. Fast alle Mikroorganismen bestehen aus einer einzigen Zelle. Aber auch diese Einzeller stehen über den Stoffaustausch in ständigem Kontakt und damit in Kommunikation mit ihrer Umgebung. So ist in einer Zellkultur jede Zelle von den anderen abgegrenzt. Über die Veränderung des Nährstoffangebots in ihrer Umgebung und die Zunahme von Stoffwechselprodukten „erfährt" die Zelle aber von der Existenz und dem Befinden ihrer Nachbarn.
Im Laufe der Evolution haben sich einzelne Zellen zu größeren Organismen zusammengeschlossen.

In höheren Organismen nehmen die Zellen jeweils spezialisierte Aufgaben wahr. Entsprechend ihrer Funktionen differenzieren sie sich zu den Zellen spezieller Gewebe und Organe.

#### 1.2.1.2 Prokaryonten und Eukaryonten

##### Merke

Es existieren zwei grundsätzlich verschieden aufgebaute Zellformen, nach denen alle Organismen in zwei Gruppen eingeteilt werden:
- **Prokaryonten**
- **Eukaryonten**

Diese Bezeichnungen leiten sich ab von griech. karyon = Kern. Prokaryont setzt sich zusammen aus pro (= für, vor) und karyon; eu kommt von der griechischen Bezeichnung für echt. In der Literatur werden gleichermaßen auch die Bezeichnungen **Eukaryoten** und **Prokaryoten** verwendet.
Die Zellen dieser Organismen werden als **Eukaryozyten** oder kurz **Euzyten** bzw. als **Prokaryozyten** (**Prozyten**) bezeichnet.
- Die Euzyten besitzen einen von einer Membran umschlossenen Zellkern. Das Innere der Zelle ist durch die Membranen des endoplasmatischen Retikulums in Kompartimente aufgeteilt. Es sind charakteristische Zellorganellen wie z. B. Mitochondrien vorhanden. Zur Gruppe der Eukaryonten gehören die einzelligen Protisten (Algen, einige Pilze und Protozoen, ► Kap. 3.3.1) und alle mehrzelligen Lebewesen, d. h. Tiere, Pflanzen und Pilze. Eine Besonderheit bilden die Erythrozyten, die in ihrer Reifungsphase ihren Zellkern verlieren.
- Die Prozyten sind dagegen einfacher aufgebaut, sie besitzen keinen Zellkern, das Innere der Zelle ist weniger stark unterteilt, endoplasmatisches Retikulum und Zellorganellen

sind nicht vorhanden. Die Organismengruppe der Prokaryonten umfasst die Archaeen (früher Archaebakterien genannt) und die Bakterien, (▶ Kap. 3.3.1).

Einzelne Zellen sind im Lichtmikroskop sichtbar. Der Durchmesser der Euzyten liegt zwischen 5 und 100 μm. Der Durchmesser von Bakterien ist kleiner, in der Regel 1–5 μm. Die Zellen der Eukaryonten sind damit etwa 10-mal größer und besitzen das 1.000fache Volumen der Prozyten.

In der Evolution des Lebens haben sich zunächst die Prokaryonten entwickelt. Erst nachfolgend sind aus diesen die Eukaryonten entstanden. Die **Endosymbiontentheorie** geht davon aus, dass einige Prokaryonten andere Einzeller angegriffen, umschlossen und in ihr Inneres aufgenommen haben. Anstatt dort „aufgefressen und verdaut" zu werden, haben einige der aufgenommenen Zellen als Symbionten (▶ Kap. 3.9.4) im Zellinneren weiterexistiert. Im weiteren Verlauf haben sich aus diesen Symbionten an spezifische Aufgaben angepasste Zellorganellen entwickelt.

### ▬ Lerntipp ●

**Pro**zyten erinnert an „**Pro**totypen", auch diese sind einfach aufgebaut und erinnern so an die Zellstruktur der Prozyten: einfache Unterteilung, keine Zellorganellen. Die Euzyten stellen strukturell das Gegenteil dar: komplexe Unterteilung und Bildung von Zellorganellen.

#### 1.2.1.3 Die menschliche Zelle

Bei allen menschlichen Zellen handelt es sich um Euzyten. Im weiteren Verlauf dieses Kapitels wird deshalb der Bau der Eukaryontenzelle und hier speziell der tierischen Zelle eingehender beschrieben. Prozyten und damit die Gruppe der Bakterien werden unter dem Thema Mikrobiologie in ▶ Kap. 3 behandelt. ▶ Abb. 1.1 zeigt die Eukaryontenzelle eines tierischen Organismus im Überblick. Nicht alle der in dieser verallgemeinerten Darstellung gezeigten Strukturelemente sind in jeder Zelle des Organismus vorhanden. In einem höheren Organismus haben sich die Zellen entsprechend ihrer Aufgaben differenziert und unterscheiden sich oft stark in ihrer äußeren Gestalt. So kann auch die Größe der Zellen unter Umständen stark von den in ▶ Tab. 1.1 angegebenen Werten abweichen.

- Relativ groß sind z. B. die **Hepatozyten** (Leberzellen), mit etwa 20–30 μm. Besonders stoffwechselaktive Zellen sind häufig polyploid, d. h.,

sie besitzen ein Mehrfaches des kompletten Chromosomensatzes. So ist etwa die Hälfte der Hepatozyten polyploid.
- Die **Erythrozyten** (roten Blutkörperchen) besitzen dagegen keinen Zellkern. Sie haben die bikonkave äußere Form einer abgeflachten und in der Mitte etwas eingedellten Scheibe. Ihr Durchmesser beträgt 7,5 μm.
- **Muskelzellen** haben eine langgestreckte, spindelförmige Gestalt. Die Fasern der glatten Muskulatur haben eine Länge von etwa 0,05 bis 0,5 mm und jeweils einen Zellkern pro Muskelzelle. Die Fasern der quergestreiften Muskulatur erreichen eine Länge bis zu 15 cm und besitzen mehrere Zellkerne. Es wird angenommen, dass sie aus der Verschmelzung mehrerer Zellen entstehen.
- Besonders auffällig ist die Gestalt der **Neuronen.** Aus dem Zellkörper der Nervenzelle gehen zahlreiche baumartige Verzweigungen hervor, die Dendriten, und eine lange, fortleitende Faser, das Axon. An einigen Stellen des menschlichen Körpers können die Axone eine Länge von über einem Meter erreichen.

### 1.2.2 Strukturelemente der Zelle

Die Zelle wird von einer **Zellmembran** umhüllt. Diese Zellmembran grenzt den Zellleib, das so genannte **Zytosom,** gegen die äußere Umgebung ab. Die Zellmembran ist selektiv für einzelne Stoffe durchlässig. Sie ermöglicht damit den ständigen Stoffaustausch zwischen der Zelle und ihrer Umgebung, aber auch die Abgrenzung eines definierten biochemischen Milieus des Zellinneren von der Außenwelt.

Das Zellinnere, der Bereich zwischen der Zellmembran und dem Zellkern, wird vom **Zytoplasma** ausgefüllt. Das Verhältnis der Volumina von Zellkern und Zytoplasma wird als **Kern-Plasma-Relation** bezeichnet. Die Kern-Plasma-Relation liegt, abhängig vom jeweiligen Zelltyp, meist zwischen 1:7 und 1:10.

### ▬ Klinik ●

Die Kern-Plasma-Relation ist ein wichtiges diagnostisches Kriterium in der Histologie. In Tumorzellen ist die Kern-Plasma-Relation häufig zu Ungunsten des Zytoplasmas verändert.

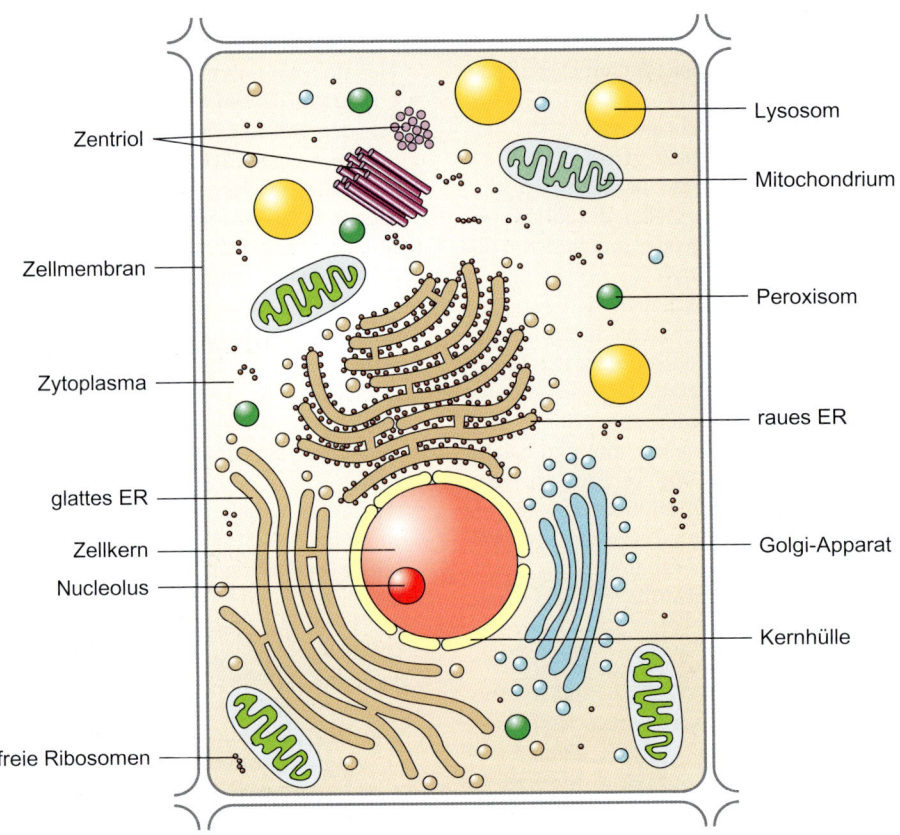

**Abb. 1.1** Die tierische Eukaryontenzelle im Überblick.

**Tab. 1.1 Unterschiede zwischen den Zellen von Prokaryonten und Eukaryonten**

| | Prozyten | Euzyten |
|---|---|---|
| Zellkern | Keiner | Durch Kernmembran von der übrigen Zelle abgegrenzter Zellkern |
| Chromosomen | Ein ringförmiges „Bakterienchromosom" | Mehr als ein Chromosom im Zellkern |
| Zellorganellen | Keine | Vorhanden |
| Durchmesser | ≈ 1–5 µm | ≈ 5–100 µm |

Das Zytoplasma enthält weitere Strukturelemente, die **Organellen** genannt werden. Ähnlich wie die Organe des Körpers erfüllen die Organellen der Zelle spezielle Funktionen.

Systeme von Membranen grenzen einzelne Kompartimente des Zytoplasmas gegeneinander ab, sodass zahlreiche verschiedene Stoffwechselprozesse gleichzeitig ablaufen können.

In der Zytologie wird der Aufbau der Zelle üblicherweise durch folgende Nomenklatur beschrieben: Der Zellleib (Zytosom), ohne äußere Membran und unter Ausschluss extrazellulärer Produkte wie Knochen oder Knorpelsubstanz, wird **Protoplast** genannt. Wird daraus der Zellkern entfernt, bleibt das **Zytoplasma** übrig, das noch die Zellorganellen enthält. Ohne die Zellorganellen verbleibt als Grundsubstanz das **Zytosol** (▶ Kap. 1.5).

Die Strukturelemente der Zelle lassen sich einteilen in:

- Zellkern (▶ Kap. 1.4)
- Membranöse Organellen:
  - Zellmembran (▶ Kap. 1.3)
  - Endoplasmatisches Retikulum (▶ Kap. 1.7)
  - Mitochondrien (▶ Kap. 1.13)
  - Lysosomen (▶ Kap. 1.11)
  - Peroxisomen (▶ Kap. 1.12)
  - Golgi-Apparat (▶ Kap. 1.8)
- Nicht membranöse Organellen:
  - Ribosomen (▶ Kap. 1.6)
  - Mikrofilamente (▶ Kap. 1.14.3)
  - Mikrotubuli (▶ Kap. 1.14.2)
  - Zentriolen (▶ Kap. 1.14.2.1)
- Fakultative Organellen:
  - Zilien (▶ Kap. 1.14.2.2)
  - Geißeln (Flagellen) (▶ Kap. 1.14.2.2)

**Lerntipp**

Sehen Sie sich lichtmikroskopische Aufnahmen von verschiedenen Zelltypen an und versuchen Sie, die Organellen zu erkennen. Gerne werden charakteristische Eigenschaften von Organellen abgefragt, diese müssen Sie aber zusätzlich im mikroskopischen Bild identifizieren können.

## 1.3 Plasmamembran

### 1.3.1 Aufbau der Zellmembran

Die Entwicklung biologischer Membranen war ein entscheidender Schritt in der Entwicklung des Lebens. Die Zellmembran (Plasmamembran, Plasmalemma) grenzt die Zelle nach außen ab. Sie ist eine selektive Barriere, die die Zelle schützt, die Ausbildung eines Ionengradienten zwischen dem Intra- und dem Extrazellularraum ermöglicht sowie die Aufnahme von Nährstoffen und die Abgabe von Stoffwechselprodukten erlaubt.

Die Grundstruktur der Zellmembran bildet eine **Doppelschicht** aus **amphiphilen Lipidmolekülen:** Phospholipide und Glykolipide. Den Hauptanteil bilden die **Phospholipide.** Sie besitzen eine hydrophile (d. h. wasserlösliche) Kopfgruppe, bestehend aus Phosphat und Cholin, und zwei hydrophobe (d. h. wasserabstoßende, fettlösliche), durch Kohlenwasserstoffketten gebildete Schwänze.

Die amphiphilen Moleküle lagern sich in wässrigem Milieu mit einander zugewandten hydrophoben Schwänzen zu einer Doppelschicht zusammen (▶ Abb. 1.2). Die hydrophilen Kopfregionen zeigen zu beiden Seiten in das wässrige Milieu. Die Dicke dieses Bilayers beträgt etwa 6–10 nm.

In die Membran sind **Glykolipide** eingelagert. Sie bestehen aus Fettsäureketten und hydrophilen Oligosaccharidketten mit 1–15 Zuckern.

**Merke**

Die Zellmembran ist asymmetrisch aufgebaut. Die Zusammensetzung der Membran ist an ihrer Innen- und Außenseite verschieden (▶ Abb. 1.3). Glykolipide sind nur in die äußere Schicht der Membran eingelagert; die Zuckerstrukturen sind immer zur Außenseite der Zelle gerichtet.

Die Moleküle der Plasmamembran sind gegeneinander verschiebbar. Die Membran ist beweglich und verhält sich ähnlich wie eine zähe Flüssigkeit. Diese Eigenschaft wird mit dem Begriff **Fluid-Mosaik-Modell** beschrieben. In die Plasmamembran sind Membranproteine eingelagert. Die Membranproteine können in die Membran eintauchen oder sie ganz durchdringen und sind innerhalb der Membran verschiebbar. Auf der extrazellulären Seite sind die Membranproteine häufig glykosyliert.

Die Membranen eukaryontischer Zellen enthalten einen hohen Anteil an **Cholesterin,** das zwischen die Phospholipidmoleküle eingelagert ist. Die Cholesterinmoleküle sind für die Stabilisierung der Membranfluidität verantwortlich. Bei niedrigen Temperaturen erhöht das Cholesterin die Membranfluidität und verhindert so das Erstarren der Membran. Dagegen wird bei höheren Temperaturen, wie der Körpertemperatur von 37 °C, durch das Cholesterin die Fluidität der Membran gesenkt.

Die Membranlipide und -proteine werden im endoplasmatischen Retikulum (▶ Kap. 1.7) der Zelle synthetisiert und im Golgi-Apparat (▶ Kap. 1.8) modifiziert.

Epithelzellen in inneren Körperhöhlen, wie z. B. im Darm, können zur Steigerung ihres Resorptionsvermögens die zum Lumen hin gerichtete Oberfläche durch zahlreiche Membranausstülpungen, die **Mikrovilli** (▶ Kap. 1.14.3.2), wesentlich vergrößern. Die Mikrovilli bedecken als **Bürstensaum** die Oberfläche der Zelle. Sie sind durch Aktinfilamente verstärkt. Die Mikrovilli können vergrößert

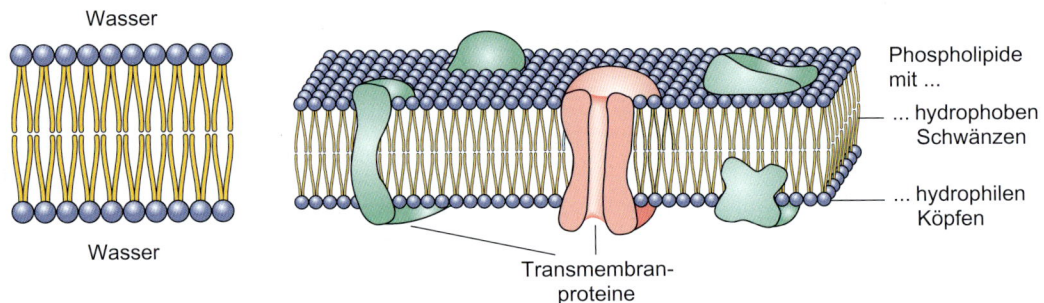

**Abb. 1.2** Künstliche Lipiddoppelschicht (links) und das Fluid-Mosaik-Modell einer Biomembran mit in die Lipiddoppelschicht eingelagerten Membranproteinen (rechts).

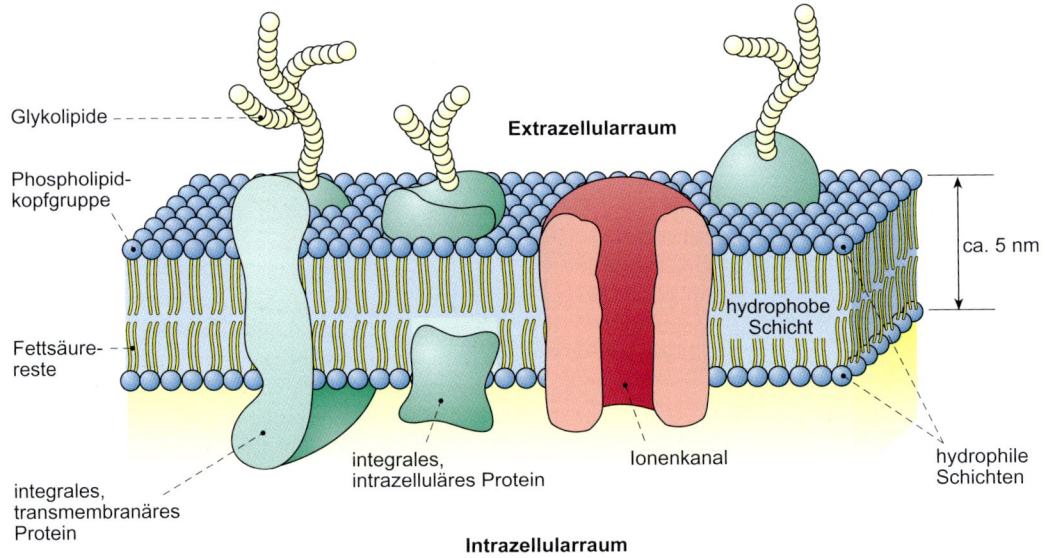

**Abb. 1.3** Feinstruktur der Plasmamembran einer tierischen Zelle.

und verkleinert werden. Sie führen jedoch im Gegensatz zu Geißeln keine Eigenbewegung aus.

## 1.3.2 Glykokalix

Die Polysaccharide der Glykoproteine und Glykolipide werden unter dem Begriff Glykokalix zusammengefasst. Die Glykokalix bildet eine Schicht verschiedener Polysaccharide, die die Außenseite der Zelle überzieht (▶ Abb. 1.3). Ihre Zusammensetzung ist art- und zellspezifisch. Die Bestandteile der Glykokalix wirken als Antigene.

An den spezifischen Merkmalen der Glykokalix können körpereigene von körperfremden Zellen unterschieden werden.

### Klinik

- Die **Blutgruppenantigene** sind ein Beispiel für die Zellerkennung aufgrund der spezifischen Merkmale der Glykokalix.
- **Tumorzellen** zeigen häufig eine gegenüber gesunden Zellen veränderte Glykokalix. Daran können sie vom Immunsystem erkannt werden.

## 1.3.3 Membranproteine

Während die Lipiddoppelschicht das Grundgerüst biologischer Membranen bildet, werden viele der speziellen Aufgaben der Zellmembran durch die darin eingelagerten Proteine bestimmt (▶ Abb. 1.3). Der Proteingehalt verschiedener Membranen kann sehr stark variieren. In der Plasmamembran liegt der Proteinanteil bei etwa 50 % ihrer Gesamtmasse. Da ein Proteinmolekül aber wesentlich größer ist als die Lipide des Membrangerüsts, kommen im Verhältnis etwa 50 Lipidmoleküle auf ein Protein.

- Es finden sich **integrale,** in die Membran eingelagerte Proteine. Diese besitzen hydrophobe Bereiche, mit denen sie in die Membran eintauchen, und hydrophile Regionen, die an einer oder zu beiden Seiten aus der Membran herausragen.
- **Periphere** Proteine lagern sich an der Innen- oder Außenseite der Membran meist an andere Membranproteine an.

Die Membranproteine erfüllen zahlreiche Funktionen. Oft erfüllt dabei ein Protein gleichzeitig mehrere Aufgaben:

- **Verbindung** zu Zytoskelett und extrazellulärer Matrix: Proteine der Membran sind mit dem Zytoskelett (▶ Kap. 1.14.3.2) verbunden. Dadurch wird einerseits die äußere Form der Zelle stabilisiert, andererseits werden bestimmte Membranproteine an ihrem Platz fixiert. Extrazelluläre Strukturen, wie z. B. Kollagenfasern, sind ebenfalls über Membranproteine mit der Zelle verbunden.
- **Transport:** Ein Transmembranprotein kann einen hydrophilen Kanal durch die Membran bilden. Der Kanal ist selektiv für bestimmte Substanzen durchlässig. Membranproteine sind bei aktiven und passiven Transportvorgängen (▶ Kap. 1.3.5) beteiligt.
- **Enzymaktivität:** Membranproteine können als Enzyme fungieren. Das aktive Zentrum des Proteins ist zum benachbarten wässrigen Milieu hin gerichtet. Oft sind unterschiedliche Membranenzyme nahe beieinanderliegend als Multienzymkomplex angeordnet, der mehrere aufeinander folgende Schritte eines Stoffwechselwegs katalysiert.

- **Signalübertragung:** Einige Proteine fungieren als ligandenabhängige Rezeptoren, z. B. für Hormone. Die Bindung des Botenstoffs an der Rezeptorstelle des Proteins löst bei diesem eine Konformationsänderung aus, durch die die Information ins Innere der Zelle übermittelt wird.
- **Zellerkennung:** Einige Glykoproteine dienen als spezifische Merkmale, die von anderen Zellen erkannt werden.
- **Zellverbindung:** Benachbarte Zellen können sich durch Interaktion ihrer Transmembranproteine auf verschiedene Arten aneinanderheften (▶ Kap. 1.3.4).

### Klinik

Die Existenz spezifischer Rezeptoren ist für die Steuerung vieler komplexer Vorgänge im Organismus unerlässlich.
- Bei Entzündungsreaktionen werden die Leukozyten über Rezeptorproteine, die so genannten Selektine, aktiviert.
- Antigen-Antikörper-Komplexe werden von den Asialoglykoproteinrezeptoren in der Leber erkannt und dort abgebaut.

## 1.3.4 Membrankontakte

In mehrzelligen Organismen verbinden sich mehrere Zellen zu einem größeren funktionsfähigen Komplex. Für tierische Zellen werden die in ▶ Abb. 1.4 schematisch dargestellten Zellverbindungen unterschieden.

### Merke

- **Tight Junctions** dienen zur Abdichtung der Zellen des Epithelgewebes.
- **Gap Junctions** ermöglichen über kleine Kanäle die interzelluläre Kommunikation.
- **Desmosomen** stellen eine punktförmige Haftverbindung zwischen Zellen dar.

Die Zellen eines Gewebeverbands sind normalerweise durch einen etwa 10–20 nm breiten interzellularen Spalt voneinander getrennt.

Ein Bereich, in dem die Zellen über eine „klebstoffartige" Wirkung der Interaktion von Transmembranproteinen, den Cadherinen, mechanisch fest miteinander verbunden sind, wird als **Zonula adhaerens** (Adherens Junctions) bezeichnet. Es verbleibt trotzdem ein kleiner interzellularer Spalt.

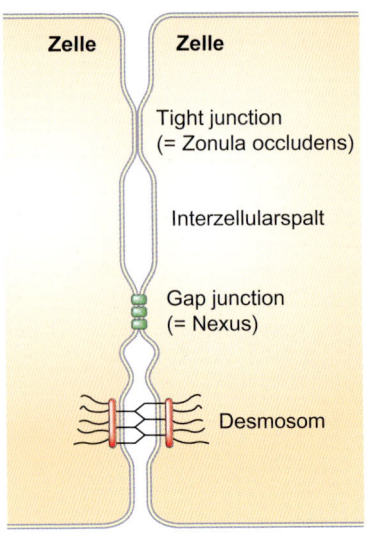

**Abb. 1.4** Zell-Zell-Kontakte tierischer Zellen: Tight Junction, Gap Junction und Desmosom.

Die Epithelzellen von Dünndarm, Blase, Niere und der Gehirngefäße sind an **Tight Junctions** (Zonulae occludentes, Verschlusskontakt) miteinander verbunden. Um die Zelle herum bilden sich gürtelförmige Nähte, an denen die Membranen benachbarter Zellen quasi „verschmelzen". Die entstehende Abdichtung verhindert, dass Extrazellularflüssigkeit zwischen den Zellen hindurch an die Oberfläche des Epithels austritt.

Über **Gap Junctions** (Nexus, Kommunikationskontakt) kann eine direkte Kommunikation zwischen Zellen erfolgen (▶ Kap. 1.18.2). Das Membranprotein Connexin besteht aus 6 Untereinheiten, die einen innen hohlen, transmembranen Zylinder bilden. Die entstandenen röhrenförmigen Poren erlauben den Durchtritt von Salzen, Zuckern, Aminosäuren und anderen kleinen Molekülen bis zu einem Molekulargewicht von etwa 2.000 Dalton. Die Zellen sind somit elektrisch und metabolisch gekoppelt. Signale werden dadurch besonders schnell übertragen.

**Klinik**
- Im Herzmuskel und in der glatten Muskulatur koordiniert der Ionenstrom durch die Gap Junctions die gleichzeitige Kontraktion der Muskelfasern.
- Gap Junctions sind besonders häufig in embryonalen Zellen zu finden. Die chemische Kommunikation ist

hier notwendige Voraussetzung für die Entwicklung des Embryos.

Im Unterschied zur Gap Junction stehen die Zellen bei der chemischen Reizübertragung in Synapsen nicht in direkter Verbindung. Die Botenstoffe müssen den synaptischen Spalt überwinden (▶ Kap. 1.18.2).

**Desmosomen** (Maculae adhaerens) sind punktförmige Haftverbindungen in Geweben, die stärkerer mechanischer Beanspruchung ausgesetzt sind. Der Interzellularspalt ist an diesen Stellen mit 25 nm etwas verbreitert und die Zellmembran beinhaltet Transmembranproteine (die Cadherine Desmoglein und Desmocillin).

An den Desmosomen sind Intermediärfilamente aus Keratin verankert, die eine Verbindung zum Zytoskelett herstellen.

**Hemidesmosomen** haben die Gestalt eines halben Desmosoms, sie sind aber aus anderen Proteinen aufgebaut. Hemidesmosomen heften die Zellen an eine extrazelluläre Matrix, z. B. verbinden sie über Transmembranproteine (hier Integrine) die Zellen eines Epithels mit der Basalmembran.

**Klinik**
- Die Zellvermehrung im Gewebeverband wird mittels Zellkontakten reguliert (Kontaktinhibition). **Tumorzellen** vermehren sich unkontrolliert aufgrund fehlender Kontaktinhibition.
- **Pemphigus vulgaris** ist eine Hauterkrankung, die sich durch Bildung großer Blasen an Haut und Schleimhäuten auszeichnet. Auslöser ist eine Autoimmunreaktion, bei der die Verbindungen zwischen den Epithelzellen angegriffen werden.

**Lerntipp**

Bitte lernen Sie jeweils beide Bezeichnungen der vier grundlegenden Typen der Zellkontakte. Leicht zu verwechseln sind die Zonula und die Maculae adhaerens! Merken Sie sich bitte auch als typische Proteine für Tight Junctions die Claudine und für Gap Junctions die Connexine. Des Weiteren wird der Anschluss an das Zytoskelett gern gefragt: Die Adherens Junctions sind an das Aktinfilamentsystem (Mikrofilamente) und die Desmosomen an das Mikrotubulisystem angeschlossen.

## 1.3.5 Transportmechanismen

Die Lipiddoppelschicht der Zellmembran ist durchlässig für kleine ungeladene Moleküle, wie $H_2O$ oder $CO_2$, aber auch für hydrophobe fettlösliche Moleküle, wie z. B. Steroidhormone. Diese Stoffe durchdringen die Zellmembran entlang eines Konzentrationsgradienten durch **Diffusion.**

Für geladene Moleküle oder Makromoleküle ist die Zellmembran dagegen undurchlässig. Hier sind für den Transport spezielle Membrantransportproteine notwendig. Im einfachsten Fall bildet ein **Kanalprotein** eine Art Tunnel. So bilden z. B. die **Aquaporine** Kanäle in der Zellmembran, die den Durchtritt von Wasser und anderen Molekülen ermöglichen. **Carrier-Moleküle** binden Ionen oder Moleküle und transportieren sie durch die Membran.

- Beim **passiven Transport** diffundieren niedermolekulare Verbindungen wie Zucker und Aminosäuren ohne Energieverbrauch entlang ihres Konzentrationsgradienten durch einen Transportkanal. Die Kanäle sind in der Regel für spezifische Substanzen selektiv durchlässig und entweder immer oder nur nach Stimulation geöffnet.
- Bei der **gerichteten Diffusion** sind die Moleküle an einen Carrier gebunden und werden zusammen mit diesem durch die Membran transportiert. Dieser Vorgang tritt in der Zelle mit oder ohne ATP-Verbrauch auf.
- Der **aktive Transport** erfolgt gegen einen Konzentrationsgradienten und erfordert daher Energie. Die notwendige Energie wird durch Hydrolyse von ATP oder auch durch Kotransport einer anderen Substanz entlang eines Gradienten gewonnen.

### Beispiel

Ein Beispiel für den aktiven Transport ist die so genannte $Na^+/K^+$-Pumpe. Die Energie der ATP-Hydrolyse wird benutzt, um $Na^+$ gegen das Konzentrationsgefälle aus der Zelle heraus und $K^+$ in sie hinein zu befördern.

### Merke

Mit Hilfe dieser Transportmechanismen gelangen auch geladene Stoffe in die Zelle hinein bzw. aus ihr heraus. Aufgrund dieser Ladungsbewegungen kann sich entlang der Zellmembran nicht nur ein Konzentrationsgradient, sondern auch ein Ladungsgradient ausbilden!

### Klinik

- Die **Antibiotika** Nonactin und Valinomycin sind $K^+$-Carrier. Sie durchdringen die Zellwand von Bakterien und stören damit deren Ionenhaushalt.
- Die Erbkrankheit **Mukoviszidose** (zystische Fibrose) beruht auf einem Defekt der Transportkanäle für Chlorid-Ionen (CTFR) in den Zellen muköser Drüsen. Die Zellen geben weniger Elektrolyte ab, denen wegen des geringeren osmotischen Gefälles auch weniger Wasser nachfolgt. Die Sekrete der Drüsen sind deshalb deutlich zähflüssiger. Besonders von der Erkrankung betroffen ist die Lunge. In den Bronchien sammelt sich zähflüssiger Schleim. Häufige Infektionen und Entzündungen sind die Folge.

## 1.4 Zellkern

## 1.4.1 Lokalisation und Funktion

Der Zellkern (**Nucleus**) der Eukaryontenzelle hat einen Durchmesser von etwa 5 µm. Im Regelfall besitzt jede Zelle einen Zellkern. Eine Ausnahme bilden die Erythrozyten: Ihre Vorläuferzellen haben noch einen Zellkern, während die reifen Erythrozyten keinen mehr aufweisen. Andere Zellen sind mehrkernig.

Etwa 4 % der Leberzellen und manche Nervenzellen besitzen zwei Zellkerne. Vielkernig, d. h. mit zahlreichen Zellkernen versehen, sind die Fasern der Skelettmuskulatur sowie die Knochen abbauenden Osteoklasten.

### Merke

Im Zellkern befindet sich die genetische Information der Zelle. Dort ist die Hauptmenge der DNA lokalisiert. Außerhalb des Zellkerns ist DNA nur noch in den Mitochondrien bzw. bei Pflanzen zusätzlich in den Chloroplasten zu finden.

Im Zellkern finden die Replikation (▶ Kap. 2.2.1.2) und die Transkription (▶ Kap. 2.2.3.2) der DNA statt.

Der Inhalt des Zellkerns wird als **Karyoplasma** bezeichnet. Das Kerninnere ist vom Zytoplasma durch eine **Kernhülle** getrennt (▶ Abb. 1.5).

### Lerntipp

Der Aufbau sowie die Prozesse im Zellkern werden in nahezu jedem Examen gefragt! Ein intensives Studium

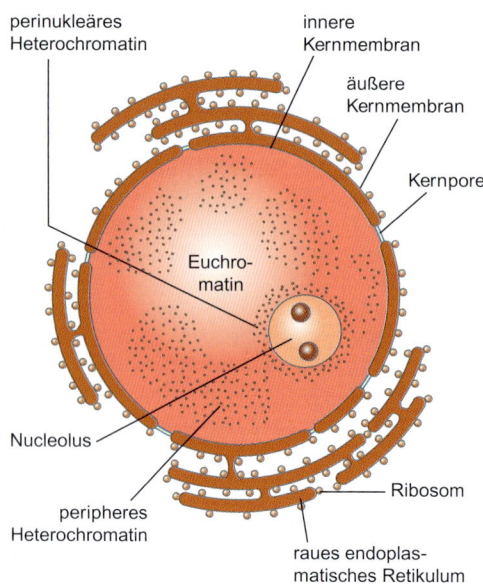

perinukleäres Heterochromatin

innere Kernmembran

äußere Kernmembran

Kernpore

Euchromatin

Nucleolus

peripheres Heterochromatin

Ribosom

raues endoplasmatisches Retikulum

**Abb. 1.5** Der Zellkern mit dem endoplasmatischen Retikulum.

dieses Kapitels belohnt Sie mit sicheren Punkten in der Prüfung sowie im Examen!

## 1.4.2 Kernhülle

Die Kernhülle ist eine **Doppelmembran** (▶ Abb. 1.5). Jede Membran besteht aus einer Lipiddoppelschicht mit darin eingelagerten Proteinen. Die äußere Kernmembran geht in das Membransystem des endoplasmatischen Retikulums (ER) über. Sie ist wie die Membran des rauen endoplasmatischen Retikulums (rER) mit Ribosomen besetzt (▶ Kap. 1.7.1).

Die beiden Membranen der Kernhülle sind durch einen Zwischenraum von etwa 20–40 nm getrennt. Dieser wird als **Perinuklearzisterne** bezeichnet und steht direkt mit den Hohlräumen des endoplasmatischen Retikulums in Verbindung.

Die Kernhülle weist Löcher mit einem Durchmesser von etwa 100 nm auf, die **Kernporen.** Die innere und die äußere Kernmembran gehen an den Rändern der Kernporen ineinander über. Die Kernporen werden von Proteinkomplexen gebildet. Jeweils acht oktaederartig angeordnete Proteinuntereinheiten bilden einen solchen Kernporenkomplex. Der Durchmesser der zentralen Pore beträgt etwa 40 nm.

Die Innenseite der Kernhülle ist von einem netzartigen Geflecht von Proteinfasern bedeckt, der **Kernlamina.** Diese verleiht dem Zellkern eine stabile äußere Gestalt (▶ Kap. 1.14.4.2).

Über die Poren der Kernhülle können Stoffe zwischen Zytoplasma und dem Karyoplasma ausgetauscht werden. Kleine wasserlösliche Moleküle können zwischen Kern- und Zytoplasma diffundieren. Für Makromoleküle existieren selektive, aktive Transportmechanismen.

Die Zusammensetzung des Karyoplasmas ist speziell auf die Aufgaben der Chromosomen abgestimmt. Sie unterscheidet sich besonders in den Elektrolytkonzentrationen von der des Zytoplasmas. So ist die Konzentration von Natrium- und Chlorid-Ionen im Zellkern fast um den Faktor $10^4$ höher als im Zytoplasma.

Die Proteine des Karyoplasmas stammen alle aus dem Zytoplasma. Die direkte Verbindung zwischen dem Kern und den Kanälen des endoplasmatischen Retikulums ermöglicht den schnellen Transport von synthetisierten Proteinen in den Kern. Darüber hinaus wird ein Membrantransport möglich, der die Vergrößerung der Kernmembran nach der DNA-Synthese und den Ab- und Neuaufbau der Kernmembran bei der Zellteilung erlaubt.

Enzyme zur Nukleinbiosynthese, wie DNA- und RNA-Polymerasen, sowie Histone zur Strukturierung neu synthetisierter DNA (▶ Kap. 1.4.4) werden in den Kern transportiert. Aus dem Kern heraus werden RNAs und neu gebildete Ribosomenuntereinheiten (▶ Kap. 1.6) transportiert. Da die Ribosomen außerhalb des Kerns fertiggestellt werden und nicht mehr in den Kern zurücktransportiert werden können, trennt die Kernhülle die aufeinander folgenden Prozesse Transkription (RNA-Synthese im Kern, ▶ Kap. 2.2.3.2) und Translation (Proteinbiosynthese an den Ribosomen im Zytoplasma, ▶ Kap. 2.2.5.2) räumlich voneinander.

Diese räumliche Trennung ermöglicht eine posttranskriptionelle Modifizierung, d. h. Nachbearbeitung, der angefertigten RNA (RNA-Processing, ▶ Kap. 2.2.3.3).

Proteine können Aminosäuresequenzen enthalten, die ihren aktiven Transport in den Zellkern vermitteln, so genannte **Kernlokalisationssignale.** Im Zellkern selbst erfüllen diese Proteine unterschiedliche Funktionen, wie z. B. die Kontrolle der Expression bestimmter Zielgene, die Verdopplung der Chromosomen, die Reparatur der durch Umwelteinflüsse geschädigten DNA etc.

Modifikationen dieser Kernlokalisationssignale, z.B. durch Phosphorylierung, können den aktiven Kerntransport unterbinden. Die Proteine verbleiben dann im Zytoplasma, wo sie möglicherweise andere Funktionen ausüben. Durch die unterschiedlichen Lokalisationen und Funktionen einiger Proteine findet auf diesem Weg eine Signalübermittlung zwischen Zytoplasma und Zellkern statt.

## 1.4.3 Nucleolus

Die mikroskopisch am deutlichsten sichtbare Struktur im Inneren des Zellkerns ist der **Nucleolus** (Kernkörperchen).

Er ist mit sauren oder basischen Farbstoffen anfärbbar und damit leicht im Lichtmikroskop erkennbar. Bei einer stärkeren Vergrößerung unter dem Elektronenmikroskop erscheint er als ein dunkel gefärbtes Konglomerat aus granulären und fibrillären Komponenten, der an einen Teil des Chromatins (▶ Kap. 1.4.4) grenzt.

Der Nucleolus besitzt keine eigene Membranhülle. Er enthält große DNA-Schleifen und bildet sich an charakteristischen Stellen der Chromosomen, den so genannten **Nucleolus Organizer Regions (NOR),** die Cluster von Genen ribosomaler RNA (rRNA) enthalten.

Abhängig von der Organismenart und dem Entwicklungsstadium der Zelle können unter Umständen mehrere Nucleoli existieren. Während der Zellteilung werden die Nucleoli aufgelöst und danach wieder neu gebildet.

In der Mitose sind die Nucleolus Organizer Regions als sekundäre Einschnürungen an den Chromosomen zu erkennen. Die NOR finden sich an akrozentrischen Chromosomen. Im menschlichen Genom sind dies die Chromosomen 13, 14, 15, 21 und 22 (▶ Kap. 2.3.1, ▶ Abb. 2.14).

Im Nucleolus wird ribosomale RNA mit hoher Geschwindigkeit transkribiert. Die gebildete rRNA wird mit aus dem Zytoplasma kommenden ribosomalen Proteinen zu Vorstufen der Untereinheiten der Ribosomen assoziiert. Diese werden dann in das Zytoplasma oder das raue endoplasmatische Retikulum (▶ Kap. 1.7.2) transportiert.

## 1.4.4 Chromatin

Im Inneren des Zellkerns ist die DNA in Form des **Chromatins** organisiert. Mikroskopisch erscheint das Chromatin als formlose Masse. Nur während der Zellteilung verdichtet sich das Chromatin, sodass getrennte Strukturen, die **Chromosomen,** unterscheidbar werden.

- Die Struktur des Chromatins bildet ein fädiges Gerüst, das als **Euchromatin** bezeichnet wird. Dieses ist locker verteilt und weitgehend entspiralisiert. Es bildet die „Arbeitsform" des genetischen Materials. An diesen aktiven Bereichen des Genoms wird die Erbinformation transkribiert.
- Daneben sind mikroskopisch auch verdichtete und mit Kernfarbstoffen stärker anfärbbare Bereiche erkennbar, die als **Heterochromatin** bezeichnet werden. Das dichter gepackte Heterochromatin wird als inaktives Genmaterial angesehen.

Beim Wechsel von der „Arbeitsform" des Zellkerns zur „Teilungsform" nimmt der Anteil des Heterochromatins zu. Beim Heterochromatin lassen sich zwei Formen unterscheiden:

- **Fakultatives Heterochromatin** kann seine Struktur ändern. Je nach Stoffwechselaktivität der Zelle entspiralisiert es wieder zum Euchromatin und kondensiert dann erneut zum Heterochromatin.
- **Konstitutives Heterochromatin** liegt stets in der dichter gepackten Form vor. Dieses Genmaterial wird von der Zelle nicht benutzt. Es wird niemals in Proteine übersetzt, bei der Zellteilung wird es aber an die Tochterzellen weitergegeben.

### Lerntipp

Nochmals zur Klarstellung: Bakterien besitzen keine höheren Ordnungsstrukturen der DNA wie das Chromatin. Als kleine Merkhilfe zum Chromatin: Das Heterochromatin ist heterogen zusammengesetzt (fakultativ und konstitutiv) und inaktiv. Das Euchromatin ist hingegen sehr aktiv.

Das Chromatin besteht aus der DNA und darin eingelagerten basischen Proteinen, den **Histonen**. Die Histone sind untereinander verwandte Proteine. Sie weisen aufgrund eines hohen Anteils der Aminosäuren Arginin und Lysin eine positive Ladung auf. Insgesamt werden 5 Histonsorten unterschieden: H1, H2A, H2B, H3 und H4.

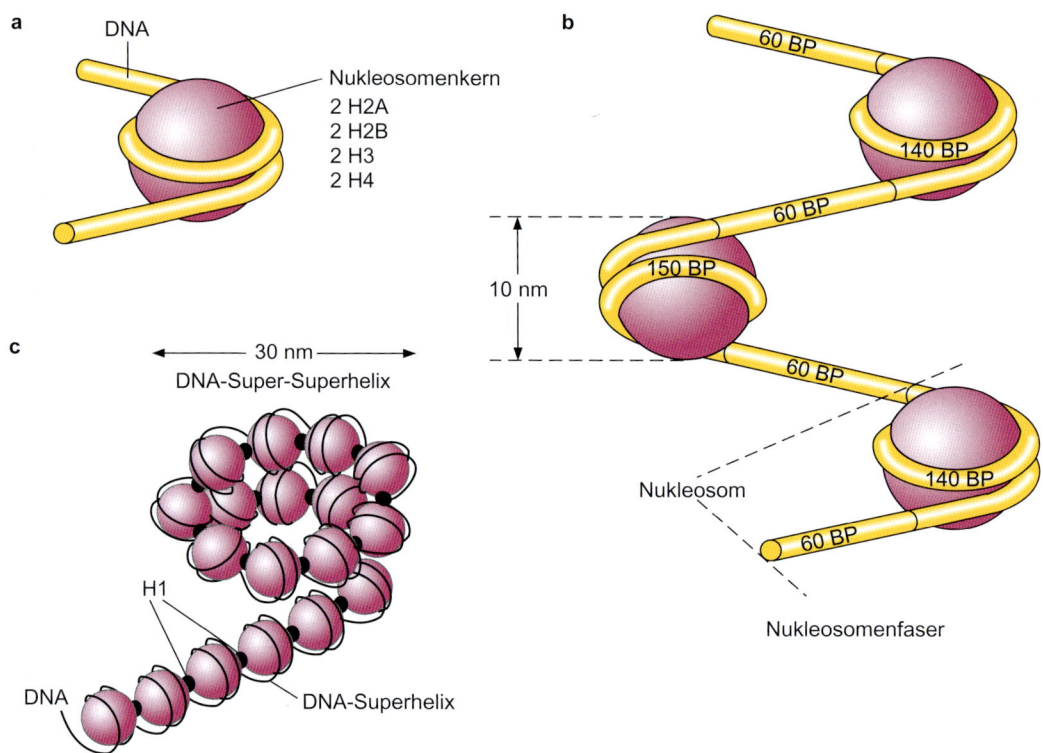

**Abb. 1.6** Aufbau des Chromatins: **(a)** Nukleosom mit Histonkugel und darum herumgewundenem DNA-Strang, **(b)** perlschnurartige Nukleosomenkette, **(c)** DNA-Super- und -Super-Superhelix.

Je zwei H2A-, H2B-, H3- und H4-Untereinheiten bilden ein Oktamer, dessen kugelförmige Quartärstruktur zwei umlaufende Rillen aufweist. In diese Rillen legt sich ein DNA-Strang von 140 Basenpaaren (bp) Länge (▶ Abb. 1.6a). Der Faden läuft dann 60 bp weiter, bevor er auf die nächste Histonkugel aufgespult wird.

Auf diese Weise entsteht ein perlschnurartiges Gebilde, dessen kleinste Einheit, das **Nukleosom,** aus einem DNA-Faden von insgesamt 200 bp Länge und den Histonen H2A, H2B, H3 und H4 besteht (▶ Abb. 1.6b). Zwischen den Nukleosomen lagern sich die H1-Histone an.

Durch nochmalige Spiralisierung entsteht eine DNA-Superhelix und daraus eine DNA-Super-Superhelix (▶ Abb. 1.6c).

Die Perlschnur des Chromatins bleibt während des Zellzyklus intakt. Die Nukleosomen sind dynamische Strukturen, die durch Änderung ihrer Form und Position den an der Transkription beteiligten Polymerasen den Zugang zur DNA erlauben. Da-

her können die Histone während der Transkription an der DNA bleiben; sie verlassen die DNA nur vorübergehend während der Replikation.

## 1.5 Zytoplasma, Zytosol

Das **Zytoplasma** füllt den Raum zwischen dem Zellkern und der Zellmembran aus. Es enthält die Zellorganellen und die Bausteine des Zytoskeletts. Seine Grundsubstanz ohne Organellen und Zytoskelett ist das **Zytosol.**

### Merke

Das Zytosol nimmt etwa 55 % des gesamten Zellvolumens ein. Es ist eine halbflüssige, gelatineartige Masse, die zu etwa 20 % aus Proteinen besteht.

Im Zytosol findet ein großer Teil des Zellstoffwechsels statt. Hier erfolgen die Biosynthese von Aminosäuren, Zuckern, Nukleotiden und Fettsäuren sowie die Prozesse der anaeroben Glykolyse und der Gluconeogenese. Auch Proteine werden hier an freien Ribosomen synthetisiert.

Daneben werden im Zytosol Fettsäuren in Form von Triacylglycerinen und Glucose in Form von Glykogen gespeichert.

Auch der Abbau von Proteinen findet im Zytosol statt. An von der Zelle nicht mehr benötigte Proteine heftet sich ein kleines Protein, das **Ubiquitin.** Die molekularen Mechanismen, auf welche Weise abzubauende Proteine ausgewählt werden, sind noch nicht im Einzelnen bekannt.

Die durch Ubiquitin markierten Proteine werden von **Proteasomen** erkannt und aufgenommen. Proteasomen sind große Proteinkomplexe mit einer tonnenförmigen Gestalt, die an einen Mülleimer erinnert. Sie sind so groß wie ribosomale Untereinheiten (▶ Kap. 1.6) und im gesamten Zytosol verteilt. Enzymatische Komponenten der Proteasomen spalten die Proteine in kurze Peptidketten, die dann von Enzymen des Zytosols weiter abgebaut werden.

Proteasom und Ubiquitin werden „recycelt" und stehen dem Zellstoffwechsel dann erneut zur Verfügung.

### Klinik

Viele Stoffwechselstörungen manifestieren sich auf zellulärer Ebene im Zytosol.

- **Glykogenspeicherkrankheiten** sind eine Gruppe rezessiv vererbter Stoffwechselkrankheiten, bei denen Glykogen aufgrund eines Enzymdefekts nicht vollständig abgebaut werden kann. Je nachdem, welches Enzym der aufeinander folgenden Stufen des Abbaus betroffen ist, werden sieben Typen dieser Erkrankung unterschieden. Glykogen wird vermehrt in den Organen gespeichert, vor allem in Leber, Niere, Muskulatur und ZNS. Klinische Symptome sind Hypoglykämie, Funktionsstörungen der Leber sowie Muskelschwäche.
- Als **Fettleber** wird ein pathologisch erhöhter Fettgehalt des Lebergewebes bezeichnet. Ursache ist meist eine starke Überernährung oder eine Leberschädigung aufgrund chronischen Alkoholmissbrauchs. Aber auch andere Schädigungen der Leber, z. B. durch Infektionen, sowie Störungen des Fettstoffwechsels können Ursache einer Fettleber sein.

## 1.6 Ribosomen

Die **Ribosomen** sind Körperchen aus ribosomaler RNA und Proteinen mit einem Durchmesser von 10–25 nm, an denen die Proteinbiosynthese stattfindet. Wegen ihres Aufbaus aus rRNA und Proteinen werden sie auch als **Ribonukleoproteine** klassifiziert. Sie sind die wichtigsten nicht membranösen Zellorganellen.

In jeder Zelle finden sich 1–2 Millionen Ribosomen, in besonders stoffwechselaktiven Zellen kann ihre Zahl noch höher sein.

Die Ribosomen kommen in zwei Bereichen des Zytoplasmas vor:

- **Freie Ribosomen** sind frei im Zytoplasma verteilt.
- **Membrangebundene Ribosomen** sind an die Außenseite des endoplasmatischen Retikulums (rER, ▶ Kap. 1.7.2) oder der Kernmembran gebunden.

### Lerntipp

Merken Sie sich bitte, welche Proteine an welchen Ribosomen synthetisiert werden:

- Die Proteine, die für das ER selbst, den Golgi-Apparat, die Lysosomen, die Zellmembran und den Export bestimmt sind, werden an membrangebundenen Ribosomen hergestellt.
- Die Mitochondrien, die Peroxisomen und das Zytoplasma selbst werden mit Proteinen von freien Ribosomen versorgt.

Ein funktionsfähiges Ribosom setzt sich aus zwei Untereinheiten zusammen: bei den Eukaryonten aus einer 60-S- und einer 40-S-, bei den Prokaryonten aus einer 50-S- und einer 30-S-Untereinheit (▶ Kap. 3.3.6, ▶ Tab. 3.3). Die hier verwendete Einheit Svedberg (S) beschreibt die Sedimentation eines Partikels bei der Zentrifugation.

Die Sedimentationsgeschwindigkeit ist neben der Molekülmasse noch entscheidend von der Molekülstruktur abhängig. Die Svedberg-Angaben der Sedimentationskonstanten verhalten sich daher nicht additiv.

### Merke

- 60-S- + 40-S-Untereinheiten bilden die 80-S-Ribosomen der Eukaryontenzelle.
- 50-S- + 30-S-Untereinheiten ergeben die 70-S-Ribosomen der Prokaryonten.

Daneben kommen auch in den Mitochondrien spezielle Ribosomen vor, die mitochondrialen Ribosomen (mt-Ribosomen, ▶ Kap. 1.13.2). Diese ähneln den Ribosomen der Prokaryonten.

Beide Untereinheiten der Ribosomen der Eukaryonten werden in den Nucleoli gebildet (▶ Kap. 1.4.3). Bei der Proteinbiosynthese bilden je eine kleine und eine große Untereinheit zusammen mit der mRNA (▶ Kap. 2.2.5.3) einen Initiationskomplex, mit dem die Proteinsynthese startet. Der Basencode der mRNA wird in die Aminosäuresequenz der Proteine übersetzt (Translation). Es können viele Ribosomen an einem mRNA-Strang angelagert sein. Dadurch können von einer mRNA gleichzeitig mehrere Ketten eines Polypeptids synthetisiert werden. Ein solches Gebilde wird als **Polysom** bezeichnet.

### Merke

Die an freien und gebundenen Ribosomen synthetisierten Proteine unterscheiden sich in ihrer Funktion:
- Die an freien Ribosomen gebildeten Proteine werden in der Regel in der Zelle selbst benötigt, z. B. als Enzyme, die Stoffwechselvorgänge im Zytoplasma katalysieren.
- Die membrangebundenen Ribosomen synthetisieren Proteine für den Einbau in Membranen und Zellorganellen. Hier werden auch sekretorische Proteine gebildet, die später in Vesikel verpackt und aus der Zelle ausgeschleust werden.

Frei Ribosomen des Zytoplasmas, die momentan keine Aufgabe bei der Proteinbiosynthese wahrnehmen, liegen immer als getrennte Untereinheiten vor.

### Klinik

Fehler bei der Synthese eines Proteins können für den gesamten Organismus gravierende Folgen zeigen. Der **Alpha-1-Antitrypsin-Mangel** (Laurell-Eriksson-Syndrom) ist die häufigste erbliche Stoffwechselkrankheit in Europa. Ihr Erbgang verläuft autosomal-kodominant (▶ Kap. 2.4.3.3). Es fehlt $\alpha_1$-Antitrypsin, ein Enzym, das die Protease Trypsin aus Bakterien, Leukozyten oder Makrophagen inaktiviert. In der Folge wird durch das nicht inaktivierte Trypsin vermehrt körpereigenes Gewebe angegriffen.

## 1.7 Endoplasmatisches Retikulum

### 1.7.1 Definitionen

Das **endoplasmatische Retikulum** (ER) ist ein Membransystem, das das Zytosol der Zelle durchzieht und ein eigenes Stoffwechselkompartiment abgrenzt (▶ Abb. 1.5, ▶ Abb. 1.7). Das ER dient als Kanalsystem für den intrazellulären Transport und als Reservoir für den Auf- und Abbau von Membranen.

Sein Membranlabyrinth stellt die Hälfte der gesamten Membranmenge der Zelle dar. Der Name endoplasmatisches Retikulum leitet sich ab von endoplasmatisch für „im Zytoplasma befindlich" und lat. reticulum = Netz.

Das endoplasmatische Retikulum besteht aus einem Geflecht von Membranröhren und -säcken, die sich zu Zisternen erweitern. Das Innere dieses Kanalsystems, das **ER-Lumen,** ist durch die Membran des ER vom Zytosol getrennt. Da ER-Membranen aber direkt in die Kernmembran übergehen, steht das ER-Lumen direkt mit dem perinuklearen Raum in Verbindung (▶ Kap. 1.4.2).

Das endoplasmatische Retikulum besteht aus zwei Bereichen, die sich in ihrer Funktion unterscheiden:
- Das **raue endoplasmatische Retikulum** (rER) ist an seiner Außenseite mit Ribosomen besetzt. Im elektronenmikroskopischen Bild erscheint seine Oberfläche daher rau.
- Im Unterschied dazu trägt die dem Zytosol zugewandte Seite beim **glatten endoplasmatischen Retikulum** keine Ribosomen.

Besonders dicke Lagen des ER treten vorwiegend in sehr stoffwechselaktiven Zellen auf. Diese Bereiche sind leicht mit basischen Farbstoffen anfärbbar. Dieser basophile Anteil des Zytoplasmas wird auch als **Ergastoplasma** bezeichnet.

### Lerntipp

Bitte prägen Sie sich in den folgenden beiden Unterkapiteln gut den funktionellen Unterschied zwischen dem rauen und dem glatten endoplasmatischen Retikulum ein, um eine Verwechslung in der Prüfung zu vermeiden!

### 1.7.2 Raues endoplasmatisches Retikulum

Im rauen endoplasmatischen Retikulum werden Membranproteine und exportable Proteine produziert, die von der Zelle sezerniert werden.

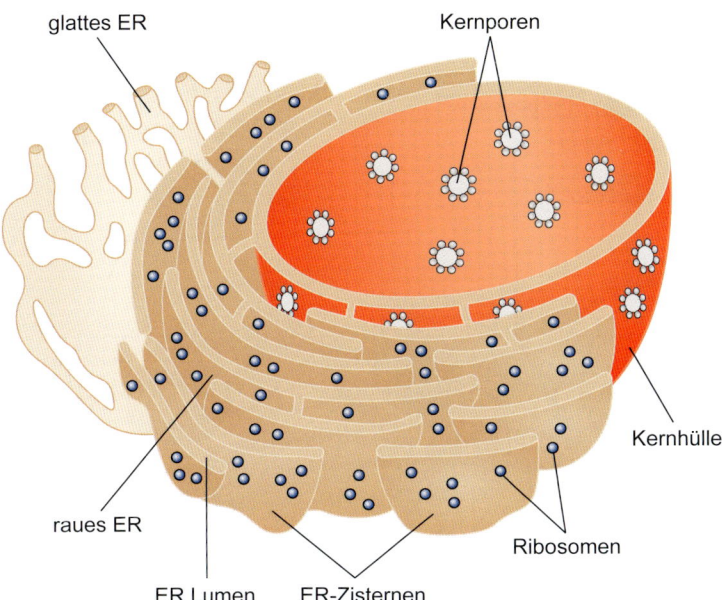

glattes ER

Kernporen

Kernhülle

raues ER

Ribosomen

ER Lumen   ER-Zisternen

**Abb. 1.7** Endoplasmatisches Retikulum.

- **Membranproteine:** Das rER produziert auch Membranen. Es wächst durch Einlagerung neuer Phospholipid- und Proteinmoleküle. Während sich die Membranproteine an den Ribosomen bilden, werden sie in die Membran eingelagert und dort mit ihren hydrophoben Seitenketten verankert. Die wachsende Membran kann in Form von Transportvesikeln (▶ Kap. 1.9) an andere Orte in der Zelle geleitet werden.
- **Sekretorische Proteine** sind meist Glykoproteine, die kovalent gebundene Kohlenhydratgruppen tragen. Diese Molekülgruppen werden im Inneren des ER synthetisiert. Die gebildeten sekretorischen Proteine werden durch die ER-Membran vom Zytosol getrennt. Sie werden in kleinen Membranabschnürungen, den Transportvesikeln (▶ Kap. 1.9), aus der Zelle ausgeschleust.
- **Lysosomale Proteine** (▶ Kap. 1.11) werden ebenfalls im rER gebildet und im Inneren kleiner Vesikel ausgeschleust.

Die Zelle muss unterscheiden, welche Proteine an freien Ribosomen und welche am rER synthetisiert werden sollen. Die mRNA für die sekretorischen Proteine enthält eine spezifische Sequenz aus 15–20 meist hydrophoben Aminosäuren. Diese kodiert spezielle **Signalpeptide,** die das

N-terminale Ende der Peptidkette des Proteins markieren (▶ Abb. 1.8). Nach der Synthese dieser Sequenz am Ribosom heftet ein **Signalerkennungspartikel** (SRP: Signal Recognition Particle) aus dem Zytosol das Ribosom über spezifische SRP-Rezeptoren an das endoplasmatische Retikulum. Der SRP löst sich wieder ab und das Ribosom wird an einen Komplex aus drei Transmembranproteinen gebunden. Dieser Translokalisationskomplex hat die Form eines Tunnels, in den die am Ribosom wachsende Polypeptidkette hineingeführt wird. Somit wächst das Protein direkt in das Lumen des ER hinein. Dort wird die Signalsequenz abgespalten. Im ER-Lumen faltet sich das Protein und stabilisiert sich ggf. durch Disulfidbrücken. Durch Hydroxylierung oder N-Glykosylierung können Kohlenhydratgruppen auf die Proteine übertragen werden.

**Lerntipp**

N-Glykosylierung bedeutet, dass Seitenketten der Aminosäure Asparagin modifiziert werden. Es gibt nämlich auch die O-Glykosylierung, bei der Serin- oder Threoninseitenketten betroffen sind und die erst im Golgi-Apparat ausgeführt wird.

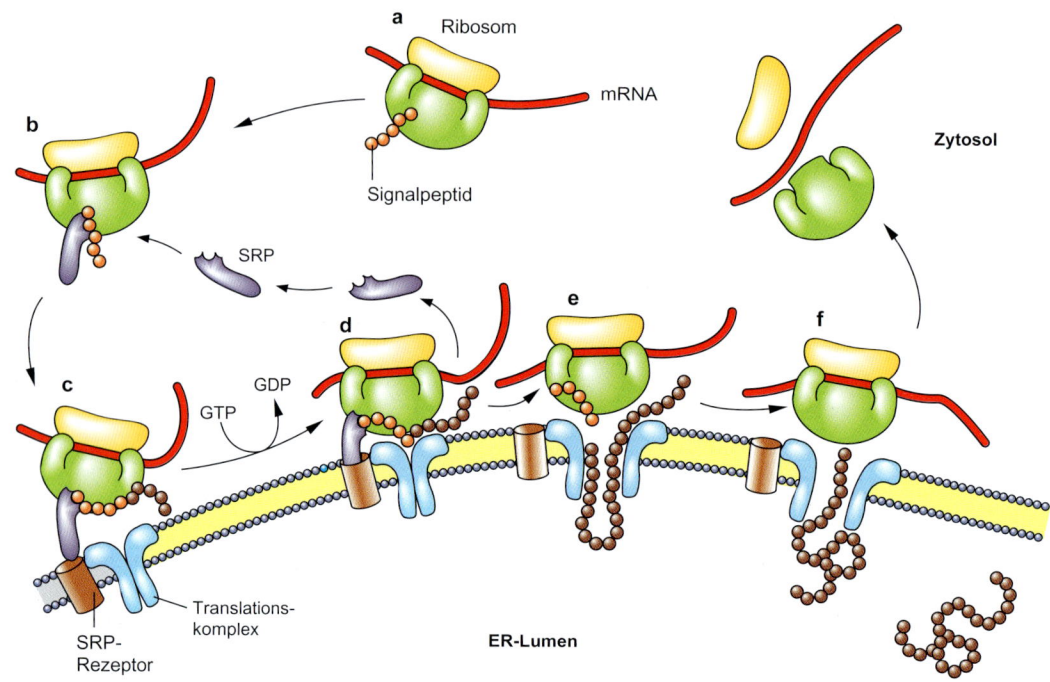

**Abb. 1.8** Proteinbiosynthese und gerichteter Proteintransport am rauen endoplasmatischen Retikulum.

## 1.7.3 Glattes endoplasmatisches Retikulum

Das glatte endoplasmatische Retikulum verschiedener Zelltypen ist an einer Vielzahl von Stoffwechselvorgängen beteiligt:

- **Synthese von Phospholipiden:** Im glatten ER werden die Membranphospholipide synthetisiert und gleich darauf in die Membran integriert.
- **Synthese der Steroidhormone:** Zu den im glatten ER gebildeten Steroiden zählen u.a. die Sexualhormone sowie die Steroide der Nebennieren. Auf die Steroidproduktion spezialisierte Zellen, z.B. in den Hoden bzw. Eierstöcken, besitzen vergleichsweise große Mengen an glattem ER.
- **Detoxifikation** (Entgiftung): Körperfremde Substanzen (Xenobiotika) und Metaboliten des Stoffwechsels werden durch Enzyme des glatten ER abgebaut. Besonders die Zellen der Leber verfügen über große Mengen des stark oxidativen Enzyms Cytochrom P-450. Durch Hydroxylierung werden die Stoffe wasserlöslich, sodass sie über die Niere ausgeschieden werden können.

**Lerntipp**

Merken Sie sich bitte das Cytochrom P-450 als typisches Enzym des glatten ER, vor allem in Leberzellen. Danach wird häufig gefragt.

- **$Ca^{2+}$-Speicherung:** In Muskelzellen pumpt das glatte ER (sarkoplasmatisches Retikulum) Calcium-Ionen aus dem Zytosol in das ER-Lumen. Wird die Muskelzelle erregt, strömen die $Ca^{2+}$-Ionen durch die Membran des ER zurück ins Zytosol und setzen dort die Kontraktion in Gang.
- **Gluconeogenese:** Glucose wird in der Leber als Glykogen gespeichert. Bei der Glykogenolyse entsteht als erstes Produkt Glucose-6-phosphat. Dieses kann jedoch die Zellmembran nicht passieren. Ein in die Membran des glatten ER eingelagertes Enzym spaltet die Phosphatgruppe ab, sodass die Glucosemoleküle die Zelle verlassen können.

**Klinik**

- Beim Typ I der schon erwähnten **Glykogenspeicherkrankheiten** (► Kap. 1.5) fehlt das Enzym

Glucose-6-Phosphatase. Hier wird Glykogen besonders in der Leber angereichert.
- Zur Hydroxylierung am ER sind oft noch weitere Kofaktoren notwendig. Bei der Mangelerkrankung **Skorbut** erfolgt wegen der Unterversorgung mit Ascorbinsäure (Vitamin C) die Hydroxylierung der für die Synthese von Kollagen notwendigen Aminosäure Prolin nur mangelhaft. Symptome sind vor allem krankhafte Veränderungen des Bindegewebes. Es kommt zu Entzündungen, Gewebeblutungen bis hin zu Blutergüssen, die Wundheilung wird verzögert und es lockern sich die Zähne.

## 1.8 Golgi-Komplex

Der Golgi-Komplex (auch: Golgi-Apparat) kann in einer Zelle einfach, aber auch mehrfach vorkommen. Er besteht aus abgeflachten, durch Membranen begrenzten Hohlräumen. 5–10 dieser flachen Zisternen (Sacculi) bilden jeweils einen Stapel, der als **Dictyosom** bezeichnet wird. Die Dictyosomen sind im Lichtmikroskop als so genannte **Golgi-Felder** sichtbar. Jede Zisterne des Dictyosoms ist von einer eigenen Membran umschlossen. Die Dictyosomen weisen in Struktur und Funktion eine Polarität auf, es lassen sich eine konkave (*cis*-) und eine konvexe (*trans*-) Seite unterscheiden (► Abb. 1.9).

Das Dictyosom ist mit seiner *cis*-Seite dem endoplasmatischen Retikulum oder dem Zellkern zugewandt. Auf beiden Seiten des Golgi-Komplexes ist die jeweils äußerste Zisterne, die so genannte *cis*- bzw. *trans*-Zisterne, an ein komplexes Netzwerk aus membranösen Bestandteilen, miteinander verbundenen Kanälen und Vesikeln angeschlossen.

Die hauptsächliche Aufgabe des Golgi-Apparats liegt in der Modifikation von Proteinen und Lipiden, die aus dem endoplasmatischen Retikulum in die Zisternen des Golgi-Apparats gelangen. Darüber hinaus erfolgt im Golgi-Apparat auch die Synthese von Glykolipiden und Polysacchariden.

Stoffgefüllte Transportvesikel schnüren sich vom ER ab und verschmelzen mit dem *cis*-Netzwerk des Golgi-Komplexes. Die Produkte des ER werden auf dem Weg durch den Golgi-Apparat in mehreren Stufen modifiziert und für ihren weiteren Weg sortiert.

Zu den im Golgi-Apparat durchgeführten Modifikationen gehören:
- Glykosylierung
- Sulfatierung
- Abspaltung von Polypeptidketten (z. B. beim Insulin)
- Markierung lysosomaler Proteine mit Mannose-6-phospat (M6P)

Die Weiterleitung zu den Mittelzisternen und schließlich zum *trans*-Netzwerk erfolgt ebenfalls durch Transportvesikel.

Auf der *trans*-Seite schnüren sich mit den modifizierten Stoffen gefüllte Vesikel ab und wandern zu verschiedenen Bestimmungsorten innerhalb der Zelle. Die Vesikel sind entsprechend ihrem Bestimmungsort gekennzeichnet. Ihre Außenhülle ist mit Proteinen beschichtet bzw. markiert:
- Vesikel für den intrazellulären Transport tragen den Proteinkomplex Coatomer, der sich aus sieben Proteinen zusammensetzt.
- Zur Exozytose (► Kap. 1.9) vorgesehene Vesikel sind dagegen mit dem Protein Clathrin (► Kap. 1.10.1) überzogen. Sie verschmelzen mit der Zellmembran und geben ihren Inhalt nach außen ab. Damit entstehen auch ein ständiger Membranfluss und eine Kompensation der Membranverluste durch Endozytose (► Kap. 1.10).

Hydrolasen verbleiben mit den Vesikeln als Lysosomen (► Kap. 1.11) innerhalb der Zelle. Ein membranintegrierter M6P-Rezeptor in den *trans*-Zisternen bindet dabei an die lysosomalen Enzyme und schließt diese in die Lysosomen ein.

### Merke

Das raue endoplasmatische Retikulum produziert Proteine, die die Zelle verlassen werden, dagegen synthetisiert das glatte endoplasmatische Retikulum intrazelluläre Stoffe!

### Klinik

- Eine Form des **Diabetes mellitus** ist die **Hyperproinsulinämie.** Hier ist in B-Zellen der Bauchspeicheldrüse die Umwandlung der Vorstufe Proinsulin in das wirksame Hormon Insulin gestört.
- Ein Defekt der N-Acetylglucosamin-Phosphotransferase führt zur **I-Zell-Krankheit** (Mukolipidose II, Leroy-Syndrom), einer lysosomalen Speicherkrankheit, die autosomal-rezessiv vererbt wird (► Kap. 2.4.4). Es unterbleibt die Markierung der lysosomalen Enzyme mit M6P; diese werden daraufhin nicht in die Lysosomen transportiert, sondern gelangen unkontrolliert in die extrazelluläre Matrix. Die Enzyme fehlendaher

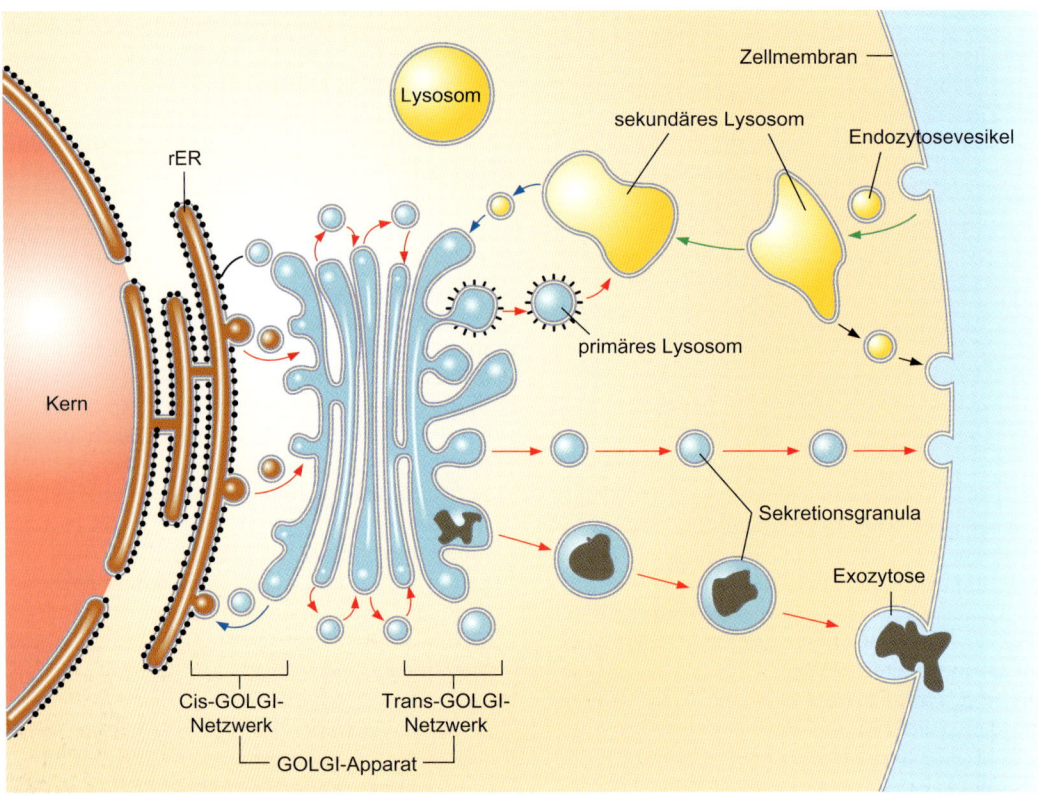

**Abb. 1.9** Aufbau und Funktion des Golgi-Apparats.

innerhalb der Zelle für den Abbau bestimmter Stoffwechselprodukte. Das nicht abgebaute Material wird demzufolge in der Zelle angereichert und ist in Form charakteristischer Speichervakuolen nachweisbar.

## 1.9 Exozytose

Makromoleküle werden aus der Zelle ausgeschleust, indem Vesikel mit der Plasmamembran verschmelzen. Dieser Vorgang wird als **Exozytose** bezeichnet.

Die Plasmamembran ist asymmetrisch gebaut (▶ Kap. 1.3.1); ihre Außenseite entspricht den Membraninnenseiten der Vesikel, des Golgi-Komplexes und des endoplasmatischen Retikulums (vgl. ▶ Abb. 1.9). Die Kohlenhydrate der Glykokalix und die Membranproteine werden im ER synthetisiert, im Golgi-Komplex modifiziert und als Bestandteile der Vesikelmembranen zur Zellaußenseite transportiert.

Vom Golgi-Komplex (▶ Kap. 1.8) abgeschnürte Transportvesikel wandern entlang den Fasern des Zytoskeletts (▶ Kap. 1.14.2.2) zur Zellmembran. Bei der Berührung von Vesikel- und Plasmamembran ordnen sich die Moleküle der Doppelschichten neu an. Beide Membranen verschmelzen, dabei wird der Inhalt der Vesikel in den Extrazellularraum entleert (▶ Abb. 1.10).

Die Integration der Vesikel in die Zellmembran vergrößert deren Oberfläche. Membranverluste durch Endozytose (▶ Kap. 1.10) werden somit ausgeglichen.

Besonders die sekretorischen Zellen bedienen sich der Mechanismen der Exozytose zur Ausschleusung ihrer Produkte. Es können zwei Hauptformen der Exozytose unterschieden werden:

- Die **konstitutive Exozytose** bewirkt einen ständigen Fluss von Vesikeln aus dem *trans*-Golgi-Netz zur Zellmembran. Es werden kontinuierlich Proteine ausgeschleust, die sich an die Zelloberfläche heften und in die extrazelluläre Matrix oder die Extrazellularflüssigkeit wandern

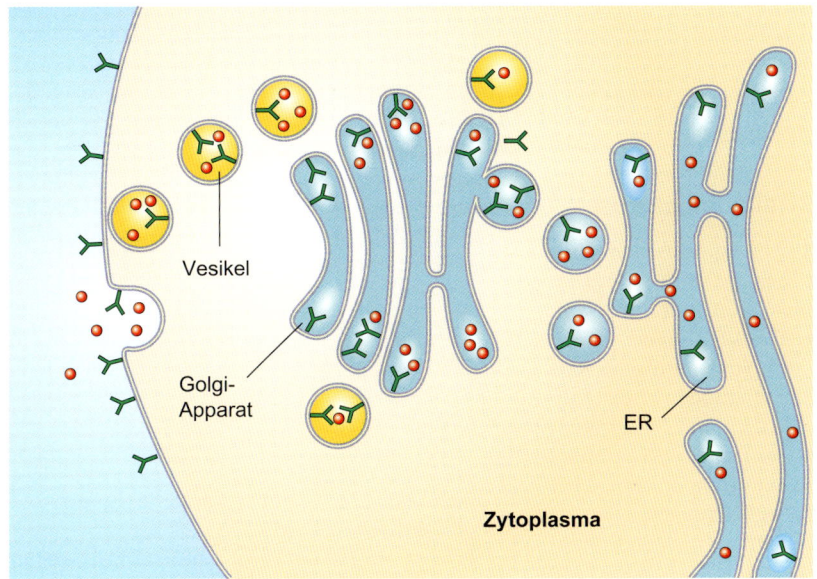

Vesikel

Golgi-Apparat

ER

**Zytoplasma**

**Abb. 1.10** Vorgang der Exozytose.

können. Die konstitutive Exozytose läuft in allen eukaryontischen Zellen ab.

• Die **regulierte Exozytose** ist ein Mechanismus in auf die Sekretion spezialisierten Zellen. In der Nähe der Zellmembran sammeln sich sekretorische Vesikel an. Im Inneren dieser Vesikel liegen die zu transportierenden Stoffe in einer um ein Vielfaches höheren Konzentration vor als im Golgi-Lumen. Erst auf ein Signal hin wird der Inhalt der sekretorischen Vesikel nach außen abgegeben. Die regulierte Exozytose wird durch Annexine induziert. Annexine sind eine Klasse Calcium bindender Proteine. Ihre Bindung an Membranoberflächen wird durch $Ca^{2+}$ ausgelöst.

Eine der Exozytose verwandte Form der Ausschleusung ist die **Apozytose.** Als Apozytose wird die Abschnürung von Vesikeln oder die Abspaltung von ganzen Zellteilen bezeichnet.

Bei der Apozytose wird aus der Plasmamembran ein Vesikel gebildet, das Stoffe aus dem Zytoplasma in den Extrazellularraum transportiert.

Apozytose findet statt:
• in den apokrinen Drüsen, d. h. bei der Sekretion von Milchfett in den Milchdrüsen oder von Duftstoffen in den Schweißdrüsen,
• beim Ausstoß des Zellkerns bei der Reifung der Erythrozyten,
• bei der Ausschleusung von Viruspartikeln,
• bei der Bildung von Matrixvesikeln im Laufe der Kalzifizierung von Knochen und Zähnen.

---

**Klinik**

Die Toxine der Bakterien *Clostridium tetani* und *C. botulinum* binden an das bei der Ausschüttung von Neurotransmittern beteiligte Synaptobrevin. Die Exozytose der Neurotransmitter wird dadurch gehemmt.
• Beim **Tetanus** sind die inhibitorischen Synapsen der spinalen Motoneuronen betroffen. In der Folge kommt es zu tonisch-klonischen Krämpfen und spastischen Lähmungen.
• **Botulismus** ist eine durch verdorbene Nahrungsmittel hervorgerufene Vergiftung. Kontaminiert sind meist Konserven, denn darin kann sich das anaerobe *Clostridium botulinum* besonders gut vermehren. Das Botulinustoxin hemmt die Freisetzung von Acetylcholin an der neuromuskulären Endplatte. Die Folge sind schlaffe Lähmungen.

---

## 1.10 Endozytose

Durch die Endozytose nimmt eine Zelle Makromoleküle oder größere Partikel auf. Die Endozytose kann als Umkehrung der Exozytose (▶ Kap. 1.9) angesehen werden. Die Endozytose beginnt zunächst mit einer Einstülpung der Plasmamembran, die nach und nach zu einer immer tieferen Grube wird. An den Rändern der Grube schnürt sich die Plasmamembran ab und es bilden sich Vesikel, die entlang des Zytoskeletts weiter in das Zellinnere wandern.

Die bei der Endozytose gebildeten Vesikel werden als **Endosomen** bezeichnet.

Es werden drei Formen der Endozytose unterschieden, die rezeptorvermittelte (spezifische) Endozytose, die Pinozytose und die Phagozytose.

## 1.10.1 Rezeptorvermittelte Endozytose

Mittels der rezeptorvermittelten (spezifischen) Endozytose werden bestimmte Stoffe selektiv und in einer angereicherten, hohen Konzentration von der Zelle aufgenommen (▶ Abb. 1.11). An der Oberfläche der Zelle befinden sich stoffspezifische Rezeptorproteine, an denen der aufzunehmende Stoff selektiv als Ligand bindet. An dicht mit Rezeptoren besetzten Stellen der Zelloberfläche wird so eine wesentlich höhere Stoffkonzentration angereichert als in der freien extrazellulären Flüssigkeit.

Auf der Innenseite der Plasmamembran lagert sich an den mit Rezeptoren besetzten Regionen ein Geflecht des Proteins **Clathrin** an. Clathrin ist ein Trimer, dessen drei Untereinheiten in Form eines Dreibeins angeordnet sind. Diese außergewöhnliche Form erlaubt es dem Protein, zu einem zweidimensionalen Netzwerk zu polymerisieren. Das Aggregat formt aber keine ebene, sondern eine gekrümmte Fläche, mit einer konvexen und einer konkaven Seite. Die Plasmamembran dellt sich daraufhin ein, es bilden sich die so genannten **Coated Pits** oder „Stachelsaumgruben". Neben dem Clathringerüst enthalten die Coated Pits eine Gruppe von Proteinen, die als Adaptine bezeichnet werden. Sie stellen die Verbindung der Rezeptoren mit dem Clathrin her.

Wenn sich das Endosom nach innen abschnürt, wird die Innenseite der Zellmembran zur Außenseite des Endosoms. Das Äußere des Vesikels ist daher mit einem Geflecht aus Clathrin überzogen. Man spricht deshalb von **Coated Vesicles** oder „Stachelsaumvesikel". Schon kurz nach ihrer Aufnahme verlieren die Vesikel aber diese Ummantelung. Nachdem die Endosomen die aufgenommenen Substanzen dem Zellstoffwechsel zugeführt haben, werden die Rezeptoren zur Zelloberfläche zurücktransportiert, wo sie erneut verwendet werden.

Beispiele für die rezeptorvermittelte Endozytose sind die Aufnahme von:

- **Cholesterin:** Im Blut liegt Cholesterin in seiner Transportform als LDL (Low-Density-Lipoprotein) vor. Dieses bindet an einen LDP-Rezeptor an der Zelloberfläche.
- **Eisen:** Im Blutplasma sind jeweils zwei $Fe^{3+}$ an das Glykoprotein Transferrin gebunden. Transferrin bindet an der Zelle an einem Transferrinrezeptor und wird zusammen mit dem Eisen aufgenommen.
- **Influenzaviren:** Die Gruppe der Influenzaviren benutzt die Endozytose, indem sie an für andere Zwecke bestimmten Rezeptoren ihrer Zielzellen andockt und sich so in die Zellen einschleusen lässt.

## 1.10.2 Pinozytose

**Pinozytose** ist die unspezifische Aufnahme extrazellulärer Flüssigkeit und der darin gelösten Substanzen. Es bilden sich kleine Membranvesikel, die einen Tropfen der extrazellulären Flüssigkeit einschleusen (▶ Abb. 1.12).

Die Konzentration und die Zusammensetzung des Vesikelinhalts sind gleich denen des extrazellulären Milieus.

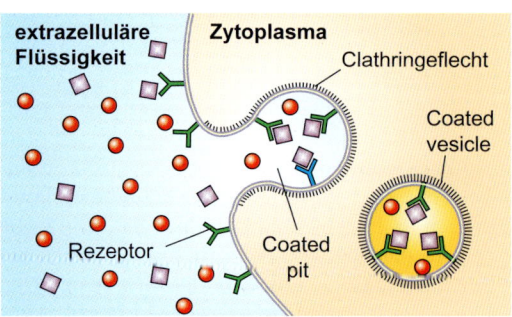

**Abb. 1.11** Vorgang der rezeptorvermittelten Endozytose.

## 1.10.3 Phagozytose

Unter **Phagozytose** wird die Aufnahme von Partikeln in die Zelle verstanden. Sie spielt eine wichtige Rolle bei der Abwehr von Bakterien und der Beseitigung von Fremdstoffen.

> Zur Phagozytose fähig sind amöboid bewegliche Fresszellen, dies sind im Immunsystem die Makrophagen, Monozyten und Granulozyten.

Die Membran der Fresszellen bildet Ausstülpungen (Pseudopodien), die den Fremdkörper umschließen und in das Zellinnere aufnehmen (▶ Abb. 1.13). Das Vesikel mit dem inkorporierten Partikel kann eine beträchtliche Größe erreichen. Bei großen Vesikeln (> 250 nm) spricht man generell von Vakuolen und, wenn sie phagozytiertes Material enthalten, auch von **Phagosomen.** Im Zytoplasma verschmilzt die Vakuole mit mehreren Lysosomen (▶ Kap. 1.11.2), deren Hydrolasen das Partikel dann „verdauen".

Unter Umständen müssen Stoffe durch eine Zelle hindurchgeschleust werden. Sie werden auf der einen Seite der Zelle aufgenommen und auf der anderen Seite wieder abgegeben. Diese Kombination aus Endo- und Exozytose wird als **Transzytose** (auch: Zyopempsis) bezeichnet.

Als eine Sonderform der Endozytose ist in einigen Zellen auch eine Stoffaufnahme durch **Caveolae** möglich. Caveolae sind kurze tubulusartige Einstülpungen in die Außenmembran von Zellen. Sie reichen oft nur einige hundert Nanometer in das Zellinnere hinein und verlaufen dabei typischerweise parallel zur Außenmembran in 30 bis 50 nm Abstand. Bereiche der Zellmembran, in denen Caveolae vorkommen, werden durch das Transmembranprotein Caveolin markiert. Über den genauen molekularen Aufbau der Caveolae und über Details ihrer Funktion ist aber noch wenig bekannt.

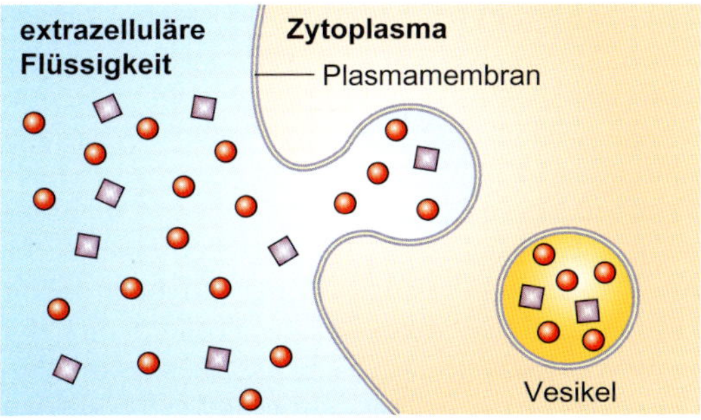

## 1.11 Lysosomen

### Lerntipp

Lysosomen sind mit ihren vielfältigen Formen gerne Gegenstand von IMPP-Fragen. Machen Sie sich auch den Transportweg der lysosomalen Proteine immer wieder klar.

Die **Lysosomen** (▶ Abb. 1.1) sind Membranvesikel, die aus den Dictyosomen des Golgi-Apparats entstehen (▶ Kap. 1.8). In ihrem Inneren enthalten sie zahlreiche membrangebundene oder freie Enzyme. Aufgabe dieser Zellorganellen ist die Verdauung von Makromolekülen aus sowohl zelleigenem als auch extrazellulärem Material.

Es wurden inzwischen über 50 verschiedene Enzyme in den Lysosomen nachgewiesen. Es handelt sich dabei hauptsächlich um saure Hydrolasen, das Leitenzym ist die **saure Phosphatase.** Die Enzyme werden im rauen endoplasmatischen Retikulum gebildet und auf ihrem Weg durch den Golgi-Apparat modifiziert.

## 1.11.1 Entstehung primärer Lysosomen

Die Sortierung der lysosomalen Enzyme wird im *cis*-Golgi-Apparat durch zwei Enzyme katalysiert. Eine Phosphotransferase (N-Acetylglucosamin-Phosphotransferase) heftet N-Acetylglucosamin-1-phosphat an einen Mannoserest. Ein weiteres Enzym spaltet den N-Acetylglucosamin-Rest wieder ab.

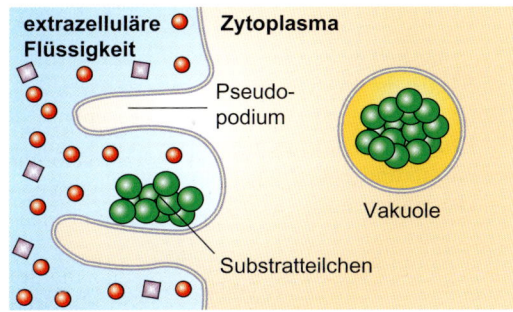

**Abb. 1.12** Vorgang der Pinozytose.

**Abb. 1.13** Vorgang der Phagozytose.

Die lysosomalen Enzyme sind nun durch **Mannose-6-phosphat (M6P)** markiert (▶ Kap. 1.8). Nach ihrer Passage durch den Golgi-Komplex werden sie an **M6P-Rezeptoren** in der Membran des *trans*-Golgi-Netzwerks gebunden. So werden die Enzyme gezielt in die Lysosomen gebracht, die sich an diesen Stellen aus der *trans*-Seite des Golgi-Apparats abschnüren.

Die Verdauungsenzyme der Lysosomen arbeiten unter sauren Bedingungen bei einem pH-Wert zwischen 4,5 und 5. Eine ATP-getriebene Protonenpumpe befördert $H^+$-Ionen ins Innere der Lysosomen, um diesen pH-Wert aufrechtzuerhalten. Wird ein Lysosom beschädigt, so sind seine Enzyme im pH-neutralen Zytosol kaum aktiv. Eine Freisetzung lysosomaler Enzyme in größerem Umfang führt aber zur Selbstverdauung und damit zur Zerstörung der Zelle.

## Klinik

Bei Entzündungsprozessen kann es zu einer Auflösung der Lysosomenmembran und damit zu einer **Autolyse,** d. h. Selbstauflösung der Zellen, kommen. Die entzündungshemmenden Glucocorticoide (z. B. Cortison) stabilisieren die Membranen der Lysosomen.

Die neu entstandenen (nativen) Lysosomen haben Durchmesser von 25–200 nm und werden als **primäre Lysosomen** bezeichnet.

## 1.11.2 Sekundäre Lysosomen

Sie verschmelzen mit Vesikeln, die die zu verdauenden Stoffe enthalten (z. B. Phagosomen), und werden dann **sekundäre Lysosomen** genannt. Diese sind mit einem Durchmesser von 0,3 bis 2 μm wesentlich größer als die primären Lysosomen.

Nach der Art des Materials in den sekundären Lysosomen wird weiter unterschieden:

- **Autolysosomen** verdauen von der Zelle selbst gebildetes Material. Das Lysosom umschließt ein anderes Organell (z. B. Ribosomen, Mitochondrien) oder einen Teil des Zytosols. Dieser Vorgang wird auch als **Autophagie** bezeichnet. Die aufgenommenen Makromoleküle werden durch die lysosomalen Enzyme in Monomere gespalten. Wiederverwertbare Substanzen werden durch Transportproteine in der Membran der Lysosomen zurück ins Zytosol ausgeschleust. Somit erneuert sich die Zelle durch die Lysosomen ständig selbst.
- **Heterolysosomen** enthalten zellfremdes Material. Wenn sie phagozytiertes Material verdauen, werden sie **Phagolysosomen** genannt. Die Verdauung von in die Zelle eingedrungenen Mikroorganismen durch Heterolysosomen ist ein wichtiger Schritt in der Infektabwehr.

## 1.11.3 Tertiäre Lysosomen

Stoffe, die in sekundären Lysosomen nicht vollständig verdaut werden können, werden eingelagert. Die so entstehenden **tertiären Lysosomen** werden auch als **Telolysosomen** oder **Residualkörper** bezeichnet. Die tertiären Lysosomen enthalten keinerlei verwertbare Stoffe mehr. Ihr Durchmesser liegt zwischen 0,2 und 0,6 μm, damit sind sie im Mittel deutlich kleiner als sekundäre Lysosomen.

Da die Lysosomen keine Lipasen zur Spaltung von Fetten besitzen, enthalten die Telolysosomen häufig fetthaltige Rückstände, die **Lipofuscine.** Diese besitzen eine bräunliche Farbe und werden auch **Alterspigment** genannt.

Residualkörper können zur Zellmembran wandern und die Zelle durch Exozytose verlassen. Vermutlich geschieht dies in den meisten Zellen so schnell, dass Residualkörper in mikroskopischen Präparaten im Allgemeinen nur sehr selten anzutreffen sind. Sie sind öfter in Makrophagen und am häufigsten in Nervenzellen zu finden, da dort mehr Lipofuscine entstehen. In Nervenzellen bleiben die Telolysosomen oft längere Zeit und in größerer Zahl in der Zelle sichtbar.

Im Organismus sind Verdauungsprozesse durch lysosomale Enzyme noch an weiteren, speziellen Funktionen beteiligt:

- Primäre Lysosomen können durch Exozytose ausgeschieden werden. Die dabei freigesetzten Enzyme helfen bei der extrazellulären Verdauung oder der Verflüssigung von anderen Sekreten. Lysosomale Enzyme werden abgegeben von
  - **Leukozyten,** die damit körperfremde Substanzen und Zellen angreifen, und
  - **Osteoklasten,** die Knorpel und Knochen abbauen.
- Die **Apoptose,** der programmierte Zelltod, geschieht durch die intrazelluläre Freisetzung lysosomaler Enzyme (▶ Kap. 1.17.1).

- Auch die Verschmelzung von Spermium und Eizelle kann letztlich auf eine lysosomale Reaktion zurückgeführt werden. Der Kopf eines Spermiums ist kappenartig vom **Akrosom** bedeckt. Dieses stammt ursprünglich von einem Lysosom ab und enthält verschiedene saure, hydrolytische Enzyme (Hyaluronidase, Neuraminidase und Akrosin). Die Freisetzung dieser Enzyme (Akrosom-Reaktion) ermöglicht dem Spermium die Penetration der Zona pellucida der Eizelle.

### Klinik

Verschiedene Erkrankungen sind auf Schäden an den Lysosomen bzw. auf eine Fehlsteuerung ihrer Enzyme zurückzuführen:

- Die **I-Zell-Krankheit** wurde bereits in ▶ Kap. 1.8 beschrieben.
- Das **Tay-Sachs-Syndrom** wird durch einen autosomal-rezessiven (▶ Kap. 2.4.4) Gendefekt für das Enzym β-N-Hexosaminidase A verursacht. Die Erkrankung zählt zu den lysosomalen Speicherkrankheiten. Es werden Ganglioside (Sphingolipide aus der Gruppe der Glykolipide) in den Organen und vor allem im ZNS gespeichert. Die neurologischen Symptome führen in der Regel etwa im 3. bis 4. Lebensjahr zum Tod.
- Bei **Gicht** werden die Membranen der Lysosomen durch Harnsäurekristalle geschädigt. Bei **Silikose,** auch bekannt als die Berufskrankheit „Steinstaublunge" bei Bergarbeitern, erfolgt die Schädigung durch Silikatkristalle. In beiden Fällen führt die Freisetzung lysosomaler Enzyme zu entzündlichen Reaktionen.
- Bei der **Cystinose** ist der Transport der Aminosäure Cystein aus den Lysosomen gestört. Es handelt sich um eine autosomal-rezessiv (▶ Kap. 2.4.4) vererbte Stoffwechselkrankheit. Cystein wird in den Lysosomen aller Organe angereichert, besonders aber in der Niere, im Knochenmark, in Lymphozyten, in der Conjunctiva und in der Cornea.

## 1.12 Peroxisomen

Die **Peroxisomen** (früher auch **Microbodies** genannt) sind kleine, kugelförmige, von einer Membran umgebene Zellorganellen mit einem Durchmesser von etwa 0,2–0,5 μm. Die Peroxisomen werden von Teilen des rauen endoplasmatischen Retikulums gebildet (peroxisomales Retikulum). Sie reifen und vergrößern sich aber erst später im Zytoplasma durch die Aufnahme von Proteinen und Lipiden aus dem Zytosol. Dort vermehren sie sich durch Teilung bzw. Abknospung, nachdem sie eine bestimmte Größe erreicht haben. Der Name der Peroxisomen leitet sich von ihrer Aufgabe ab, **Wasserstoffperoxid ($H_2O_2$)** zu bilden und wieder zu spalten.

Im Inneren der Peroxisomen sind zahlreiche kristalline Einschlüsse zu finden.

Die zentralen Einschlüsse in der Matrix bestehen aus Urat-Oxidase, randständige Einschlüsse an der Membran (Marginalplatten) bestehen aus α-Hydroxysäure-Oxidase-B.

Daneben enthalten Peroxisomen noch weitere Enzyme, die Wasserstoff von verschiedenen Substraten abspalten und auf molekularen Sauerstoff übertragen. Auf diese Weise entsteht Wasserstoffperoxid.

### Merke

Das im Stoffwechsel der Peroxisomen gebildete Wasserstoffperoxid ist ein extremes Zellgift. Die Peroxisomen enthalten aber ein weiteres Enzym, die **Katalase,** mit der das Wasserstoffperoxid wieder zu Wasser und Sauerstoff abgebaut wird.

In der Gesamtbilanz des Stoffwechsels der Peroxisomen wird allerdings mehr Sauerstoff verbraucht als regeneriert.

### Lerntipp

Das Leitenzym der Lysosomen ist die saure Phosphatase, das Leitenzym der Peroxisomen ist die Katalase. Bitte nicht verwechseln!

Peroxisomen kommen prinzipiell in allen kernhaltigen Zellen vor, besonders häufig aber in Leber- und Nierenzellen. Außerdem sind sie noch in Zellen zu finden, die Lipide und/oder Steroidhormone synthetisieren, metabolisieren oder speichern.

- In den Peroxisomen beginnt der Abbau langkettiger Fettsäuren und komplexer Lipide wie der Prostaglandine und Leukotriene. Diese werden durch β-Oxidation in kleinere Einheiten gespalten, die ins Zytosol und von dort in die Mitochondrien (▶ Kap. 1.13) transportiert werden. Die Peroxisomen synthetisieren daraus aber auch neue Verbindungen, u. a. die Plasmalogene und Steroide.

- In den Peroxisomen der Leber werden Alkohol und andere organische Schadstoffe abgebaut, indem von diesen Verbindungen Wasserstoff abgespalten und auf molekularen Sauerstoff übertragen wird. Weitere Stoffwechselvorgänge in den Peroxisomen sind die Synthese von Gallensäure sowie der Abbau von Purinen und Aminosäuren.

---

### Lerntipp

Beim Kapitel Peroxisomen wird meist nach der Rolle im Lipidstoffwechsel gefragt. Des Weiteren sollten Sie sich einprägen, dass Peroxisomen aus dem ER entstehen, von nur einer Membran umschlossen sind und die für ihre Reifung benötigte Proteine von freien Ribosomen im Zytosol synthetisiert und anschließend importiert werden.

---

Die Lebensdauer der Peroxisomen beträgt einige Tage. Sie werden durch Verschmelzung mit Lysosomen oder durch Selbstauflösung abgebaut.

---

### Klinik

Die Gruppe der peroxisomalen Krankheiten hat ihre Ursache in Fehlfunktionen der Peroxisomen.

- Beim **Zellweger-Syndrom** (zerebro-hepato-renales Syndrom) fehlen die Peroxisomen in Leber und Nieren. Die Erkrankung wird autosomal-rezessiv (▶ Kap. 2.4.4) vererbt. Es finden sich vermehrt langkettige Fettsäuren im Blut. Die betroffenen Säuglinge sterben bereits während der ersten Lebensmonate an den Folgen ausgeprägter Schwäche, Hypotonie, Leberzirrhose und kardiovaskulärer Fehlbildungen.
- **Adrenoleukodystrophie** (Addison-Schilder-Syndrom) ist eine Lipidspeicherkrankheit, bei der das zentrale und das periphere Nervensystem geschädigt werden. Es werden vier Typen unterschieden. Die häufigste Form ist X-chromosomal gebunden und manifestiert sich daher fast nur beim männlichen Geschlecht (▶ Kap. 2.4.5.3).

---

## 1.13 Mitochondrien

### 1.13.1 Vorkommen

Mitochondrien sind länglich-ovale Zellorganellen mit einer Größe von 1–5 µm. Sie kommen in allen tierischen Zellen außer den Erythrozyten vor.
Die Mitochondrien sind der wichtigste Ort zur Bereitstellung von **Energie** in Zellen, in ihnen wird der weitaus größte Teil der **ATP-Moleküle** (Adenosintriphosphat) gebildet. Sie können deshalb auch als die „Kraftwerke" der Zelle bezeichnet werden.

Mitochondrien können sich in der Zelle bewegen und ihre Form ändern. Ihre Lage und Anzahl hängen vom Zelltyp bzw. von der Zellfunktion ab. In stoffwechselaktiven Zellen mit einem hohen Energiebedarf ist ihre Zahl besonders hoch. In den Leberzellen sind bis zu mehrere tausend Mitochondrien pro Zelle zu finden.

### 1.13.2 Entstehung und Vermehrung

Die Mitochondrien besitzen eigene **DNA, RNAs** und **Ribosomen.** Sie können damit eine zellkernunabhängige Proteinbiosynthese durchführen. Die DNA der Mitochondrien ist ähnlich wie bei Prokaryonten ringförmig angeordnet. Sie wird als mitochondriale DNA (mtDNA) bezeichnet. Die mitochondrialen Ribosomen haben, anders als die übrigen Ribosomen der Eukaryonten, eine Sedimentationskonstante von 70 S (▶ Kap. 1.6). Sie stehen daher den Ribosomen der Bakterien nahe.

Die **Endosymbiontentheorie** (▶ Kap. 1.2.1.2) geht davon aus, dass Mitochondrien ursprünglich unabhängige Prokaryonten waren, die in die Zelle aufgenommen wurden und dort im Laufe der Evolution als Symbionten spezielle Aufgaben übernommen haben.

Die Mitochondrien vermehren sich durch eine vom Zellzyklus unabhängige Teilung. Mitochondrien werden nur über die Eizellen an die Nachkommen weitergegeben. Die Vererbung der mitochondrialen Gene erfolgt daher ausschließlich mütterlich.

Die mitochondriale DNA enthält 37 Gene; diese kodieren für

- 2 rRNAs der mitochondrialen Ribosomen,
- 22 tRNAs der mitochondrialen Proteinsynthese,
- 13 Enzyme der Atmungskette.

In den Mitochondrien kommen aber weit mehr Proteine vor. Für ein funktionsfähiges Mitochondrium werden etwa 3.000 Gene benötigt. Die meisten Proteine entstehen gesteuert vom Zellkern an den freien Ribosomen im Zytoplasma.

## 1.13.3 Einteilung und Funktion

Die Mitochondrien besitzen eine doppelte Membran (▶ Abb. 1.14). Die innere Membran ist vielfach eingestülpt, wodurch ihre Oberfläche beträchtlich vergrößert wird. Nach der Form der Innenmembran lassen sich die Mitochondrien unterscheiden:

- **Crista-Typ** mit dünnen, leistenförmigen Einstülpungen. Die meisten Mitochondrien sind von diesem Typus.
- **Tubulus-Typ** mit weiten, schlauchförmigen Einstülpungen. Tubulusstrukturen finden sich nur in Steroidhormon produzierenden Zellen, d.h. in den Zellen der Nebennierenrinde, des Ovars und der Hoden.
- **Sacculus-Typ** mit sackförmigen Einstülpungen. Dieser Typ ist nur in den Zellen der Zona fasciculata der Nebennierenrinde anzutreffen.

Innen- und Außenmembran der Mitochondrien schaffen zwei getrennte Stoffwechselkompartimente, den inneren **Matrixraum** und den wesentlich engeren **Intermembranraum** (auch Intra-Cristae-Raum genannt).

- Die **äußere Membran** ist weitgehend stoffdurchlässig. Sie enthält viele Moleküle des Transportproteins **Porin.** Dieses bildet breite Kanäle in der Lipiddoppelschicht, durch die auch große Makromoleküle bis zu einem Molekulargewicht von etwa 10.000 Dalton noch frei hindurchtreten können. Die Mitochondrien können dadurch die von ihnen benötigten Proteine aus dem Zytoplasma aufnehmen.
- Die **Innenmembran** enthält große Mengen des Lipids **Cardiolipin.** Sie ist dadurch besonders undurchlässig. Der Stoffaustausch durch die Innenmembran ist nur über spezielle Transportmechanismen möglich. Hierfür sind stoffspezifische Transportproteine (Permeasen und Kanalproteine) in die Membran eingelagert.

Auf der Innenseite der inneren Membran liegt der ATP produzierende **Multienzymkomplex** der Atmungskette.

Im elektronenmikroskopischen Bild sind die Enzymkomplexe als so genannte Elementarpartikel an der Membran identifizierbar.

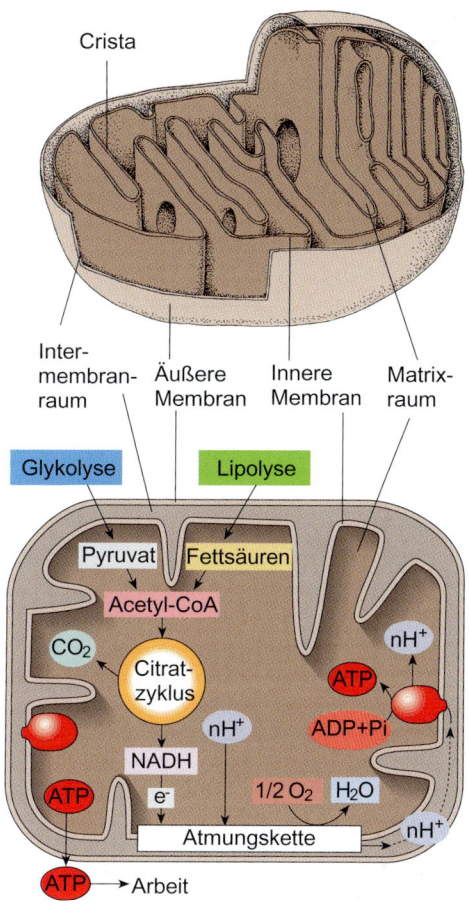

**Abb. 1.14** Das Mitochondrium: Struktur und Stoffwechsel [1].

Zwischenprodukte des Stoffwechsels werden aus dem Zytosol in die Mitochondrien gebracht und dort weiter oxidiert. Bei der Oxidation von $H_2$ zu $H_2O$ wird Energie frei, die zur **ATP-Synthese** verwendet wird.

Im **Matrixraum** befinden sich die Enzyme des **Citratzyklus** und für die β-**Oxidase** des Fettsäureabbaus. Die Lipid-β-Oxidation liefert die Wasserstoffatome für die Atmungskette und das Acetyl-CoA für den Citratzyklus. Der Citratzyklus (Krebs-Zyklus) ist als zentrale Reaktionsfolge des Energiestoffwechsels am Eiweiß-, Kohlenhydrat- und Fettstoffwechsel beteiligt.

## Klinik

- **Mitochondropathien** folgen **nicht** den Mendel-Regeln der Vererbung (▶ Kap. 2.4.2, ▶ 2.4.7). Sie werden immer auf der mütterlichen Linie übertragen.
- Die **mitochondriale Enzephalomyopathie** ist eine klinisch heterogene Gruppe von Störungen der Atmungskette. Gemeinsame Symptome der verschiedenen Formen sind u. a. Minderwuchs, Myopathie (Muskelschwäche) und Demenz.
- Die **hereditäre Leber-Optikusneuropathie** führt zu einer Erblindung aufgrund einer Schädigung des Sehnervs. Die okulären Gewebe, wie der Nervus opticus, die Retina und das Pigmentepithel, haben einen hohen Energieverbrauch. Sie sind deshalb von Störungen der oxidativen Energieproduktion in den Mitochondrien besonders betroffen.

## 1.14 Zytoskelett

### 1.14.1 Funktion und Einteilung

In der Regel hat die Zelle eine stabile äußere Form. In vielen Fällen kann diese Form verändert und können die Zellorganellen im Zellinneren verschoben werden. Manche Zellen sind sogar zu einer gezielten Fortbewegung in der Lage. Diese Funktionen werden durch mehrere Filamentnetzwerke ermöglicht, die das Zytoplasma der Zelle durchziehen und die äußere Membran verstärken. Die Gesamtheit dieser Netzwerke wird als **Zytoskelett** bezeichnet.

Die Filamentstrukturen werden von unterschiedlichen Proteinfamilien gebildet. Im Zytoplasma befinden sich drei Filamentnetzwerke (▶ Abb. 1.15), die nach der Größe ihrer Fasern unterschieden werden:

- **Mikrotubuli**
- **Mikrofilamente**
- **Intermediärfilamente**

Außerdem existiert ein **Membranzytoskelett** als mechanische Stütze für die Plasmamembran.

Neben den Haupttypen der Proteinfilamente gehören noch zahlreiche weitere Proteine mit speziellen Aufgaben zum Zytoskelett. Diese verbinden z. B. die Filamentsysteme untereinander und mit der Zellmembran, fixieren die Zellorganellen am inneren Gerüst der Zelle oder verschieben sie bei Bedarf entlang der Filamente.

### 1.14.2 Mikrotubuli

#### 1.14.2.1 Aufbau

Die **Mikrotubuli** sind gerade, hohle Röhren mit einem Außendurchmesser von 25 nm, einer lichten Weite von 15 nm und einer Länge von 200 nm bis 25 μm.

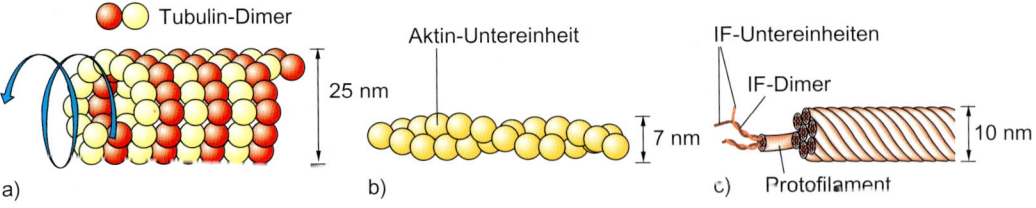

**Abb. 1.15** Filamente des Zytoskeletts: **(a)** Mikrotubuli, **(b)** Aktinfilamente (Mikrofilamente) und **(c)** Intermediärfilamente.

Die Röhren der Mikrotubuli bestehen aus 13 geraden, parallel aneinanderliegenden Protofilamenten, die eine ca. 5 nm dicke Wand um den inneren Hohlraum bilden.

Die Protofilamente sind gerade Ketten von Heterodimeren. Jedes dieser Heterodimere wird aus den beiden globulären Proteinen α- und β-Tubulin gebildet, die untereinander über Disulfidbrücken verbunden sind. Entlang eines Protofilaments wechseln sich immer α- und β-Tubulin ab. Dadurch lässt sich eine Polarität der Protofilamente unterscheiden:

- α-Tubulin findet sich am so genannten **Minus-Ende,**
- β-Tubulin am **Plus-Ende.**

In Längsrichtung der Mikrotubuli sind die Protofilamente leicht gegeneinander versetzt, sodass sich insgesamt ein spiralförmiger Bau ergibt (▶ Abb. 1.15a).

Durch Anlagerung von Tubulin-Dimeren an beiden Enden der Röhre können die Mikrotubuli in die Länge wachsen. Ihr Abbau erfolgt dazu entgegengesetzt durch Ablösen der Dimeren von den Enden der Röhren. Der Auf- und Abbau der Mikrotubuli kann abhängig von den Bedürfnissen der Zelle in einem Zeitraum von mehreren Tagen oder aber in wenigen Minuten erfolgen.

In fast allen tierischen Zellen verlängern sich die Mikrotubuli aber nur in eine Richtung. Sie gehen von einem **Mikrotubuli-Organisationszentrum (MTOC)** aus und erstrecken sich in Richtung der Zellperipherie. Sie können vom Golgi-Apparat ausgehen und radiär durch das Zytoplasma ziehen. Die Mikrotubuli bilden aber in der Regel keine Bündel, sondern laufen eher ungeordnet nebeneinander her, auch wenn sie eine gemeinsame Ausrichtung haben.

Das MTOC wird auch als **Zentrosom** bezeichnet. Das Zentrosom ist ein lichtmikroskopisch lokalisierbarer Bereich in der Nähe des Zellkerns.

Es besteht aus zwei zueinander senkrecht stehenden **Zentriolen.** Diese Zentriolen sind kurze Hohlzylinder, die aus jeweils 9 ringförmig angeordneten Mikrotubuli-Dreiergruppen aufgebaut sind. Die Zentriolen kommen in der Zelle stets paarweise vor. Bevor sich eine Zelle teilt, verdoppeln sich die Zentriolen, dabei bildet jedes Zentriol ein neues Tochterzentriol.

## 1.14.2.2 Funktion der Mikrotubuli

In der Zelle erfüllen die Mikrotubuli mehrere Funktionen:

- **Struktur:** Im Zytoskelett bilden die Mikrotubuli druckresistente Tragebalken, die die Zellform stabilisieren.
- **Transport:** Die Mikrotubuli dienen als Leitstruktur für den Transport von Substanzen innerhalb der Zelle. Die Transportvesikel der Endo- und der Exozytose bewegen sich entlang der Mikrotubuli, z. B. wandern in Nervenzellen Neurotransmittervesikel vom Golgi-Apparat im Zellleib entlang des Axons zu den Synapsen oder in den Pigmentzellen der Haut (Melanozyten) die Pigmentgranula (Melanosomen) in die Zellfortsätze.

  Die bewegten Organellen sind durch **Motorproteine** mit den Mikrotubuli verbunden. Motorproteine ändern unter ATP-Verbrauch ihre Form und „laufen" auf diese Weise entlang der Mikrotubuli. Für diesen Transport gibt es zwei Klassen von Motorproteinen:
  - Kinesin bewegt sich zum Plus-Ende der Mikrotubuli.
  - Dynein bewegt sich zum Minus-Ende der Mikrotubuli.
- **Zellteilung:** Bei der Zellteilung bilden sich, von den Zentriolen ausgehend und aus Mikrotubuli aufgebaut, die **Spindelfasern.** Die Spindelfasern knüpfen sich an die Kinetochore an den Zentromeren der Chromosomen (▶ Kap. 1.15.2.2). Die Chromosomen wandern entlang der Spindelfasern und verteilen sich auf die Tochterzellen (▶ Kap. 1.15.2.4).

### Klinik

Bei der Chemotherapie von Tumoren werden oft **Zytostatika** verabreicht. Da sich Tumorzellen häufig teilen, sind sie besonders anfällig für Substanzen, die die Funktion der Mikrotubuli beeinträchtigen.
- **Colchicin,** ein Alkaloid der Herbstzeitlose (synthetische Form: **Colcemid** = N-Deacetyl-N-methyl-colchicin), verhindert die Assoziation der Mikrotubuli; daher können sich die Spindelfasern nicht bilden und die Zellteilung wird verhindert.
- **Vincristin** hemmt ebenfalls die Polymerisierung der Mikrotubuli.
- **Taxol** wurde ursprünglich aus dem Rohextrakt der Rinde der Pazifischen Eibe gewonnen. Es stabilisiert die Mikrotubuli und verhindert damit ihren Abbau. Es können aber noch neue Untereinheiten hinzugefügt

werden. In der Zelle bilden sich unregelmäßig verteilte Bündel kurzer Mikrotubuli, die sich nicht mehr auflösen. Die Funktion der Spindelfasern ist gestört und die Zelle kann sich deshalb nicht mehr teilen.

- **Zilien und Geißeln:** Mikrotubuli bilden das Rückgrat von Flimmerhärchen (Kinozilien oder kurz: Zilien) und Geißeln (Flagellen). Beides sind akzessorische Zellorganellen, d.h., sie kommen nicht in allen Zellen vor, können aber zusätzlich auftreten. Es handelt sich dabei um bewegliche Ausstülpungen der Zellmembran. Die Fortsätze dienen der Erzeugung eines Flüssigkeitsstroms auf der Zelloberfläche oder, bei Einzellern, der Fortbewegung der Zelle. **Zilien** haben einen Durchmesser von etwa 2,5 µm und eine Länge von 2–20 µm. Sie kommen an einer Zelle in großer Zahl vor und bedecken oft als **Flimmerepithel** die Zelloberfläche. Im Inneren der Zilien befindet sich ein Komplex aus 9 Doppel-Mikrotubuli, die kreisförmig um zwei parallel verlaufende Mikrotubuli im Zentrum angeordnet sind. Man spricht daher auch von einem „9×2+2-Komplex". Die äußeren Tubulinpaare sind untereinander und, wie die Speichen eines Rades, mit dem zentralen Paar durch das Protein Nexin verbunden. Diese Bindungen können sich lösen und erneut knüpfen. Die äußeren Doppel-Mikrotubuli besitzen außerdem „Arme" aus dem Motorprotein Dynein, die jeweils bis zum benachbarten Paar reichen (▶ Abb. 1.16). Die Bewegung der Motorproteine verschiebt die Doppel-Mikrotubuli gegeneinander und bewirkt so eine Verbiegung der Längsachse des Tubulinkomplexes. Der gesamte Komplex ist an den **Basalkörpern (Kinetosomen)** verankert, die eine ähnliche Struktur besitzen wie die Zentriolen.

Die Kinetosomen sind wie mit Wurzeln durch das Protein Centrin mit dem Zytoskelett verbunden. **Geißeln** sind prinzipiell genauso aufgebaut wie Zilien. Sie haben die gleiche Dicke, sind mit bis zu 200 µm jedoch wesentlich länger.

Flimmerepithel des Bronchialtrakts das Bronchialsekret in Richtung des Kraftschlags.
- Geißeln besitzen nur zur Fortbewegung befähigte Zellen. In der Regel hat jede Zelle nur eine Geißel. Die Geißel führt eine wellenförmige Bewegung aus, die die Zelle vorantreibt, z. B. bei der Bewegung der Spermien.

## 1.14.3 Aktinfilamentsystem

### 1.14.3.1 Aufbau

Die **Aktinfilamente** (Filamenta actinia) sind mit einem Durchmesser von etwa 7 nm die kleinsten der drei Filamenttypen des Zytoskeletts, sie werden deshalb auch als **Mikrofilamente** bezeichnet.

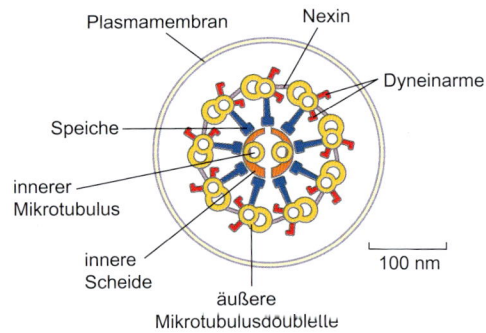

**Abb. 1.16** Schematischer Querschnitt einer Zilie bzw. Geißel.

Aktinfilamente kommen in allen Zellen vor. Aktin ist ein globuläres Molekül mit einem Molekulargewicht von 42.000 Dalton (D). Es werden mehrere Unterarten der Aktinmoleküle unterschieden, drei Arten von α-Aktin kommen in Muskelzellen vor, β- und γ-Aktin in allen Zellen. In Muskelzellen stellt der Aktinanteil 10 % der gesamten Zellproteine dar, in den übrigen Zellen 1–5 %.

In den Zellen ist Aktin als einzelnes Monomer (**G-Aktin**) oder polymerisiert zu langen Ketten (**F-Aktin**) zu finden. Ein Aktinfilament besteht aus zwei dieser Ketten, die sich zu einer doppelhelikalen Struktur umeinander winden (▶ Abb. 1.15b), und daran angelagerten Proteinen. Alle Aktinmoleküle enthalten ein Magnesium-Ion, an das entweder Adenosindiphosphat (ADP) oder Adenosintriphosphat (ATP) bindet.

Aktin bindende Querverbindungsproteine („actin cross-linking proteins") organisieren die Filamente zu linearen Bündeln, flächigen Netzen oder vielfältigen anderen räumlichen Gebilden.

Das Aktinfilament besitzt eine Polarität. Die Anlagerung zusätzlicher Monomere erfolgt bevorzugt am Plus-Ende. Vom Minus-Ende her erfolgt der Abbau des Filaments.

> Die **Polymerisation** der Aktinmonomere ist **ATP-abhängig,** sie erfolgt in Anwesenheit von $Ca^{2+}$ sowie $K^+$ und wird von bestimmten Proteien beeinflusst.
>
> Am freien G-Aktin wird ADP gegen ATP ausgetauscht. Dies bewirkt eine Konformationsänderung des G-Aktins, durch die es zur Polymerisation befähigt wird. Das G-Aktin lagert sich an ein wachsendes Aktinfilament an und wird zu einem Teil von diesem. Nach der Bindung wird das ATP zu ADP hydrolysiert. Dabei verändert sich wiederum die Konformation des Aktins. Die Bindung zu seinen nächsten Nachbarn wird etwas belastet, ohne dass dies aber zu einer Depolymerisation führt. Erst wenn die Gesamtstruktur des Filaments nicht mehr von anderen Proteinen stabilisiert wird, beginnt die Depolymerisation, die sich dann oft sehr schnell fortsetzt.

Bei bestimmten Konzentrationsverhältnissen von F- und G-Aktin tritt ein als „Tretmühlenmechanismus" bezeichneter Vorgang auf. Unter ständigem ATP-Verbrauch polymerisiert das Aktinfilament an seinem Plus-Ende genauso schnell, wie es am Minus-Ende depolymerisiert. Die Länge des Filaments verändert sich dadurch nicht, es gleitet aber in Richtung des Plus-Endes.

Für die Zelle ist es notwendig, stets einen Vorrat an freiem G-Aktin zu besitzen. Das Protein Profilin bindet 1:1 an G-Aktin. Ein solcher Komplex kann keinen Polymerisationskern bilden; somit wird ein vorzeitiger Start der Polymerisation verhindert.

### 1.14.3.2 Funktion der Aktinfilamente

Parallele Bündel aus Aktinfilamenten bilden sehr zugfeste Fasern (Stressfasern). In der Zelle erfüllen Aktinfilamente mehrere Aufgaben:

- **Aufrechterhaltung der Zellform:** Im Zytoskelett fangen die Mikrotubuli Druckkräfte auf, die Aktinfilamente dagegen Zugkräfte. Zusammen mit anderen Proteinen bilden Aktinfilamente ein dreidimensionales Geflecht unterhalb der Zellmembran, das die Form der Zelle stabilisiert.
- **Verbindung mit der Plasmamembran:** Aktinfilamente fixieren die Position membranintegrierter Proteine (Integrine). Das Aktingeflecht ist dabei über verbindende Proteine mit den Membranproteinen verknüpft.
- **Interzellularkontakte:** Aktinfasern sind auch an interzellulären Verbindungen des Adhaerens-Typs beteiligt (▶ Kap. 1.3.4).
- **Viskosität des Zytoplasmas:** In der Nähe der Zellmembran ist die Konsistenz des Zytoplasmas durch die zahlreichen Aktinfilamente eher gelartig. Weiter im Zellinneren wird das Zytosol zunehmend flüssiger. Das Protein Gelsolin zerschneidet lange Aktinfilamente in kurze Bruchstücke und beeinflusst so die Viskosität des Zytoplasmas.
  - **Mikrovilli:** Resorbierende Zellen, wie z. B. die des Dünndarmepithels, vergrößern ihre Oberfläche durch eine Vielzahl kleinster Membranausstülpungen, die Mikrovilli. Die Mikrovilli sind in ihrem Inneren durch ein Bündel Aktinfasern stabilisiert, die einen Anschluss zum Zytoskelett besitzen.
- **Stereozilien** sind morphologisch mit den Mikrovilli verwandt, etwas länger als diese und ebenfalls aus Aktinfilamenten aufgebaut. Sie kommen in den Haarzellen des Innenohrs sowie in dem Nebenhodengang (Ductus epididymis) vor.

### Lerntipp

Lassen Sie sich nicht durcheinanderbringen! Stereozilien, nach denen manchmal gefragt wird, sind – im Gegensatz zu Kinozilien und Geißeln, die aus Mikrotubuli bestehen – ebenfalls aus Aktinfilamenten aufgebaut und stehen daher von der Systematik eher den Mikrovilli nahe.

- **Zellmotilität:** Einige Zellen sind beweglich. Sie bilden in Fortbewegungsrichtung Zytoplasmafortsätze, die **Pseudopodien** („Scheinfüßchen"). Sind diese Fortsätze eher schaufelförmig, werden sie Lamellopodien genannt. Filopodien sind fingerförmige Fortsätze, die in ständiger Bewegung die Umgebung nach einem günstigen Weg absuchen und bei Fehlanzeige kollabieren. Die Pseudopodien strecken sich aus bzw. ziehen sich zusammen, weil in ihrem Inneren Aktinfilamente durch gleichzeitigen Auf- und Abbau gleiten. Das Zytoplasma beginnt aufgrund der Viskositätsänderung zwischen einem gelartigen und einem eher flüssigen Zustand zu fließen. Die Kriechbewegung einer Zelle durch innere Zytoplasmaströmungen wird **amöboide Zellbewegung** genannt. Fresszellen wie Makrophagen werden durch, von Fremdstoffen oder Mikroorganismen abgegebene, chemische Signale angelockt. Dieser Vorgang wird als **Chemotaxis** bezeichnet.
- **Muskelkontraktion:** Aktinfilamente bilden zusammen mit Filamenten des Proteins **Myosin** kontraktile Elemente. Myosin ist mit einem Molekulargewicht von 500.000 D wesentlich größer als Aktin. Die Myosinmoleküle bilden ebenfalls lange Filamente, die aber an einem Ende einen dickeren Kopf besitzen, der unter Einfluss von ATP und $Ca^{2+}$ abknicken kann. In einer Muskelfaser sind Bündel von parallelen Aktin- und Myosinfilamenten jeweils abwechselnd und ineinander verzahnt angeordnet (▶ Abb. 1.17). Durch das Abknicken der Myosinköpfchen wandern diese entlang der Aktinfasern. Die Aktin- und Myosinbündel schieben sich ineinander und die kontraktile Faser verkürzt sich.

### 1.14.4 Intermediärfilamente

#### 1.14.4.1 Aufbau

Der Durchmesser der Intermediärfilamente beträgt etwa 8–12 nm. Sie sind damit dicker als die Aktinfilamente, aber dünner als die Mikrotubuli. Im Aufbau der Intermediärfilamente lassen sich folgenden Unterstrukturen erkennen (▶ Abb. 1.15c): Die Grundbausteine der Intermediärfilamente sind α-helikale Polypeptidketten mit einem Durchmesser von weniger als 1 nm und einer Länge von mindestens 44 nm. Zwei dieser Monomere winden sich umeinander zu einem parallelen Heterodimer, das durch die Windung nur etwa 35 nm lang ist und dessen Durchmesser ca. 1,5 nm beträgt. Zwei solcher Heterodimere lagern sich antiparallel aneinander zu einem Tetramer gleicher Länge mit einer Dicke von 2–3 nm. Die Tetramere knüpfen sich als Grundbausteine der **Protofilamente** aneinander und sind ca. 70 nm lang. Mehrere Protofilamente ketten sich aneinander und verbinden sich zu einer **Protofibrille.** Ein Intermediärfilament besteht schließlich aus mehreren lateral assoziierten Protofibrillen.

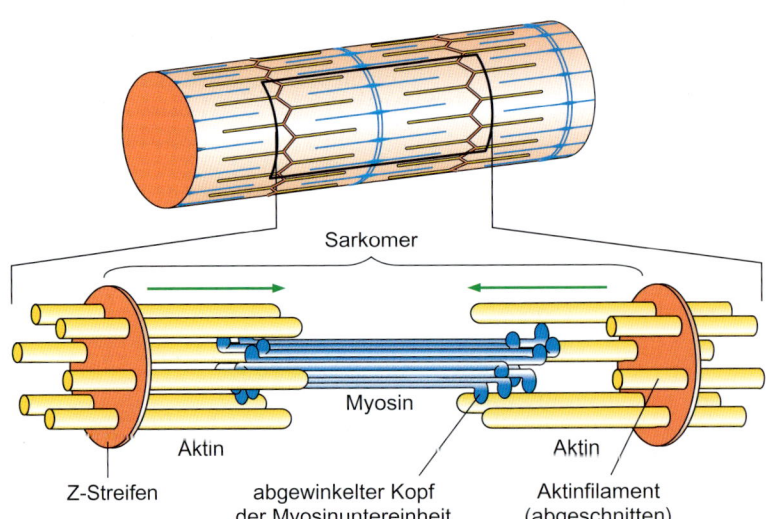

**Abb. 1.17** Aufbau einer kontraktilen Faser aus Aktin- und Myosinfilamenten.

Sarkomer

Myosin

Aktin

Aktin

Z-Streifen

abgewinkelter Kopf der Myosinuntereinheit

Aktinfilament (abgeschnitten)

Anschaulich lässt sich der Bau der Intermediärfilamente mit einem gedrehten Seil vergleichen, bei dem sich mehrere Stränge umeinander winden, von denen jeder wieder aus mehreren kleineren Fäden gewunden ist.

### Merke

Im Zytoskelett sind Bereiche mit Intermediärfilamenten dauerhafter als solche mit Mikrotubuli und Aktinfilamenten, die häufig auf- und wieder abgebaut werden.

### 1.14.4.2 Funktion der Intermediärfilamente

Innerhalb der Zelle nehmen die Intermediärfilamente Zugkräfte auf. Sie geben der Zelle ihre Form und befestigen die Zellorganellen an ihren Positionen.

Eine nur im Karyoplasma vorkommende Sonderform der Intermediärfilamente bildet die Proteinfamilie der **Lamine.** Aus ihnen besteht die **Kernlamina,** die die äußere Form des Zellkerns stabilisiert (▶ Kap. 1.4.2).

Aus der Kernlamina erstrecken sich Verzweigungen der Intermediärfilamente quer durch das Zytoplasma und halten den Zellkern an seinem Platz.

Axone, die langen Fortsätze der Nervenzellen, werden von einem weiteren speziellen Typ der Intermediärfilamente stabilisiert, den so genannten **Neurofilamenten.**

Die molekulare Struktur der Proteinbausteine von Intermediärfilamenten ist äußerst heterogen. Einige Proteine sind spezifisch für bestimmte Zelltypen:

* Die Familie der **Keratine** umfasst etwa 30 Isoformen. Sie sind Heterodimere und bestehen aus einer 1:1-Mischung von sauren und basischen Keratinproteinen. Keratine kommen besonders in Epithelzellen vor. Von den Isoformen sind 10 in „harten" Epithelzellen, wie den Nägeln oder Haaren, und über 20 in den übrigen Epithelien anzutreffen. Die Letzteren werden als **Zytokeratine** bezeichnet.
Jedes Epithel zeichnet sich durch eine charakteristische Proteinkombination aus.
* **Vimentin** kommt typischerweise in Endothel- und Mesenchymzellen vor, besonders in Fibroblasten, aber auch in der glatten Muskulatur. Vimentinfasern enden oft an Desmosomen, Hemidesmosomen oder auch an der Kernmembran. In Fettzellen sind die Fettvakuolen oft von Vimentinfasern umschlossen.
* **Desmin** findet sich in den Zellen der quergestreiften Muskulatur. Dort wechseln sich so genannte Z-Scheiben (Zwischenscheiben), an die sich Aktinfasern anlagern, regelmäßig mit aus Myosin bestehenden M-Streifen ab. Desmin verbindet die Myofibrillen zu Bündeln und verknüpft die Z-Scheiben so miteinander, dass sie direkt nebeneinander liegen.
* **GFAP (Glial Fibrillar Acidic Protein)** ist typisch für die Gliazellen und Astrozyten des Nervensystems.
* **Peripherin** befindet sich an den Rändern und in den Außensegmenten der Photorezeptoren der Netzhaut.

### Lerntipp

Die zellspezifischen Proteine bilden den Schwerpunkt bei Fragen zu den Intermediärfilamenten!

### Klinik

* Die Form und die Anordnung der Intermediärfilamente, besonders die der Zytokeratine, sind so spezifisch für einen bestimmten Zelltyp, dass sie ein **histopathologisches Kriterium** in der Tumordiagnostik darstellen.

**Tab. 1.2** Filamentstrukturen der Zelle

|          | Mikrofilamente (Aktinfilamente) | Intermediärfilamente | Mikrotubuli |
|----------|----------------------------------|----------------------|-------------|
| Länge    | 7 nm | 8–12 nm | 200 nm bis 25 µm |
| Aufbau   | Aktin | Heterodimere Protofilamente | α/β-Tubulin |
| Funktion | Aufnahme von Zugkräften, Verbindung mit Zellmembran, Mikrovilli, Pseudopodien | Aufnahme von Zugkräften, Kernlamina | Aufnahme von Druckkräften, Leitstruktur für intrazellulären Transport, Spindelapparat bei der Zellteilung |

- **Epidermolysis bullosa simplex** ist eine autosomal-dominant (▶ Kap. 2.4.3.2) erbliche Hauterkrankung, die auf einem Defekt des Gens für das Protein Zytokeratin 14 beruht. Die Erkrankung zeichnet sich durch die Bildung intraepidermaler Blasen aus. Bereits eine leichte mechanische Belastung der Haut durch Druck oder Reibung führt zu einer verstärkten Freisetzung Eiweiß abbauender Enzyme in den Epidermiszellen, die dort zur Auflösung der Zellen führen. Die Blasen in der Epidermis treten besonders an Händen, Ellenbogen, Knien, Füßen, Fersen oder dem Hinterkopf auf.

▶ Tab. 1.2 fasst die drei wichtigen Filamentstrukturen im Zytoplasma noch einmal zusammen.

### 1.14.5 Membranzytoskelett

Die Gestalt der Zelle wird durch ein gitternetzartiges Geflecht stabilisiert, das die Innenseite der Plasmamembran auskleidet.

Dieses Membranzytoskelett wird u. a. durch die Proteine **Spektrin** und **Ankyrin** gebildet. Beide Proteine wurden zuerst in den Erythrozyten identifiziert, sie kommen aber auch in zahlreichen anderen tierischen Zellen vor.

Spektrin und Ankyrin sind essenziell für die Aufrechterhaltung der bikonkaven Form der roten Blutkörperchen. Beim Spektrin werden die Formen α- und β-Spektrin unterschieden. Beides sind etwa 200 nm lange Tetramere, die sich an ihren Enden mit Aktinfilamenten verknüpfen.

Die Spektrin-Aktin-Bindung wird durch Adductin und Bande-4.1-Protein unterstützt. So bilden sich netzwerkartige Komplexe, die durch Ankyrin an membranassoziierte Proteine bzw. Transmembranproteine und damit an der Plasmamembran verankert werden.

Die wichtigsten integralen bzw. transmembranen Proteine der Erythrozyten, an denen sich das Membranzytoskelett verankert, sind **Glykophorin** und das **Bande-3-Protein.**

Glykophorin ist stark N- und O-glykosyliert. Das Bande-3-Protein ist ein Dimer, aufgebaut aus ca. 930 Aminosäuren. Es weist 12 bis 14 Transmembranhelices auf und dient zum Anionentransport durch die Membran.

Die Namensgebung der Proteine wie Bande-4.1-Protein (kurz: Protein 4.1) oder Bande-3-Protein

hat ihren Ursprung in der Elektrophorese, einer Analysemethode, mit der sich ein Proteingemisch auftrennen lässt, sodass die einzelnen Proteine voneinander getrennte Banden bilden.

**Klinik**

**Sphärozytose** (Kugelzellenanämie) ist die in Mitteleuropa bei Weitem häufigste angeborene **hämolytische Anämie.** Ursache der Erkrankung sind verschiedene genetisch bedingte Defekte der Membranproteine der Erythrozyten, u. a. von Spektrin, Ankyrin oder Bande-3-Protein. Die Erythrozyten sind weniger verformbar und nehmen eine eher kugelförmige Gestalt ein. Sie werden deshalb in der Milz beschleunigt abgebaut.

In Muskelzellen bindet **Dystrophin** an das Aktin-Netzwerk des Zytoskeletts und stellt dessen Verbindung zur Zellmembran und zur extrazellulären Matrix her. Dystrophin ist dabei in ein Netzwerk aus vielen verschiedenen Proteinen eingebaut. Inzwischen sind mehr als 50 dieser Proteine bekannt. Ein Fehlen des Dystrophins stört das Gleichgewicht dieses Dystrophinkomplexes und vermindert so die Stabilität der Muskelzellen.

**Klinik**

Ein Gendefekt für das Protein Dystrophin führt zu einer **Muskeldystrophie.** Bei der Muskeldystrophie vom **Typ Duchenne** fehlt das Dystrophin völlig. In der Folge degenerieren die Muskelzellen und werden durch Fett und Bindegewebe ersetzt. Bei der Muskeldystrophie vom **Typ Becker** ist das Dystrophin verändert, aber noch teilweise funktionsfähig. Die Erkrankung nimmt hier einen milderen Verlauf.

## 1.15 Zellzyklus und Zellteilung

### 1.15.1 Zellzyklus

Zellen vermehren sich durch Teilung. Dies gilt sowohl für einzellige Organismen als auch für die Zellen in einem wachsenden Gewebeverband. Vor der Teilung muss die Zelle ihre genetische Information verdoppeln und in der Zellteilung auf die beiden entstehenden Tochterzellen verteilen.

## 1.15.1.1 Zellzyklusphasen

### Merke

Jede teilungsaktive Zelle durchläuft kontinuierlich einen Zellzyklus, der in bestimmte **Zellzyklusphasen** unterteilt wird: $G_1$-Phase, S-Phase, $G_2$-Phase und M-Phase (▶ Abb. 1.18).

Die Bezeichnung G steht für engl. gap = Lücke oder Zwischenraum, denn in der Anfangszeit der Zytologie war lange nicht bekannt, welche Vorgänge in dieser Zeit in der Zelle ablaufen. S steht für Synthese. In der S-Phase wird DNA synthetisiert und damit die genetische Information der Zelle verdoppelt.

Die M-Phase ist die **Mitose,** hier findet die Zellteilung statt. Die Mitose ist in mehrere Stadien unterteilt (▶ Kap. 1.15.2). Im Gegensatz zu den übrigen Zellen des Körpers enthalten die Keimzellen, d.h. Spermien und Eizellen, nur den halben Chromosomensatz. Die Keimzellen werden in einer besonderen Form der Teilung gebildet, der Meiose (▶ Kap. 1.16).

Die Stadien $G_1$, S und $G_2$ werden zusammen als die **Interphase** der Zelle bezeichnet. Da die Interphase jeweils zwischen zwei Mitosen liegt, wird sie gelegentlich auch Intermitose genannt.

In der Interphase sind die Chromosomen dekondensiert, die DNA liegt als Chromatin im Zellkern vor. Die DNA ist an den Stellen, an denen die Transkription stattfindet, entspiralisiert. Im Interphasenkern finden sich spezifisch anfärbbare Stellen hoch kondensierten Chromatins, das so genannte Heterochromatin (▶ Kap. 1.4.4), und das Barr-Körperchen. Dieses ist das inaktivierte X-Chromosom weiblicher Körperzellen (▶ Kap. 2.5.2). Auch das Y-Chromosom ist nach spezieller Färbung im Interphasenkern erkennbar.

- **$G_1$-Phase:** Während der $G_1$-Phase findet der normale, zellspezifische Stoffwechsel statt. In dieser Phase überprüft die Zelle ihre Umgebung und ihre eigene Größe und bereitet die Zellteilung vor. Die $G_1$-Phase ist die Wachstumsphase der Zelle. Die Zellgröße nimmt zu, Zellorganellen, rRNAs und tRNAs, die Bausteine der Mitosespindel, die Histone und die Enzyme zur DNA-Replikation werden synthetisiert. Die Dauer der $G_1$-Phase kann, abhängig vom Zelltyp und von den Umgebungsbedingungen, stark variieren, von wenigen Stunden bei besonders langsam wachsenden Geweben bis zu mehreren Monaten.

- **S-Phase:** Sind die Vorbereitungen zum weiteren Durchlaufen des Zellzyklus abgeschlossen, wird in der Synthesephase der DNA-Gehalt der Zelle verdoppelt. Die S-Phase hat eine nahezu konstante Dauer, diese liegt bei Säugetierzellen bei etwa 8 Stunden. Für die Replikation entspiralisiert die DNA, es entsteht eine Replikationsgabel, in der beide DNA-Stränge jeweils als Matrize für die Synthese eines neuen Strangs dienen. Die Replikation beginnt an bestimmten Punkten und schreitet in beide Richtungen fort (▶ Kap. 2.2.1.2).

- **$G_2$-Phase:** In der $G_2$-Phase werden die Vorbereitungen zur Zellteilung abgeschlossen. Replikationsfehler der DNA können noch repariert werden. Die Zellgröße kann durch Synthese von Zytoplasma und Zellorganellen noch weiter zunehmen. Die Dauer der $G_2$-Phase ist je nach Zelltyp und Umgebungsbedingungen variabel, sie beträgt etwa 2–5 Stunden.

- **M-Phase:** Die Mitose ist deutlich kürzer als die Interphase der Zelle. Sie dauert etwa eine Stunde. In der Mitose werden die beiden durch DNA-Verdopplung gebildeten Schwesterchromatiden der Chromosomen getrennt und auf beide Tochterzellen verteilt (▶ Kap. 1.15.2). Die Tochterzellen durchlaufen den Zellzyklus erneut, beginnend mit der $G_1$-Phase, oder sie gehen in die $G_0$-Phase über.

- **$G_0$-Phase:** Wenn Zellen ihre Teilungsaktivität einstellen, gehen sie in eine als $G_0$ bezeichnete Ruhephase über. Hier findet nur der für die normale Zellfunktion im Organismus notwendige Stoffwechsel statt. Es werden keine Vorbereitungen für weitere Zellteilungen getroffen. Bei hoch differenzierten Zellen kann der Übergang in den $G_0$-Zustand irreversibel sein. Diese Zellen sind dann dauerhaft zu keiner weiteren Vermehrung fähig. Andere Zellen können aber wieder „reaktiviert" werden. Bei Bedarf treten sie wieder in das $G_1$-Stadium ein und beginnen einen neuen Zyklus. Durch ihre eigene Vermehrung können sie dann abgestorbene oder zerstörte Zellen in ihrer Umgebung ersetzen.

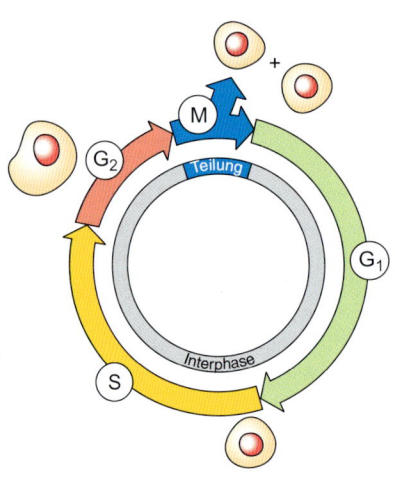

**Abb. 1.18** Der Zellzyklus.

### 1.15.1.2 Kontrollpunkte

Innerhalb eines Organismus wird die Zellvermehrung von den Bedürfnissen der umliegenden Gewebe gesteuert. Mutationen können zu einer unkontrollierten Vermehrung und damit zur Bildung eines Tumors führen. Der Zellzyklus ist ein sehr komplexer Prozess, in dem mehrere Kontrollmechanismen existieren, um ein solches Entarten der Zellen zu verhindern.

Es existieren drei wichtige **Kontrollpunkte** des Zellzyklus (► Abb. 1.19), an denen jeweils geprüft wird, ob ein Prozess abgeschlossen ist, bevor der nächste beginnt:

- **$G_1$-Kontrollpunkt** gegen Ende der $G_1$-Phase (**Restriktionspunkt**): Die $G_1$-Phase ist meist die längste Phase des Zyklus und die Wahrscheinlichkeit, dass die DNA durch exogene oder endogene Faktoren geschädigt wurde, ist deshalb hier am größten. Der Restriktionspunkt soll gewährleisten, dass geschädigte DNA nicht zur Synthese gelangt. Wenn die Zelle an diesem Punkt ein Startsignal erhält, durchläuft sie den gesamten weiteren Zellzyklus. Bleibt das Signal an dieser Stelle aus, verlässt sie den Zellzyklus und geht in die $G_0$-Phase über.
- **$G_2$-Kontrollpunkt** am Ende der $G_2$-Phase: Dieser Kontrollpunkt verhindert, dass Schäden in die Mitose übernommen und an die Tochterzellen weitergegeben werden. Der Eintritt in die Mitose wird verzögert, sodass in der späten S-Phase oder der $G_2$-Phase eingetretene DNA-Schäden repariert werden können.
- **Metaphasenkontrollpunkt** (Spindelkontrollpunkt) in der Mitose: Der Mitosekontrollpunkt überwacht die Struktur des Spindelapparats, die korrekte Ausrichtung der Chromosomen und die richtige Verknüpfung der Chromosomen mit den Kinetochoren während der Mitose. Falls hier Defekte auftreten, wird die Trennung der Chromosomen verzögert, bis die Fehler in der Mitosespindel behoben sind.

Außer an den hier genannten Stellen erfolgt eine Reparatur von DNA-Schäden, die erst nach dem Restriktionspunkt eintraten, auch während der S-Phase. Dafür wird der Synthesevorgang verlangsamt oder angehalten. Es wird deshalb gelegentlich auch noch von einem S-Phasen-Kontrollpunkt gesprochen. Über dessen genaue Steuerung ist aber noch wenig bekannt.

Das Verhalten der Zelle an den Kontrollpunkten des Zyklus wird von speziellen Proteinen gesteuert. Dabei sind zwei Proteingruppen von entscheidender Bedeutung:

- **Zyklinabhängige Kinasen** (**cdK**: cyclin-dependent kinases) sind Phosphat übertragende Enzyme, die den Zellzyklus antreiben. Diese Enzyme liegen in der Zelle in gleich bleibender Konzentration vor. Sie befinden sich aber meistens in

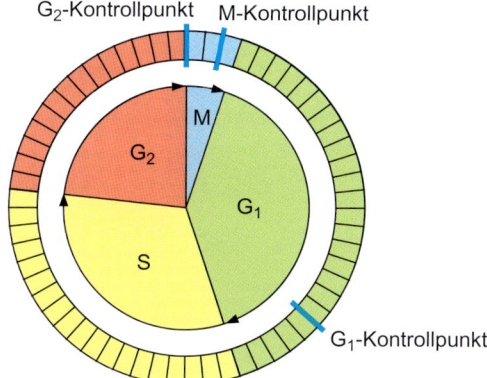

**Abb. 1.19** Kontrollpunkte des Zellzyklus.

einer inaktiven Form. Die cdK werden erst durch die Proteine der zweiten Gruppe, die Zykline, aktiviert.

- **Zykline** besitzen selbst keine enzymatische Aktivität. Sie binden an die zyklinabhängigen Kinasen und bilden mit diesen einen aktivierten Komplex. Die Konzentration der Zykline ändert sich periodisch im Verlauf des Zellzyklus.

Inzwischen sind mehrere Zykline bekannt, deren Konzentrationsmaxima zu verschiedenen Zeitpunkten des Zellzyklus auftreten: Zyklin D aktiviert die Enzyme zur Überwindung des Restriktionspunkts und leitet die S-Phase ein. Zyklin A leitet die $G_2$-Phase ein und Zyklin B steuert die Mitose.

Zyklin B bildet mit der zyklinabhängigen Kinase cdK2 eine aktive Proteinkinase, den **Mitose Promotor Faktor (MPF).** MPF phosphoryliert u. a. die Lamine und wirkt so bei der Auflösung der Kernlamina mit. Die Phosphorylierung mikrotubuliassoziierter Proteine führt zum Aufbau der Mitosespindel. Nach dem Überwinden des Metaphasenkontrollpunkts setzt MPF seine eigene Inaktivierung in Gang, indem es Zyklin B abbaut.

Neben den internen Signalen durch die Zyklinkonzentrationen wirken auch externe Signale, wie von bestimmten Zellen abgegebene Wachstumsfaktoren, auf die Steuerung des Zellzyklus.

Wenn an einem der Kontrollpunkte schwere Fehler festgestellt werden, die die Zelle nicht reparieren oder kompensieren kann, wird eine Selbstauflösung der Zelle, die Apoptose (▶ Kap. 1.17.1), eingeleitet.

Ein entscheidendes Enzym am $G_1$-Kontrollpunkt (Restriktionspunkt) ist das **Protein p53.** p53 stoppt entweder den Zellzyklus und führt zum Übergang in die $G_0$-Phase oder löst bei irreparablen Schäden die Apoptose aus. Das Fehlen von p53 führt zur ungehemmten Proliferation (Vermehrung) der Zelle. In etwa 50 % aller Tumorzellen sind Mutationen am p53-Gen aufgetreten.

## 1.15.2 Die Mitose und ihre Stadien

Nachdem die Zelle sich in der Interphase auf ihre Verdopplung vorbereitet hat, teilt sich der Zellkern in der **Mitose.** Die Verdopplung der DNA wurde gegen Ende der S-Phase abgeschlossen, das Chromatin liegt noch in lockerer Struktur vor. Der Zellkern ist von einer Membran abgegrenzt und enthält einen oder mehrere Nucleoli. In der Nähe des Kerns liegen zwei Zentrosomen, die aus jeweils einem Zentriolenpaar bestehen (▶ Kap. 1.14.2.1).

Die Zellteilung kann nun beginnen. Die Mitose wird in fünf aufeinander folgende Stadien unterteilt: Prophase, Prometaphase, Metaphase, Anaphase und Telophase.

### Lerntipp

Machen Sie sich den genauen DNA-Gehalt während der einzelnen Zellzyklusphasen klar und prägen Sie sich die typischen Prozesse für jedes Stadium ein. Ein einfacher Merksatz zur Abfolge der Zellzyklusphasen: Inter-, Pro-, Meta-, Ana-, Telophase → „**I pro**posed **m**arriage to **An**na by **tele**phone."

### 1.15.2.1 Prophase

- Im Zellkern lösen sich die Nucleoli auf (▶ Abb. 1.20).
  - Die Chromatinfasern werden dichter gepackt. Dabei werden die in das Chromatin eingelagerten Histone phosphoryliert. Das Chromatin kondensiert zu den im Lichtmikroskop erkennbaren **Chromosomen.** Jedes verdoppelte Chromosom besteht aus zwei **Schwesterchromatiden,** die am **Zentromer** miteinander verbunden sind.
- Zwischen den Zentrosomen bilden sich die Mikrotubuli des Spindelapparats.
- Die **Pol-Mikrotubuli** zwischen den Zentrosomen werden länger und schieben die Zentrosomen entlang der Oberfläche des Zellkerns auseinander. Durch die Verschiebung der Zentrosomen in Richtung der Zellpole wird bereits die **Teilungsrichtung** der Zelle im Gewebe festgelegt.

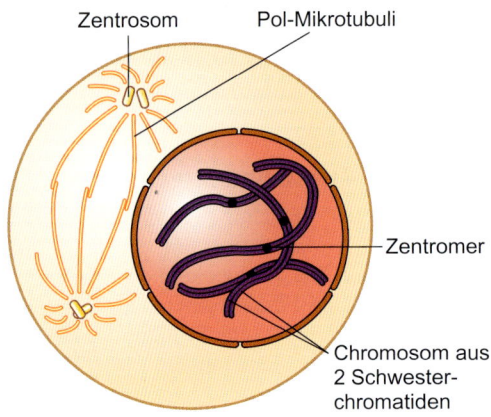

**Abb. 1.20** Mitose: Prophase.

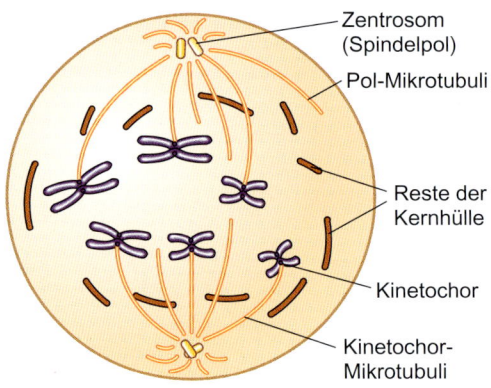

**Abb. 1.21** Mitose: Prometaphase.

## 1.15.2.2 Prometaphase

- Die Lamine der Kernmembran (► Kap. 1.14.4.2) depolymerisieren und die Kernmembran löst sich auf (► Abb. 1.21).
- Die Chromosomen kondensieren noch weiter.
- An den beiden Chromatiden eines Chromosoms bildet sich jeweils ein **Kinetochor.** Die Kinetochore sind spezialisierte Strukturen aus Proteinen und bestimmten DNA-Abschnitten, die sich am Zentromer befinden.
- Die Zentrosomen rücken noch weiter auseinander.
- Von den Zentrosomen erstrecken sich Mikrotubuli zu den Kinetochoren der Chromatiden. Es kann unterschieden werden zwischen den **Kinetochor-Mikrotubuli,** die von einem der Zentrosomen ausgehen und sich an die Kinetochore der Chromatiden heften, und den **Pol-Mikrotubuli,** die in der Mittelebene der Zelle überlappen und beide Zentrosomen verbinden. Wegen seiner Form wird der gesamte Mikrotubuliapparat nun als **Mitosespindel** bezeichnet.

> ### Lerntipp
>
> Bitte wiederholen Sie ► Kap. 1.14.2 zu den Mikrotubuli und prägen Sie sich einige Moleküle ein, die die Spindeldynamik, also Polymerisation und Depolymerisation, beeinflussen. Diese sind im Zusammenhang der Mitose von besonderer Bedeutung.

## 1.15.2.3 Metaphase

- Die Zentrosomen befinden sich an den Zellpolen (► Abb. 1.22).
- Die Chromosomen sind maximal kondensiert.
- Die Chromosomen sammeln sich in der Äquatorialebene, die auch **Metaphaseplatte** genannt wird. Die Zentromeren aller Chromosomen befinden sich alle auf gleicher Höhe, dabei liegen die Schwesterchromatiden beiderseits der Metaphaseplatte. Diese Anordnung der Chromosomen wird als **Monaster** bezeichnet.
- Die Mitosespindel ist voll ausgebildet. Von jedem Zellpol erstrecken sich Mikrotubuli zu jeweils einem der miteinander verbundenen Schwesterchromatiden; dadurch sind die Kinetochore der Schwesterchromatiden in jedem Chromosom mit den Zentrosomen verbunden. Durch den Zug der Mitosespindel werden die Chromosomen in der Metaphaseplatte gehalten.

> ### Klinik
>
> In der Metaphase sind die Chromosomen maximal kondensiert und am besten sichtbar. Die Abbildung des Chromosomensatzes wird als **Karyogramm** bezeichnet (► Kap. 2.3.1). Mit Hilfe des Karyogramms lässt sich eine **Chromosomenanalyse** durchführen, mit der Veränderungen von Zahl und Struktur der Chromosomen erkannt werden können.
> Die Amniozentese (Fruchtwasseruntersuchung) ist ein Verfahren der pränatalen Diagnostik. Dem Fruchtwasser entnommene Zellen des Fetus werden zunächst

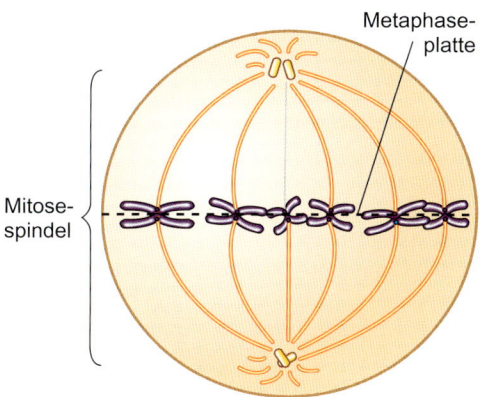

**Abb. 1.22** Mitose: Metaphase.

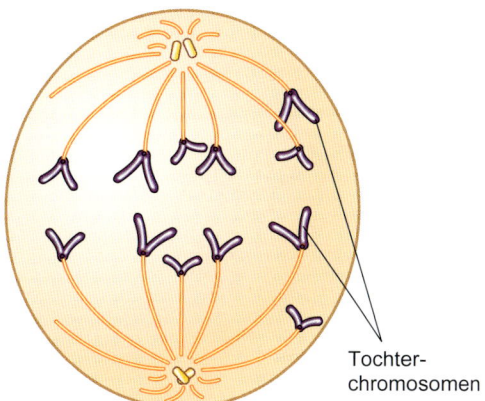

**Abb. 1.23** Mitose: Anaphase.

### 1.15.2.4 Anaphase

- Die Anaphase beginnt sprunghaft mit der Inaktivierung der Proteine, die die beiden Schwesterchromatiden der verdoppelten Chromosomen zusammenhalten. Nach der Trennung der Zentromeren liegen die Chromatiden als eigenständige Chromosomen vor (▸ Abb. 1.23).
- Die Chromosomen wandern zu den Zellpolen. Die Kinetochore sind mit Motorproteinen der Dynein- und Kinesin-Familie ausgestattet, die, angetrieben von ATP, die Chromosomen entlang der Mikrotubuli ziehen (▸ Kap. 1.14.2.2). Gleichzeitig werden die Kinetochor-Mikrotubuli kürzer, indem sie an ihrem mit dem Kinetochor verbundenen Ende depolymerisieren.
- Die ineinandergreifenden Pol-Mikrotubuli gleiten in der Metaphaseplatte mit ihren überlappenden Enden jeweils in Richtung des eigenen Zellpols. Gleichzeitig verlängern sich die Pol-Mikrotubuli, indem neue Tubulin-Untereinheiten angelagert werden. Die Zentrosomen schieben sich deshalb noch weiter auseinander und die Zelle erhält eine längliche Gestalt.
- Am Ende der Anaphase gruppieren sich die beiden Chromosomensätze sternförmig in der Nähe der Zellpole. Diese Anordnung wird als **Diaster** bezeichnet.

### 1.15.2.5 Telophase

- Zunächst verlängern sich die Pol-Mikrotubuli noch weiter (▸ Abb. 1.24).
- An den Zellpolen bilden sich die Tochterzellkerne.
- Aus den Fragmenten der ursprünglichen Kernhülle und Teilen des inneren Membransystems bilden sich zwei neue Kernhüllen. Die Kernlamine, die in der Prophase phosphoryliert wurden, werden nun wieder dephosphoryliert. Die Lamine sind Proteine der Gruppe der Intermediärfilamente (▸ Kap. 1.14.4), von denen die drei Varianten Lamin A, B und C existieren. Beim Abbau der Kernlamina werden die Lamine A und C löslich, während Lamin B membrangebunden bleibt. Beim Wiederaufbau der Kernlamina bildet Lamin B den Ausgangspunkt, an den die Lamine A und C binden.
- Die Fasern des Chromatins entspiralisieren. Die dichte Packung des Chromatins in den Chromosomen lockert sich, sie dekondensieren.
- Durch die Poren der Kernhülle werden Proteine in die Zellkerne transportiert. Die Zellkerne dehnen sich aus und die Nucleoli entstehen wieder.
- Die Mitosespindel löst sich auf. In der Äquatorialebene der Zelle verbleiben noch parallel ausgerichtete Fragmente der Pol-Mikrotubuli als so genannte **Zentralspindel.**

#### Klinik

Der **Mitose-Index** gibt den Anteil der in der Mitose befindlichen Zellen einer Zellpopulation an. Er ist ein Maß für die Wachstumsgeschwindigkeit eines Gewebes. Je schneller sich eine Zellpopulation vermehrt,

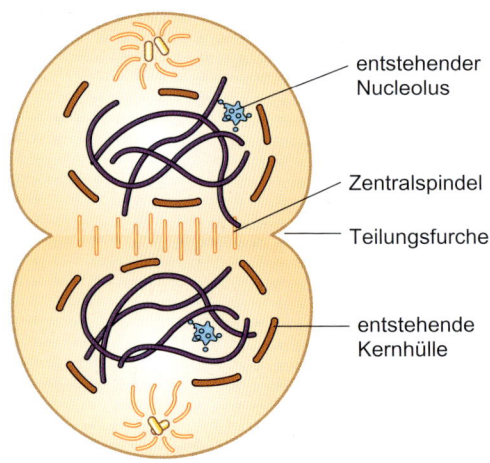

entstehender
Nucleolus

Zentralspindel

Teilungsfurche

entstehende
Kernhülle

**Abb. 1.24** Mitose: Telophase und Zytokinese.

desto mehr Zellen sind in der Mitose anzutreffen. Der Mitose-Index ist ein diagnostisches Kriterium zur Beurteilung des Wachstums von Tumoren.

Eine Fehlverteilung der Chromosomen in der Mitose führt zu numerischen Chromosomenaberrationen (▶ Kap. 2.6.3). Ursache kann ein fehlendes oder nicht funktionsfähiges Zentromer sein, sodass die Spindelfasern nicht am Kinetochor des Chromosoms binden können. Das Chromosom wird dann zufällig in einen der Tochterkerne integriert oder bleibt im Zytoplasma zurück. Häufig sterben die Tochterzellen nach einer Chromosomenfehlverteilung ab. Sind sie aber weiterhin überlebensfähig, entsteht im Organismus ein genetisches Mosaik (▶ Kap. 2.6.4).

### 1.15.3 Zytokinese

Nachdem sich in der Mitose der Zellkern geteilt hat, wird in der **Zytokinese** das Zytoplasma in zwei Hälften geteilt. Dabei werden die Zellorganellen, inneren Membranen, Strukturen des Zytoskeletts und im Zytosol gelöste Substanzen auf die Tochterzellen verteilt.

Die Zytokinese beginnt bereits gegen Ende der Mitose; Telophase und Beginn der Zytokinese laufen gleichzeitig ab (▶ Abb. 1.24).

In allen tierischen Zellen erfolgt die Zytokinese durch einen als **Furchung** bezeichneten Vorgang. Auf der Innenseite der Zellmembran bildet sich in

der Region der früheren Metaphaseplatte ein kontraktiler Ring aus Aktin- und Myosinfilamenten. Dieser Ring zieht sich zusammen und es bildet sich als kleine Vertiefung der Plasmamembran die so genannte **Teilungsfurche.** Durch die weitere Kontraktion des Aktin-Myosin-Rings vertieft sich diese Furche und die Zelle schnürt sich in ihrer Äquatorialebene ab.

Überreste der Spindel bilden zusammen mit den Zellmembranen an den Einschnürstellen den **Mittelkörper,** der noch eine Zeit lang erhalten bleibt, bis die Plasmamembranen fusionieren und sich die beiden Tochterzellen vollständig trennen.

Der Mittelkörper wird schließlich abgebaut und verbliebene Reste der Mitosespindel depolymerisieren. Ausgehend vom Zentrosom bilden sich in den Tochterzellen wieder Mikrotubuli, die zusammen mit den anderen Filamentsystemen der Zelle die Interphasenanordnung des Zytoskeletts bilden (▶ Kap. 1.14).

## 1.16 Meiose

### 1.16.1 Definition und Funktion

Die **Meiose (Reifeteilung)** ist die Grundlage der sexuellen Vermehrung.

### Merke

Die Zellen des Körpers besitzen üblicherweise einen **diploiden,** d.h. doppelten Chromosomensatz: Mit Ausnahme der geschlechtsbestimmenden Chromosomen sind alle Chromosomen zweifach vorhanden.

Die Chromosomen eines zueinander gehörigen Paars werden als **homologe Chromosomen** bezeichnet. Eines der homologen Chromosomen wurde ursprünglich von der mütterlichen Seite, das andere von der väterlichen Seite vererbt.

Während aller Phasen der mitotischen Zellteilung behält die Zelle einen diploiden Chromosomensatz, es werden lediglich die beiden Schwesterchromatiden eines Chromosoms getrennt. Durch die Teilung sind zwei genetisch identische Tochterzellen mit jeweils wieder einem diploiden Chromosomensatz entstanden.

Die **Gameten,** die weiblichen oder männlichen Keimzellen, enthalten jedoch nur den **haploiden,** d.h. einfachen Chromosomensatz. Bei der Verschmelzung von Spermium und Eizelle entsteht aus der Kombination beider haploider Genome wieder ein diploider Chromosomensatz.

**Interphase**

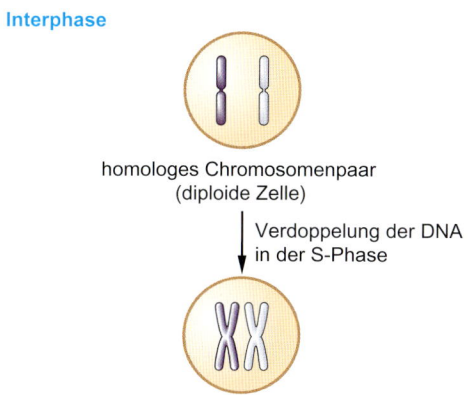

homologes Chromosomenpaar
(diploide Zelle)

Verdoppelung der DNA
in der S-Phase

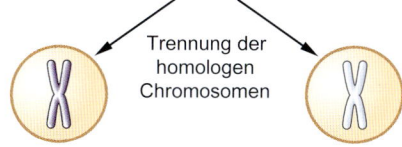

homologes repliziertes Chromosomenpaar
aus je zwei Schwesterchromatiden

**1. Reifeteilung (Reduktionsteilung)**

Trennung der
homologen
Chromosomen

haploide Zelle mit repliziertem
Chromosomensatz

**2. Reifeteilung**

Trennung der
Schwester-
chromatiden

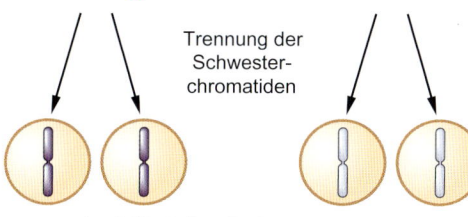

haploide Zelle mit nicht-repliziertem
Chromosomensatz

**Abb. 1.25** Das Prinzip der Meiose.

**Merke**

Bei der Bildung der Keimzellen muss der ursprünglich diploide Chromosomensatz auf einen haploiden Satz reduziert werden. Dies geschieht in der **Meiose.** Aus einer Stammzelle entstehen durch zwei aufeinander folgende Teilungen 4 haploide Gameten. In der 1. meiotischen Teilung (Reduktionsteilung) werden die homologen Chromosomen getrennt, in der anschließenden 2. meiotischen Teilung die Schwesterchromatiden (▶ Abb. 1.25).

Stark vereinfacht kann man sich die Meiose vorstellen als zwei aufeinander folgende Mitosen, zwischen denen die DNA-Synthese in der Interphase

unterbleibt. Beide meiotische Teilungen lassen sich wieder in mehrere Stadien untergliedern. Diese Stadien werden nachfolgend näher beschrieben. Dabei werden vereinfachend Prometaphase und Metaphase zusammengefasst.

## 1.16.2 Verlauf der 1. Reifeteilung

Die Ausgangssituation vor Beginn der Meiose ist vergleichbar mit dem Zustand vor einer Mitose. Die Chromosomen wurden in der vorausgegangenen S-Phase verdoppelt. Die Schwesterchromatiden sind am Zentromer verbunden. Im Zytoplasma hat sich das Zentrosom dupliziert.

### 1.16.2.1 Prophase I

Die Prophase I der Meiose dauert wesentlich länger und ist deutlich komplizierter als die Prophase der Mitose. Sie nimmt etwa 90 % des gesamten Zeitraums der Meiose ein.

Die Prophase I lässt sich wiederum in mehrere Teilschritte untergliedern:

- **Leptotän:** Das Chromatin verdichtet und spiralisiert sich; die Chromosomen kondensieren. Die Chromosomen fixieren sich mit ihren Enden, den **Telomeren,** an der Kernlamina.
- **Zygotän:** Die homologen Chromosomen paaren sich, indem sie sich parallel aneinanderlagern. Dieser Vorgang wird als **Synapsis** bezeichnet. Eine Proteinstruktur, der **Synaptonemalkomplex,** beginnt sich als Verbindung zwischen den homologen Chromosomen zu bilden.
- **Pachytän:** Der Synaptonemalkomplex ist voll ausgebildet und verbindet die homologen Chromosomen über die gesamte Länge fest miteinander. Die so gepaarten Chromosomen werden **Bivalente** genannt. Die einander entsprechenden Stränge der homologen Chromosomen winden sich umeinander und überkreuzen sich dabei mehrfach (▶ Abb. 1.26). Dieser Vorgang wird als **Crossing Over** bezeichnet, die dabei entstandenen Kreuzungen als **Chiasmata** (Singular: Chiasma).

**Merke**

Das Pachytän ist der längste Abschnitt der Meiose. Hier erfolgt eine **genetische Rekombination;** an den Chiasmata werden die Chromatiden neu verknüpft. Dabei tauschen die Nichtschwesterchromatiden der homologen Chromosomen untereinander Segmente aus.

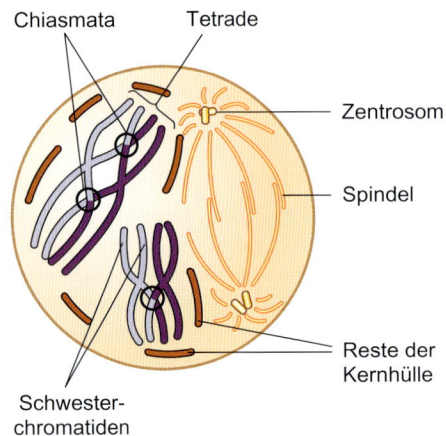

**Abb. 1.26** Meiose: Prophase I, Paarung homologer Chromosomen.

- **Diplotän:** Nach Abschluss der Rekombination beginnt der Synaptonemalkomplex zu zerfallen (Desynapsis). Die homologen Chromosomen rücken etwas auseinander, bleiben aber an den Chiasmata verbunden. Die vier Chromatiden sind nun, als so genannte **Tetrade,** lichtmikroskopisch als Komplex aus vier parallelen Strängen sichtbar.
- **Dictyotän:** Die Oogenese, die Bildung der Eizellen, wird nach dem Diplotän angehalten und die Zellen bleiben in einem, Dictyotän genannten Ruhestadium (► Kap. 1.16.4.2).
- **Diakinese:** Die Chromosomen verdichten sich noch weiter und die Chromatiden werden noch besser einzeln sichtbar. Die Nucleoli lösen sich auf und die Kernhülle zerfällt. Die Zentrosomen wandern zu den Zellpolen und es bildet sich die Teilungsspindel.

> **Lerntipp**
>
> Ein Merkspruch für die Prophase 1 der Meiose: Leptotän, Zygotän, Pachytän, Diplotän, Dictyotän → „**L**iebe **Z**elle, **p**aar **d**ich **d**och.“

### 1.16.2.2 Metaphase I
Die Bivalente ordnen sich in der Metaphaseplatte an (► Abb. 1.27). Die Ausrichtung, auf welcher Seite der Teilungsebene das „mütterliche" bzw. „väterliche" vererbte Chromosom des Paars liegt, erfolgt rein zufällig. Von jedem Pol des Spindelapparats

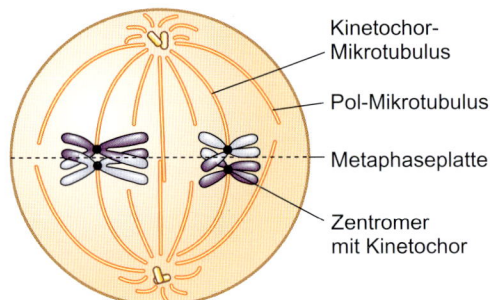

**Abb. 1.27** Meiose: Metaphase I, Bildung von Tetraden.

erstrecken sich Mikrotubuli zum Kinetochor eines der homologen Chromosomen.

### 1.16.2.3 Anaphase I
Die Chiasmata lösen sich und die homologen Chromosomen trennen sich voneinander. Die Kinetochor-Mikrotubuli transportieren die Chromosomen zu den Zellpolen. Jedes Chromosom besteht noch aus zwei am Zentromer miteinander verbundenen Schwesterchromatiden (► Abb. 1.28).

> **Merke**
>
> Hierin liegt der entscheidende Unterschied zur Mitose: In der Anaphase der Mitose werden die Schwesterchromatiden getrennt, in der Anaphase I der Meiose dagegen die homologen Chromosomen.

Der zuvor diploide Chromosomensatz wird somit auf einen haploiden Satz reduziert. Die 1. meiotische Teilung wird deshalb auch als Reduktionsteilung bezeichnet.

### 1.16.2.4 Telophase I und Zytokinese
An jedem Zellpol sammelt sich ein haploider Chromosomensatz. Die Chromatinstruktur der Chromosomen beginnt sich zu lockern. Die Kernhülle und die Nucleoli bilden sich wieder.
Gleichzeitig schnürt sich die Zelle ab und es entstehen zwei Tochterzellen (► Abb. 1.29).

### 1.16.2.5 Interkinese
Die Interkinese ist der kurze Zeitraum zwischen den beiden meiotischen Teilungen. Sie entspricht einer stark verkürzten Interphase, wobei aber keine DNA-Replikation erfolgt.

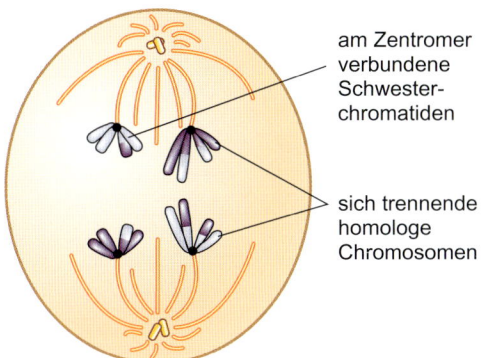

am Zentromer verbundene Schwester-chromatiden

sich trennende homologe Chromosomen

**Abb. 1.28** Meiose: Anaphase I, Trennung der homologen Chromosomen.

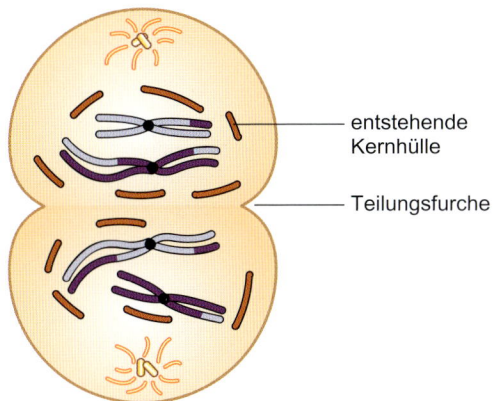

entstehende Kernhülle

Teilungsfurche

**Abb. 1.29** Meiose: Telophase I und Zytokinese, Bildung zweier haploider Zellen mit einfachem Chromosomensatz; jedes Chromosom besteht aus zwei Schwesterchromatiden.

## 1.16.3 Verlauf der 2. Reifeteilung

In der ersten Teilung sind zwei haploide Zellen entstanden, deren Chromosomen aus je zwei Chromatiden bestehen. In der zweiten meiotischen Teilung teilen sich nun die Schwesterchromatiden. Der Ablauf ist mit der mitotischen Zellteilung vergleichbar.

### 1.16.3.1 Prophase II

Die Chromosomen verdichten sich. Die Zentrosomen wandern zu den Zellpolen und es bildet sich eine Teilungsspindel. Die Nucleoli lösen sich auf und die Kernhülle zerfällt (▶ Abb. 1.30).

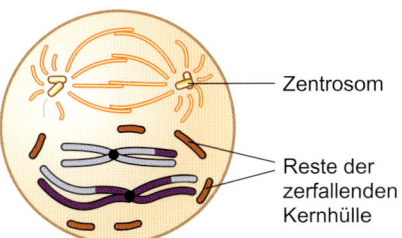

Zentrosom

Reste der zerfallenden Kernhülle

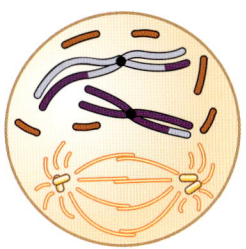

**Abb. 1.30** Meiose: Prophase II.

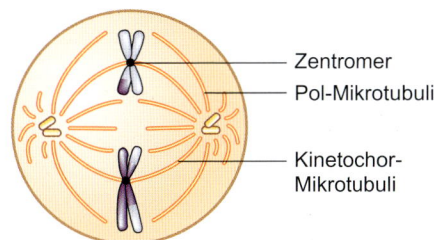

Zentromer
Pol-Mikrotubuli

Kinetochor-Mikrotubuli

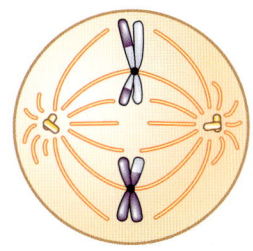

**Abb. 1.31** Meiose: Metaphase II.

### 1.16.3.2 Metaphase II

Die Chromosomen ordnen sich in der Metaphaseplatte an. Die Schwesterchromatiden jedes Chromosoms zeigen zu entgegengesetzten Polen. Die Kinetochor-Mikrotubuli greifen an den Zentromeren an (▶ Abb. 1.31).

### 1.16.3.3 Anaphase II

Die Schwesterchromatiden werden getrennt und wandern zu den Zellpolen (▶ Abb. 1.32).

> **Merke**
>
> Trennen sich bei der Zellteilung die Schwesterchromatiden oder die homologen Chromosomen nicht voneinander, wird dies als **Non-Disjunction** bezeichnet. Die Chromosomen bzw. Chromatiden können dann nicht korrekt auf die Tochterzellen verteilt werden. Non-Disjunction ist die Ursache numerischer Chromosomenaberrationen (▶ Kap. 2.6.3).

### 1.16.3.4 Telophase II und Zytokinese

Die Zellkerne formieren sich und die Zelle teilt sich (▶ Abb. 1.33). Nach Abschluss der zweiten meiotischen Teilung liegen nun vier haploide Zellen vor. Wegen der Rekombination durch Crossing Over in der Prophase I und der zufälligen Verteilung der „väterlichen" und „mütterlichen" Chromosomen in der Metaphase I sind die vier haploiden Tochterzellen genetisch verschieden.

> **Merke**
>
> **Genetische Vielfalt:**
> Das menschliche Genom besteht aus 23 Chromosomenpaaren. In Metaphase I richten sich die Bivalente zufällig in der Metaphaseplatte aus. Es gibt zwei Zellpole, in deren Richtung sich ein Chromosom orientieren kann. Die von mütterlicher und von väterlicher Seite her ererbten Chromosomen können somit in $2^{23}$ Kombinationen verteilt werden. Diese Zahl entspricht etwa 8 Millionen. Durch die Rekombination in der Prophase I wird die genetische Vielfalt beträchtlich erhöht. Es werden im Mittel 2–3 Chiasmen pro Chromosom beobachtet. Daraus ergeben sich etwa 10 Möglichkeiten für die Neukombination jedes Chromosoms ($2^{2,5+1} \approx 10$). Damit steigt die Zahl der Genomvarianten in den Gameten auf $10^{23}$.
> Bei der Befruchtung verschmilzt eines der $10^{23}$ unterschiedlichen Spermien mit einer von $10^{23}$ ebenfalls verschiedenen Eizellen und das entstehende Kind erhält somit eine aus $10^{46}$ prinzipiell möglichen Genomvarianten.

> **Merke**
>
> **Funktionen der Meiose:**
> - Reduktion des diploiden Chromosomensatzes auf einen haploiden Satz.
> - Erzeugung einer genetischen Vielfalt der Keimzellen durch die zufällige Verteilung der homologen mütterlichen und väterlichen Chromosomen.
> - Erhöhung der genetischen Kombinationsmöglichkeiten durch Crossing Over der Chromosomen.

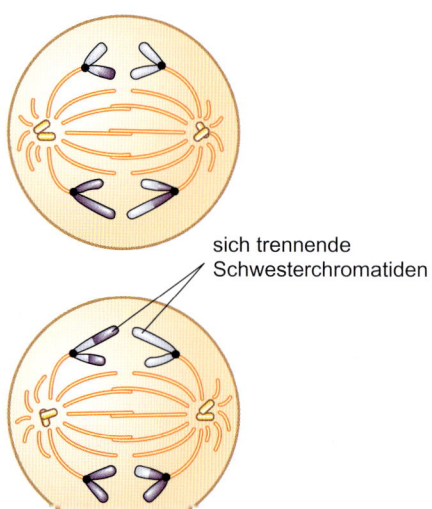

sich trennende Schwesterchromatiden

**Abb. 1.32** Meiose: Anaphase II.

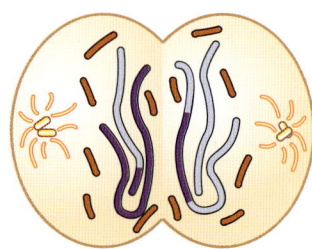

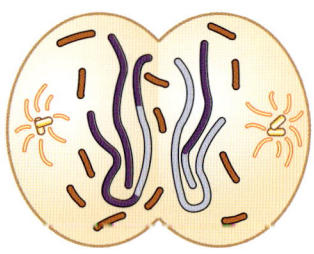

Bildung haploider Tochterzellen

**Abb. 1.33** Meiose: Telophase II und Zytokinese.

## 1.16.4 Meiose bei der Keimzellbildung

Die Stammzellen der Keimzellbildung (Gametogenese) sind beim Menschen die Spermatogonien des Mannes, aus denen die Spermien entstehen, und die Oogonien der Frau, aus denen sich die Oozyten (Eizellen) bilden.

Spermatogenese und Oogenese liegt das gleiche Prinzip der meiotischen Teilung zugrunde. Hinsichtlich der Zeitpunkte, an denen die einzelnen Phasen der Meiose ablaufen, sowie bei der Zytokinese bestehen jedoch Unterschiede (▶ Abb. 1.34).

### 1.16.4.1 Spermatogenese

Die Spermatogenese des Mannes erfolgt ab der Pubertät und kann das ganze Leben hindurch anhalten (▶ Abb. 1.34 links).

Aus den Urkeimzellen entwickeln sich zunächst die **Spermatogonien.** Diese sind diploid, sie werden bis zur Pubertät angelegt.

Nach Erreichen der Geschlechtsreife führen die Spermatogonien mitotische, differenzielle Teilungen aus. Bei einer differenziellen Teilung gleicht eine der Tochterzellen der ursprünglichen Zelle, hier der Spermatogonie; die andere Tochterzelle entwickelt sich weiter zu einem anderen Zelltyp, in diesem Fall zur **Spermatozyte I.**

Nach Verdopplung der DNA in der Interphase beginnt die Spermatozyte I die 1. meiotische Teilung. Es entstehen zwei haploide **Spermatozyten II,** die unmittelbar die 2. meiotische Teilung beginnen.

Aus der 2. Teilung der beiden Spermatozyten II gehen 4 haploide Spermitiden hervor. Diese differenzieren sich weiter zu den reifen, funktionsfähigen **Spermien.**

### 1.16.4.2 Oogenese

Bei den Gameten der Frau beginnt die 1. meiotische Teilung bereits vor der Geburt (▶ Abb. 1.34 rechts). Die Fruchtbarkeit der Frau endet mit der Menopause.

Die Urkeimzellen differenzieren sich beim weiblichen Fetus ab der 5. Woche bis etwa zum 5. Monat zu **Oogonien,** die sich zwischen dem 3. und 7. Monat weiter zu den **Oozyten I** entwickeln. Nach Verdopplung der DNA in der Interphase treten die diploiden Oozyten I in die 1. meiotische Teilung ein.

Bei der Geburt sind alle Oozyten angelegt und haben die 1. meiotische Teilung begonnen. Die Teilung verläuft bis zur Prophase I und wird nach dem Diplotän angehalten. Die Zellen verweilen im **Dictyotänstadium,** einem Ruhezustand, der bis zu mehreren Jahrzehnten dauern kann. Die Chromatinstruktur der Chromosomen lockert sich dabei wieder etwas auf, die Chiasmata bleiben aber erhalten.

Nach der Geschlechtsreife führen während jedes Menstruationszyklus etwa 50 Oozyten I, angeregt durch FSH (Follikel stimulierendes Hormon), die Teilung fort. Üblicherweise beendet aber nur eine der Oozyten die Teilung und reift zum **Graaf-Follikel** aus.

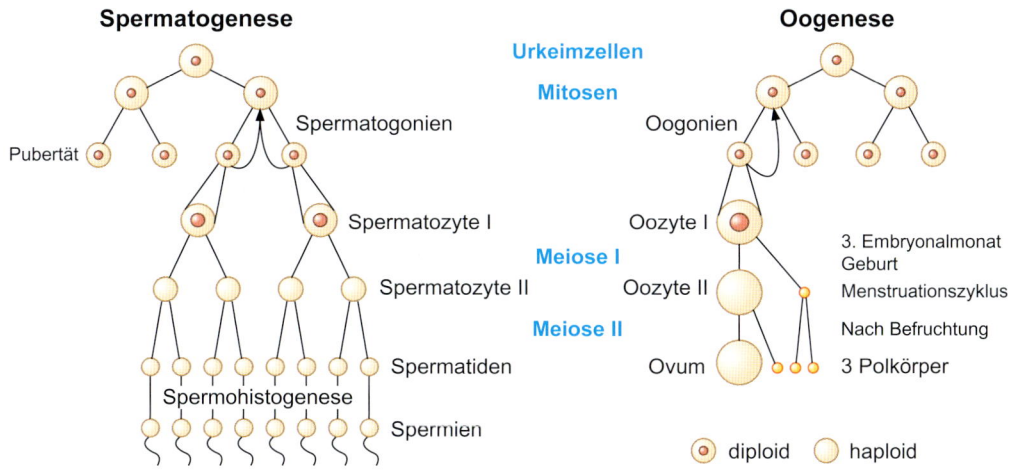

**Abb. 1.34** Schematischer Ablauf von Spermatogenese und Oogenese [2].

Die zugehörige Zytokinese erfolgt inäqual, eine der beiden neu gebildeten Zellen erhält praktisch das gesamte Zytoplasma. Sie bildet eine **Oozyte II** und die andere einen kleinen **Polkörper.**

Die 2. meiotische Teilung wird zunächst in der Metaphase II arretiert. Die Oozyte II gelangt bei der Ovulation in den Eileiter, wo sie von einem Spermium befruchtet werden kann.

Nach der Befruchtung, d.h. dem Eindringen des Spermiums, wird die 2. meiotische Teilung weitergeführt. Aus erneut inäqualer Zytokinese entstehen die reife **Eizelle** (Ovum) und wiederum ein Polkörper. Nach Abschnürung dieses 2. Polkörpers verschmilzt das haploide Genom des Spermiums mit dem haploiden Genom der Eizelle. Die befruchtete Eizelle wird dann als **Zygote** bezeichnet.

Auch der 1. Polkörper teilt sich nochmals, sodass aus einer Oozyte I eine reife Eizelle und insgesamt 3 Polkörper entstehen. Die Polkörper degenerieren später.

### Klinik

Durch das lange Verweilen im Dictyotänstadium ist die meiotische Teilung bei der Oogenese der Frau empfindlicher gegenüber Chromosomenfehlverteilungen als bei der Spermatogenese des Mannes.

So steigt z.B. das Risiko für das Auftreten einer **Trisomie 21** (Down-Syndrom, ▶ Kap. 2.6.3) signifikant mit dem Lebensalter der Mutter, nicht aber mit dem des Vaters.

## 1.17 Zelltod

### 1.17.1 Apoptose

Der Begriff **Apoptose** (von griech. apoptosis = das Abfallen [z.B. eines Blattes]) bezeichnet das durch ein internes oder externes Signal ausgelöste Absterben einer Zelle. Jede Zelle im Organismus besitzt ein Selbstzerstörungsprogramm, das unter bestimmten Umständen ausgelöst werden kann.

Die Apoptose wurde zuerst an Lymphozyten nach der Behandlung mit Glucocorticoiden (z.B. Cortison) beobachtet.

Die Apoptose beginnt mit der Aktivierung von Enzymen, Endonukleasen und Proteasen, die DNA und Proteine spalten. Die wichtigsten an der Apoptose beteiligen Enzyme werden **Caspasen** genannt.

In tierischen Zellen spielen auch die Mitochondrien eine zentrale Rolle bei der Apoptose. Die äußere Mitochondrienmembran wird durchlässig. Der für die Atmungskette notwendige Protonengradient bricht zusammen und damit wird die ATP-Produktion gestoppt. Es entstehen freie Radikale, die zusammen mit Proteinen wie **Cytochrom c,** die aus den Mitochondrien ins Zytosol gelangen, dort weitere Caspasen aktivieren.

### Merke

Cytochrom c ist einer der wichtigsten Mediatoren der Apoptose. Gelangt dieses Protein ins Zytosol, so löst es durch Aktivierung von Caspasen die Apoptose der Zelle aus.

Die Familie der **Bcl-Proteine** (Bcl = **B**-cell **l**ymphoma) nimmt eine wichtige Stellung bei der Regulierung der Apoptose ein. Die Bcl-Proteine steuern das Membranpotenzial und die Integrität der Mitochondrienmembran. Freisetzung von Cytochrom c aus dem Intermembranraum der Mitochondrien löst die Apoptose aus.

Die Bcl-Proteine werden in anti-apoptotische und pro-apoptotische Proteine eingeteilt.

- **Anti-apoptotische Proteine:**
  - **Bcl-2** und **Bcl-xl** sind die Hauptvertreter dieser Gruppe. Sie sind als Membranproteine integraler Bestandteil der äußeren Mitochondrienmembran. Sie stabilisieren das Membranpotenzial und wirken somit anti-apoptotisch.
- **Pro-apoptotische Proteine:**
  Die wichtigsten Vertreter dieser Gruppe sind die Proteine Bax, Bak, Bok, Bad und Bid.
  - **Bax** ist Kofaktor des tumorsuppressiven Proteins p53, das bei DNA-Schädigung die Apoptose einleitet. Bax kommt normalerweise frei im Zytosol vor und wird nach einem Apoptosestimulus in das Mitochondrium transportiert.
  - **Bak** ist in der äußeren Mitochondrienmembran lokalisiert. Sein Wirkmechanismus ist noch nicht genau bekannt. Vermutlich bildet es Poren, die einen Ionentransport sowie die Freisetzung von Cytochrom c ermöglichen.
  - **Bok** ist dem Bax sehr ähnlich. Es kommt im Ruhezustand ebenfalls frei im Zytosol vor.

– **Bad** steht für „Bcl-2 antagonist of cell death". Es bindet an Bcl-2 und fördert durch dessen Blockierung die Apoptose.
– **Bid** (BH3 interacting domain death agonist) kommt frei im Zytosol vor. Dort wird es von einer Caspase aktiviert, daraufhin in das Mitochondrium transloziert, wo es weiter pro-apoptotische Faktoren aktiviert.

### Klinik

Bei vielen **Krebserkrankungen,** wie u. a. Brust-, Prostata- und Lungenkrebs sowie bei Melanomen, Leukämien und Lymphomen ist das Protein Bcl-2 überexprimiert. Ursache ist eine Translokation des Bcl-2-Gens. Diese Mutation löst eine Krebserkrankung zwar nicht aus, trägt aber wesentlich zu deren Entstehung bei, da die Zelle nur vermindert auf Apoptosesignale anspricht. Patienten mit dieser Mutation sprechen in einer Chemotherapie auch schlechter auf viele Zytostatika an.

Im morphologischen Bild der Zelle sind die Fragmentierung der DNA und der Zerfall von Kernhülle und Mitochondrienmembranen zu erkennen. Es lässt sich ein Volumenverlust der Zelle, die Bildung von Vakuolen im Zytoplasma und der Zerfall des Zellkerns in basophile Körper beobachten.

Im Gegensatz zu typischen nekrotischen Zellen (▶ Kap. 1.17.2) werden zytoplasmatische Bestandteile nicht in das umgebende Gewebe entlassen, sondern es bilden sich membranumschlossene **Apoptosekörper.** Es kommt daher nicht zu Entzündungsreaktionen.

Die entstandenen Apoptosekörper werden von phagozytierenden Zellen erkannt und aufgenommen. Der gesamte Apoptosevorgang ist in einem Zeitraum von Minuten bis einigen Stunden abgeschlossen.

Die Apoptose wird in verschiedenen Situationen ausgelöst:
• Stellt die Zelle eine irreparable Fehlfunktion fest, löst ein internes Signal die Apoptose aus. Als Auslöser der internen Signalkette dient vielfach das **Protein p53** (▶ Kap. 1.15.1.2).
• Zu Tumorzellen entartete Zellen können vom Immunsystem identifiziert werden. Sie erhalten ein externes Signal zur Apoptose durch Signalmoleküle, die an spezifischen Rezeptoren an der Zelloberfläche andocken. Ein bedeutendes Signalmolekül hierbei ist **TNF-α** (TNF = Tumor-Nekrose-Faktor).

• In der **Embryogenese** werden verschiedentlich zunächst Gewebe angelegt, die sich dann in späteren Stadien wieder zurückbilden. Die betreffenden Zellen lösen sich durch Apoptose auf. Beispielsweise ist die Apoptose bei allen Wirbeltieren essenziell für die Entwicklung des Nervensystems.
• Bei der Reifung der **T-Lymphozyten** im Thymus erhalten diejenigen Zellen, die auf körpereigene Merkmale reagieren, den Befehl zur Apoptose.

## 1.17.2 Nekrose

Die **Nekrose** ist der Zelltod aufgrund einer Schädigung des Gewebes. Als Ursache kommen chemische oder physikalische Einflüsse, aber auch eine Stoffwechselstörung, wie z. B. Sauerstoffmangel, in Frage. Morphologische Zeichen nekrotischer Gewebe sind:
• Fragmentierung des Zellkerns (Karyorhexis)
• Auflösung des Zellkerns (Karyolyse)
• Verdichtung des Zellkerns (Kernpyknose)
• Ruptur der Zellmembran

### Merke

Der entscheidende Unterschied der Nekrose zum morphologischen Bild der Apoptose liegt in der Zerstörung der Zellmembran. Dadurch werden Enzyme aus dem Zytosol und aus zerstörten Zellorganellen freigesetzt, die das umliegende Gewebe angreifen. Die Nekrose ist deshalb stets von **Entzündungserscheinungen** begleitet.

Abhängig vom Schweregrad einer Zellschädigung reagiert die Zelle in verschiedener Weise:
• Leichte Schäden werden von der Zelle repariert.
• Kann ein Schaden nicht repariert werden, wird die Apoptose ausgelöst.
• Ist eine Schädigung so gravierend, dass die Zellmembran bereits zerstört wird, bevor die Apoptose ausgelöst bzw. abgelaufen ist, kommt es zur Nekrose.

### Lerntipp

Lernen Sie die Apoptose und Nekrose in Gegenüberstellung. Merken Sie sich, inwieweit sich die beiden Prozesse vom Ablauf unterscheiden und wie sich diese Unterschiede morphologisch äußern.

## 1.18 Zellkommunikation und Signaltransduktion

### 1.18.1 Allgemeine Prinzipien

Zur Funktion eines jeden Organismus ist es unerlässlich, dass seine Zellen miteinander kommunizieren. Die Zellen haben dazu vielfältige Wege entwickelt. Signalgebende Zellen senden **Botenstoffe** aus, die von spezifischen Rezeptorproteinen der signalempfangenden Zellen erkannt werden und dort Reaktionen auslösen.

- **Endokrine** Zellen geben ihr Produkt, die **Hormone,** in die Blutbahn ab. Diese verteilen sich im gesamten Organismus und erreichen auch weit entfernte Zielgewebe.
- **Parakrine** Zellen geben regulatorisch wirkende Substanzen in den interstitiellen Raum ab. Die Botenstoffe verteilen sich in der unmittelbaren Umgebung und wirken daher nur lokal. Beispiele für parakrine Signale sind Histamine und Interleukine.
- **Autokrine** Signalübertragung ist ein Weg der Selbstregulation. Die Zelle gibt einen Botenstoff ab, der auf sie selbst bzw. auf benachbarte Zellen vom gleichen Typ zurückwirkt.

Einige der Botenstoffe können ihre Wirkung direkt entfalten. In anderen Fällen löst das äußere primäre Signal in der Zelle zunächst ein sekundäres Signal aus. Es wird ein intrazellulärer Botenstoff freigesetzt, ein **Second Messenger.** Die Umwandlung von einem Signal in ein anderes wird als **Signaltransduktion** bezeichnet. Häufig wird eine **Signalkaskade** ausgelöst, d. h., es findet eine ganze Kette von Signalübertragungen statt, bis in der Zielzelle schließlich die gewünschte Reaktion auftritt.

> **Merke**
> - Meist findet durch die Signalkaskade eine **Verstärkung** statt, sodass schon wenige extrazelluläre Signalmoleküle eine starke Reaktion der Zielzelle auslösen.
> - Eine **Verteilung** innerhalb der Signalkaskade ermöglicht einem primären Signal das Auslösen mehrerer, gleichzeitiger Reaktionen in der Zielzelle.

Neben den zuvor beschriebenen Wegen ist auch eine **kontaktabhängige Signalübertragung** durch Zell-Zell-Kontakte möglich. Durch Gap Junctions (▶ Kap. 1.3.4) sind Zellen elektrisch und chemisch miteinander gekoppelt.

Ein auf die Informationsübertragung spezialisiertes System ist das Nervensystem. Bei der **neurogenen Übertragung** wird das Signal entlang der Nervenzelle elektrisch weitergeleitet und an den Schaltstellen zwischen den Neuronen, den **Synapsen,** durch chemische Botenstoffe übertragen, den so genannten **Neurotransmittern.**

> **Klinik**
> - Die **Onkogenese** (Tumorbildung) lässt sich häufig auf eine gestörte Zellkommunikation zurückführen. Jede Zelle besitzt **Tumorsuppressor-Gene,** deren Produkte die Zelle an ihrer weiteren Vermehrung hindern. Nach einer Mutation, die diese Gene inaktiviert, beginnt sich die Zelle unkontrolliert zu teilen.
> - Durch **Wachstumsfaktoren** können Zellen zur Teilung angeregt werden. Wird der Rezeptor für einen Wachstumsfaktor durch eine Mutation verändert, so kann dies von der Zelle fälschlicherweise als ständiges Teilungssignal interpretiert werden.

### 1.18.2 Signalmoleküle

Je nach der Art der Signalmoleküle ist ihr Wirkmechanismus bzw. der Weg der Signaltransduktion verschieden:

- Die Steroidhormone, Calcitriol und die Schilddrüsenhormone sind lipophil. Sie können die Zellmembran durchdringen und binden im Zytoplasma an einen für den jeweiligen Botenstoff spezifischen Rezeptor. Das Hormon und der Rezeptor sind einzeln wirkungslos; erst der Hormon-Rezeptor-Komplex besitzt eine regulierende Wirkung. Der Komplex wandert durch die Kernporen in den Zellkern, wo er an der DNA die Transkription in mRNA modifiziert und dadurch die Proteinbiosynthese steuert.

> **Klinik**
> Bei der **testikulären Feminisierung** besitzt ein Patient mit weiblichem Körper das genetisch männliche Geschlecht, mit dem Geschlechtschromosomenpaar XY (▶ Kap. 2.5.1). Das männliche Sexualhormon Testosteron, das die Geschlechtsdifferenzierung steuert, konnte seine Wirkung nicht entfalten.
> Die häufigste Ursache der testikulären Feminisierung ist ein fehlender oder nicht funktionierender Testosteronrezeptor (▶ Kap. 2.2.4). Von den Anlagen der Keimdrüsen

wird zwar Dihydrotestosteron, die wirksame Form des Hormons, produziert, die Zielzellen können aber nicht darauf reagieren. Als Folge wird ein Kind mit äußerlich weiblichen Geschlechtsmerkmalen geboren. Oft wird, nach anfänglich normal verlaufender Entwicklung und Beginn der Pubertät, erst dann das Fehlen von Uterus, Eileitern und Ovarien festgestellt und das genetische Geschlecht erkannt, wenn die Menstruation bis zum frühen Erwachsenenalter immer noch nicht eintritt.

- Peptidhormone docken an Rezeptoren an der Außenseite der Zellmembran an (▶ Kap. 1.18.3) und lösen damit eine intrazelluläre Signalkaskade aus.
- Ionen und kleine Moleküle können über Gap Junctions zwischen miteinander verbundenen Zellen ausgetauscht werden (▶ Kap. 1.3.4). Die Zellen sind elektrisch sowie im pH-Wert gekoppelt. Bei einem pH-Abfall oder einem $Ca^{2+}$-Anstieg, z.B. bei Sauerstoffmangel oder einer anderen Zellschädigung, schließen sich diese Kanäle und die Zelle wird von ihren Nachbarn isoliert. Ein weiteres Ausbreiten der Schädigung wird somit verhindert.
- An den Synapsen sind die Nervenzellen durch einen kleinen Zwischenraum, den synaptischen Spalt, getrennt. Die signalgebende Zelle entlässt durch Exozytose chemische Botenstoffe in den synaptischen Spalt. Diese Neurotransmitter binden an Rezeptoren an der empfangenden Zelle.

### Klinik

Ein kleines Molekül mit einer großen durchblutungsfördernden Wirkung ist das Gasmolekül **Stickstoffmonoxid (NO)**. In den Endothelzellen der Gefäße wird NO durch das Enzym NO-Synthase von der Aminosäure L-Arginin abgespalten. Aufgrund seiner kleinen Molekülgröße kann NO dann ungehindert in die Muskelschicht des Gefäßes diffundieren, wo es die Guanylatcyclase aktiviert. Dieses Enzym bildet den Botenstoff cGMP (▶ Kap. 1.18.3.2), der über weitere Schritte eine Erschlaffung der Gefäßmuskulatur bewirkt, woraufhin sich das Gefäß erweitert.
- Einige Herzmedikamente nutzen diesen Wirkmechanismus, so wird z.B. vom **Nitroglycerin** enzymatisch NO abgespalten.
- Auch das Medikament **Viagra** wirkt auf den Stickstoffmonoxid-cAMP-Stoffwechsel. Im Penis führt die gesteigerte Durchblutung zur Volumenzunahme der Schwellkörper.

Eine **Synapse** ist die Kontaktstelle zwischen zwei Nervenzellen, bzw. zwischen Nerven- und Muskelzelle. Sie gliedert sich in drei Elemente:
- den **präsynaptischen Teil,** der die Erregung auslöst,
- den **postsynaptischen Teil,** der das Signal empfängt,
- den **synaptischen Spalt,** der den Raum zwischen beiden vorgenannten Strukturen bildet.

In der Präsynapse befinden sich zahlreiche Vesikel, die Neurotransmitter enthalten, und eine große Zahl von Mitochondrien. Als Neurotransmitter fungieren u.a. Dopamin, Serotonin, Adrenalin, Noradrenalin, Acetylcholin oder γ-Aminobuttersäure (GABA). Die Vesikel verschmelzen mit der Zellmembran und entlassen ihren Inhalt in den synaptischen Spalt. Die Familie der so genannten **SNARE-Proteine** katalysiert die Fusion von biologischen Membranen. Ein wichtiges SNARE-Protein des Menschen ist das **Synaptobrevin.**

Dir Postsynapse enthält zahlreiche rezeptorgesteuerte Ionenkanäle. Bindet ein Neurotransmitter an seinen spezifischen Rezeptor, wird der Kanal geöffnet und durch den entstehenden Ionenfluss ändert sich das Membranpotenzial.

### Klinik

Das Botulinustoxin, ein für den Menschen toxisches Stoffwechselprodukt des Bakteriums *Clostridium botulinum* spaltet Proteine des SNARE-Komplexes und blockiert so die Freisetzung des Neurotransmitters Acetylcholin.

## 1.18.3 Signalrezeptoren

Die meisten Signalmoleküle können nicht wie die hydrophoben Steroidhormone durch die Zellmembran diffundieren. Die hydrophilen Moleküle binden an membrangebundene Signalrezeptoren auf der Zelloberfläche. Die Rezeptorproteine lassen sich in drei Klassen einordnen:
- Ionengekoppelte Rezeptoren
- G-Protein-gekoppelte Rezeptoren
- Enzymgekoppelte Rezeptoren

### 1.18.3.1 Ionengekoppelte Rezeptoren

**Ionengekoppelte Rezeptoren** sind Ionenkanäle, die durch Liganden gesteuert werden. Ein Signalmolekül bindet an ein Transmembranprotein. Dieses ändert daraufhin seine Konformation und öffnet oder schließt einen Kanal für eine bestimmte

Sorte von Ionen, $Na^+$, $K^+$, $Ca^{2+}$ oder $Cl^-$. Die Ionen diffundieren entlang des Konzentrationsgefälles durch den geöffneten Kanal.

Ionenkanalrezeptoren sind vor allem in elektrisch erregbaren Zellen zu finden, d. h. in Muskel- und Nervenzellen. Im Nervensystem binden die in den synaptischen Spalt ausgeschütteten Neurotransmitter als Liganden an Kanalproteine der Zielzelle. Der freigegebene Ionenstrom depolarisiert das Membranpotenzial der Zelle und erzeugt so ein elektrisches Signal.

Besonders eine Änderung der intrazellulären $Ca^{2+}$-**Konzentration** kann viele Enzyme modifizieren und damit weitere Reaktionen auslösen. In diesen Fällen übernimmt $Ca^{2+}$ die Rolle eines Second Messenger. In vielen Zellen, z. B. in der glatten Muskulatur, fungiert das Protein Calmodulin als Sensor für den $Ca^{2+}$-Spiegel. Calmodulin selbst besitzt keine Enzymaktivität. Nach seiner Bindung an $Ca^{2+}$ reguliert es die Aktivität einer Gruppe anderer Enzyme, der Calmodulin-Kinasen. Der $Ca^{2+}$-Calmodulin-Komplex bindet als Untereinheit an die Calmodulin-Kinase und führt so zum aktiven Enzym.

### 1.18.3.2 G-Protein-gekoppelte Rezeptoren

Viele Signalmoleküle nutzen **G-Protein-gekoppelte Rezeptoren.** Diese Rezeptoren sind alle sehr ähnlich aufgebaut. Sie durchspannen die Zellmembran mit sieben α-Helices. Zwischen den Helices, an den jeweiligen Außenseiten der Lipiddoppelschicht, faltet sich die Polypeptidkette zu Schleifen, an denen an der Zelloberfläche spezifisch die Signalmoleküle binden und an der Innenseite der Membran ein **G-Protein.** G-Proteine sind eine Familie Guaninnukleotid bindender Moleküle. Die membranständigen G-Proteine sind Heterotrimere, die aus drei verschiedenen, α, β und γ genannten Untereinheiten bestehen. Die G-Proteine fungieren als eine Art „Schalter", dessen Stellung davon abhängt, ob das Protein Guanosindiphosphat (GDP) oder Guanosintriphosphat (GTP) gebunden hat. Mit gebundenem GTP ist das G-Protein aktiv, mit GDP inaktiv. G-Proteine nehmen eine Schlüsselrolle in der Signaltransduktion zwischen dem Rezeptorsystem und den Second Messenger ein. Die Aktivierung des Signalwegs verläuft über eine Abfolge mehrerer Schritte:

1. Ein Signalmolekül bindet an der Zelloberfläche an den G-Protein-gekoppelten Rezeptor. Der Rezeptor wird aktiviert, die Peptidschleifen an der Membraninnenseite ändern ihre Form.

2. Ein G-Protein bindet nun am aktivierten Rezeptor.

3. Durch die Bindung am Rezeptor spaltet sich das G-Protein in eine α- und eine βγ-Untereinheit. Dabei wird an der α-Untereinheit GDP von GTP verdrängt. Das G-Protein ist nun aktiviert.

4. Das aktivierte G-Protein, die GTP-α-Untereinheit, verlässt den Rezeptor und aktiviert an der Zellmembran weitere Enzyme. Häufige Zielenzyme sind Adenylatcyclase, Guanylatcyclase und Phospholipase C.

5. Diese Enzyme bilden weitere kleine Signalmoleküle, die **Second Messenger.** Als Second Messenger treten meist **cAMP** (cyclisches Adenosinmonophosphat), **Inositoltriphosphat** ($IP_3$) oder **Diacylglycerol** (DAG) in Erscheinung. Manche Zellen verwenden auch **cGMP** (cyclisches Guanosinmonophosphat) als Second Messenger.
   - Phospholipase C stellt $IP_3$ und DAG her.
   - Adenylatcyclase bildet cAMP.
   - Guanylatcyclase erzeugt cGMP.

6. Die Second Messenger diffundieren in das Zytoplasma und lösen in der Zelle weitere Prozesse aus.

### Merke

Viele unterschiedliche Zellen verwenden die gleichen Stoffe als Second Messenger. Die Spezifität der Hormonwirkung wird durch die Rezeptorausstattung der Zielzellen gewährleistet. Manche Zellen besitzen mehrere Rezeptoren, die die Konzentration des jeweils gleichen Second Messenger beeinflussen. Die Stimulation des einen Rezeptors erhöht dessen Konzentration, die Stimulation des anderen setzt sie herab.

### 1.18.3.3 Enzymgekoppelte Rezeptoren

Die **enzymgekoppelten Rezeptoren** sprechen auf **Wachstumsfaktoren** an, die als extrazelluläre Signale die Zellen zur Teilung anregen.

Bei diesem Rezeptortyp handelt es sich ebenfalls um Transmembranproteine. Nachdem die Rezeptoren das Signalmolekül als Liganden gebunden haben, besitzt der ins Zytoplasma ragende Teil des Rezeptors selbst eine enzymatische Aktivität.

Die meisten enzymgekoppelten Rezeptoren gehören zur Klasse der **Rezeptor-Tyrosinkinasen.** Ihr enzymatischer Teil katalysiert die Übertragung von Phosphatgruppen des ATP auf die Aminosäure Tyrosin eines Substratproteins.

Bei den meisten Rezeptor-Tyrosinkinasen erfolgt die Aktivierung in zwei Schritten:

1. Die Rezeptor-Tyrosinkinase liegt in Form zweier benachbarter, aber getrennter Monomere vor. Das Signalmolekül bindet auf der Membranaußenseite gleichzeitig an Strukturen beider Monomere. Dadurch lagern sich die beiden Teile des Rezeptors zu einem Dimer zusammen.
2. Durch die Assoziation zum Dimer wird auf der Membraninnenseite die **Tyrosinkinase-Funktion** des gebildeten Komplexes aktiviert. ATP bindet an eine der Untereinheiten des Komplexes und gibt eine Phosphatgruppe ab. Diese wird dann von der anderen Untereinheit auf ein dort gebundenes Substrat übertragen.

An der Tyrosinkinase können gleichzeitig mehrere verschiedene Substratmoleküle binden. Ein Dimer der Rezeptor-Tyrosinkinase kann oft mehr als zehn verschiedene Substratproteine gleichzeitig aktivieren und damit ebenso viele Reaktionen in der Zelle auslösen. Dies unterscheidet die Wirkung der Rezeptor-Tyrosinkinase von der eines G-Protein gekoppelten Rezeptors, der jeweils nur eine Zellantwort auslöst.

Eine wichtige, durch Rezeptor-Tyrosinkinasen ausgelöste Zellantwort ist die Aktivierung von Proteinen der Ras-Familie. Die **Ras-Proteine** sind kleine Signalmoleküle, die an der zytoplasmatischen Seite der Zellmembran anliegen. Ein aktiviertes Ras-Protein löst eine Signalkette aus, die schließlich im Zellkern die Genexpression verändert und so die Proliferation der Zelle stimuliert.

### Klinik

Mutationen der Ras-Gene werden in vielen Tumoren gefunden. Die Ras-kodierenden Gene zählen zu den **Protoonkogenen.** Protoonkogene kodieren für Proteine, die an der Steuerung der Zellvermehrung beteiligt sind. Durch Mutationen können sie zu **Onkogenen** werden. Ihr Genprodukt stimuliert dann eine unkontrollierte Zellvermehrung.

Bei den Genen der Ras-Familie reicht in einer wichtigen funktionellen DNA-Domäne bereits der Austausch eines einzigen Nukleotids (Punktmutation, ▶ Kap. 2.6.1.2) aus, um das Protoonkogen in ein Onkogen umzuwandeln.

# Genetik

## IMPP-Hits

- Autosomal-rezessiver Erbgang (► Kap. 2.4.4)
- Autosomal-dominanter und kodominater Erbgang (► Kap. 2.4.3)
- X-chromosomaler Erbgang (► Kap. 2.4.5)
- Morphologie und Darstellung der Chromosomen (► Kap. 2.3.1)
- Hardy Weinberg Gesetz (► Kap. 2.9.1)
- Genmutationen (► Kap. 2.6.1)
- Numerische Chromosomenmutationen (► Kap. 2.6.3)

## 2.1 Wegweiser

Die DNA ist das Speichermedium der genetischen Information. Jede normale Körperzelle eines höheren Lebewesens enthält den Bauplan für den gesamten Organismus.

Dieses Kapitel erklärt die Anordnung des genetischen Codes im DNA-Molekül sowie die Mechanismen des Ablesens und Vervielfältigens dieser Information (▶ Kap. 2.2). Bevor die DNA bei der Zellteilung auf die Tochterzellen verteilt wird, organisiert sie sich in Form von Chromosomen (▶ Kap. 2.3). Zwei dieser Chromosomen, die Geschlechtschromosomen (▶ Kap. 2.5), bestimmen die Entwicklung zum männlichen oder weiblichen Körper. Formale Regeln der Vererbung äußerlicher Merkmale und Krankheiten (▶ Kap. 2.4) wurden schon lange vor der Entdeckung des DNA-Moleküls erkannt.

Mutationen (▶ Kap. 2.6) sind Veränderungen der genetischen Information. Sie erfolgen spontan oder durch externe schädigende Einflüsse auf das DNA-Molekül. Heute können DNA-Veränderungen mit molekularbiologischen Methoden nachgewiesen werden (▶ Kap. 2.7).

Die Entwicklungsgenetik beschäftigt sich mit der Entwicklung eines Individuums von der Eizelle bis zum fertigen Organismus (▶ Kap. 2.8). Dagegen untersucht die Populationsgenetik den Genbestand einer Art und wie sich dieser langsam verändert, wenn zufällig veränderte genetische Merkmale innerhalb einer Population einen Selektionsvorteil bieten (▶ Kap. 2.9).

## 2.2 Organisation und Funktion eukaryontischer Gene

### 2.2.1 Aufbau und Replikation der DNA

#### 2.2.1.1 Aufbau von DNA und RNA

Nukleinsäuren dienen in allen Lebewesen zur Codierung der genetischen Information. Der gesamte Bauplan eines Lebewesens wird durch die Reihenfolge der Basen in der **Desoxyribonukleinsäure (DNA)** beschrieben. **Ribonukleinsäuren (RNAs)** dienen zur Ablesung (Transkription) der Information vom DNA-Molekül und ihrer weiteren Verarbeitung. Nur einige Viren (▶ Kap. 3.7) verwenden RNA als Speicher ihres Bauplans.

Die Strukturaufklärung des DNA-Moleküls in der Mitte des letzten Jahrhunderts und die darauf folgende Entschlüsselung des genetischen Codes bedeuteten den Beginn eines neuen Zeitalters in Biologie und Medizin. Mit der Molekularbiologie und der Gentechnik haben sich neue Gebiete der Wissenschaft und Technik entwickelt. So wurden inzwischen die Ursachen vieler Stoffwechselkrankheiten auf der molekularen Ebene der DNA identifiziert. Auf dieser Ebene könnte in fernerer Zukunft auch eine Therapie für heute noch nicht ursächlich behandelbare Erkrankungen ansetzen.

Die DNA-Menge im menschlichen Zellkern beträgt etwa $6 \cdot 10^{-12}$ Gramm und besteht aus ca. $3 \cdot 10^{9}$ Nukleinbasenpaaren.

Der Aufbau der Nukleinsäuren und die wichtigsten Strukturmerkmale von DNA und RNA werden im Folgenden kurz zusammengefasst:

---

**Merke**

**Aufbau der DNA:**

- Ein Doppelstrang aus polymerisierten Nukleotiden bildet eine rechtsgängige α-Doppelhelix (▶ Abb. 2.3).
- Ein Nukleotid der DNA besteht aus dem Zucker Desoxyribose, einer Phosphatgruppe und einer der Nukleinbasen Adenin, Cytosin, Guanin oder Thymin.
- Im Rückgrat eines DNA-Strangs wechseln sich Desoxyribose und Phosphat ab, die jeweils kovalent miteinander verbunden sind. Die Phosphatgruppen sind am C3- und am C5-Atom des cyclischen Halbacetals der Desoxyribose gebunden. Am DNA-Strang lassen sich somit eine Richtung festlegen und die beiden Enden in ein 5'- und ein 3'-Ende unterscheiden (▶ Abb. 2.1).
- Zueinander komplementäre DNA-Stränge assoziieren sich zu einem Doppelstrang, der durch Wasserstoffbrückenbindungen zwischen den Nukleinbasen zusammengehalten wird. Dabei entstehen die Basenpaarungen Adenin-Thymin (A–T), verbunden durch 2, und Cytosin-Guanin (C–G), verbunden durch 3 Wasserstoffbrückenbindungen (▶ Abb. 2.2).

**Aufbau der RNA:**

- Das Rückgrat der RNA wird durch den Zucker Ribose und Phosphat gebildet. Es lässt sich ebenfalls eine Richtung festlegen und ein 5'- von einem 3'-Ende unterscheiden (▶ Abb. 2.1).
- RNA liegt in der Zelle meist einzelsträngig vor. Es können sich aber auch komplementäre Sequenzen zu einem Doppelstrang zusammenlagern.
- Anstelle von Thymin enthält RNA die Nukleinbase Uracil. Die Basen der RNA sind daher Adenin, Cytosin, Guanin und Uracil (▶ Abb. 2.1).

---

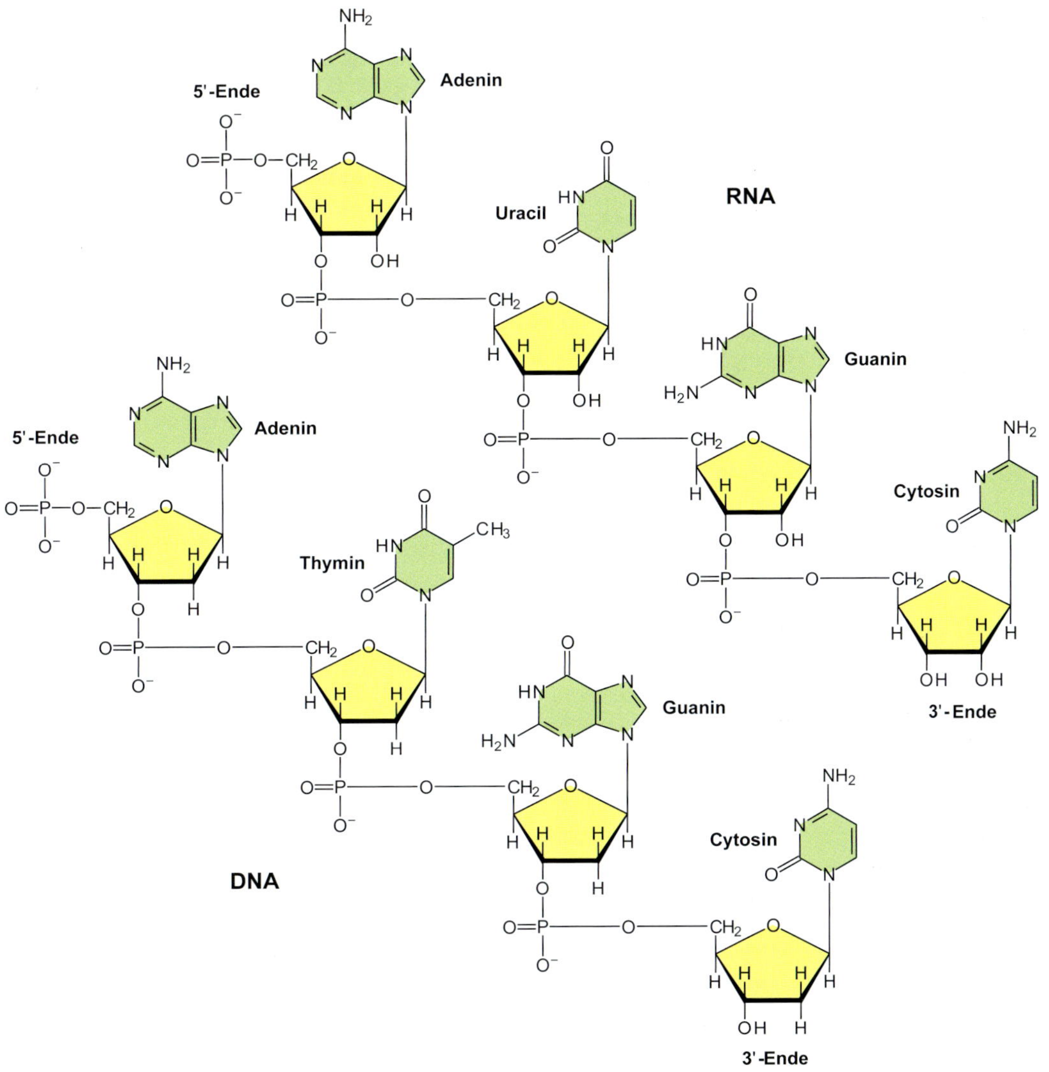

**Abb. 2.1** Ausschnitt aus einer Ribonukleinsäure und einer Desoxyribonukleinsäure.

- Es werden verschiedene Arten der RNA unterschieden, die jeweils spezielle Aufgaben bei der Verarbeitung der genetischen Information erfüllen. Die wichtigsten Unterarten der RNA sind hnRNA, mRNA, tRNA, rRNA und snRNA (▸ Kap. 2.2.3.3, ▸ Tab. 2.2).

## 2.2.1.2 Replikation

Vor einer Zellteilung muss die genetische Information der Zelle dupliziert werden, damit jede der Tochterzellen nach der Teilung ein vollständiges Genom erhält. Zu diesem Zweck werden die DNA-Moleküle in der Interphase des Zellzyklus (▸ Kap. 1.15.1.1) verdoppelt.

Die Replikation der DNA beginnt mit einer Entwindung des Doppelstrangs. Eine **Helikase** trennt die DNA-Helix in zwei Einzelstränge. Anschaulich kann das Auseinanderweichen der komplementären Stränge mit dem Aufziehen eines Reißverschlusses verglichen werden.

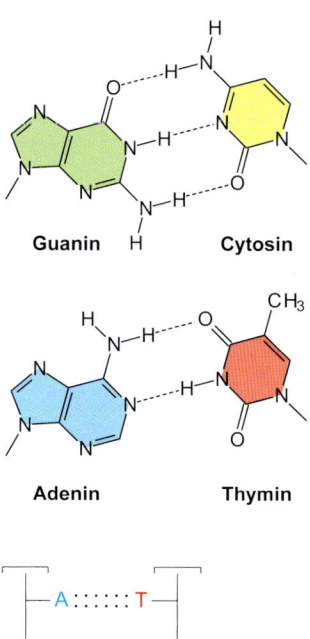

Guanin  H  Cytosin

Adenin  Thymin

A ∶∶∶∶∶∶ T

C ∶∶∶∶∶∶ G

G ∶∶∶∶∶∶ C

T ∶∶∶∶∶∶ A

Kette 1    Kette 2

**Abb. 2.2** Basenpaarungen in der DNA; in den beiden Ketten eines Doppelstrangs stehen sich komplementäre Basen gegenüber.

An die einzelsträngigen Bereiche binden Proteine, die eine Rekombination beider Stränge verhindern.

### Merke

Durch die Entspiralisierung der DNA entsteht eine **Replikationsgabel,** in der beide Stränge jeweils als Matrize für die Synthese dienen. An jedem Einzelstrang wird die komplementäre Nukleotidsequenz angelagert und der Strang somit wieder zum Doppelstrang ergänzt.

Die Nukleinbasen liegen zunächst als Nukleosidtriphosphate vor. Zwei Phosphatgruppen werden abgespalten und das entstandene Nukleotid verlängert den neu gebildeten DNA-Strang. Dieser Vorgang wird durch eine **DNA-Polymerase** katalysiert. In Bakterien ist dies die DNA-Polymerase III, bei Eukaryonten die DNA-Polymerase δ.

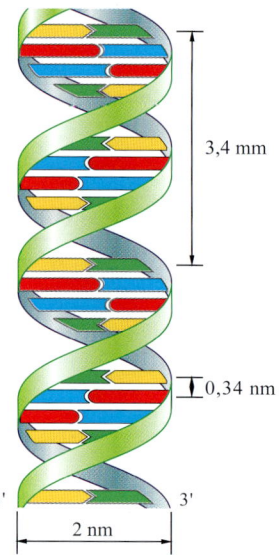

3,4 mm

0,34 nm

5'   3'

2 nm

**Abb. 2.3** Schematische Darstellung der α-Doppelhelix der DNA.

Die DNA-Polymerase kann Nukleotide aber nur an eine bestehende Sequenz anfügen, sie kann die Replikation nicht neu beginnen. Die Replikation startet deshalb mit einem **Primer** (▸ Abb. 2.4). Ein Primer ist eine kurze komplementäre RNA-Sequenz, die durch eine RNA-DNA-Polymerase, das Enzym **Primase,** synthetisiert wird. An diesen **Primer** fügt die DNA-Polymerase weitere Nukleotide in 5'→3'-Richtung an den Synthesestrang an. Gegen Ende der Replikation ersetzt eine andere DNA-Polymerase den Primer durch eine DNA-Sequenz.

### Merke

Die DNA-Polymerase benötigt für den Beginn der Replikation ein freies 3'-Ende. Die Primase benötigt dieses freie 3'-Ende nicht und kann deshalb direkt mit der Synthese des Primers beginnen. Dieser Primer besitzt schließlich das freie 3'-Ende für die DNA-Polymerase.

### Lerntipp

Behalten Sie den Überblick und machen Sie sich anhand von ▸ Abb. 2.1 nochmals klar, dass jegliche DNA-Synthese nur in 5'→3'-Richtung stattfindet. Dabei greift die 3'OH-Gruppe der Desoxyribose des letzten Nukleotids an der innersten Phosphatgruppe eines neuen Nukleosidtriphosphats an.

Es wurden verschiedene Arten von DNA-Polymerasen gefunden. Bei Bakterien werden die DNA-Polymerasen I–III unterschieden, bei Eukaryonten die DNA-Polymerasen α–ε. Die einzelnen DNA-Polymerasen sind auf bestimmte Aufgaben spezialisiert (▶ Tab. 2.1). So repliziert die DNA-Polymerase γ die ringförmige DNA der Mitochondrien und die DNA-Polymerase β dient ausschließlich der Reparatur der DNA.

Die beiden Stränge der DNA verlaufen antiparallel. Sowohl die DNA-Polymerasen der Eukaryonten als auch das eigentliche Replikationsenzym der Bakterien, die DNA-Polymerase III, können ein Nukleotid aber nur am 3'-Ende eines DNA-Strangs anfügen. An einer Replikationsgabel erfolgt die DNA-Synthese daher an beiden Strängen auf unterschiedliche Weise. Es lässt sich zwischen einem Leitstrang und einem Folgestrang unterscheiden (▶ Abb. 2.5):

- Am **Leitstrang** erfolgt die DNA-Synthese kontinuierlich in 5'→3'-Richtung.
- Am **Folgestrang** verläuft die Synthese diskontinuierlich entgegen der Entspiralisierungsrichtung. Es werden in 5'→3'-Richtung kurze, als **Okazaki-Fragmente** bezeichnete DNA-Sequenzen mit einer Länge von etwa 1.000–2.000 Nukleotiden gebildet. Die DNA-Polymerase α der Eukaryonten besitzt selbst auch Primaseaktivität, sodass die Okazaki-Fragmente bei den Eukaryonten durch ein einziges Enzym gebildet werden können. Anschließend werden die Primer der Okazaki-Fragmente durch DNA ersetzt und die Replikationsabschnitte werden durch eine **Ligase** verbunden. Die DNA-Ligase ist ein Enzym, das DNA-Abschnitte durch Phosphodiesterbindungen zusammenfügen kann.

Während der Replikation wird gleichzeitig auf Fehlerfreiheit geprüft. Einige DNA-Polymerasen erfüllen eine „Korrekturlesefunktion". Bei den Eukaryonten besitzen die DNA-Polymerasen γ, δ und ε zusätzlich eine 3'→5'-Exonukleaseaktivität.

Fehlerhafte oder falsch eingesetzte Nukleotide werden von der Polymerase erkannt. Sie geht einen Schritt zurück und schneidet dabei das betreffende Nukleotid aus. Dann wird der Synthesevorgang mit dem Einsetzen des richtigen Nukleotids fortgeführt.

Die Replikation der DNA beginnt an bestimmten Stellen, deren DNA-Sequenz von darauf spezialisierten Enzymen erkannt wird. Diese Replikationsursprünge werden **Origins** genannt. In den Chromosomen der Bakterien geht die Replikation der DNA von nur einem Replikationsursprung aus. Die Zellen der Eukaryonten besitzen eine wesentlich größere DNA-Menge. Die Replikation startet daher gleichzeitig an mehreren Stellen. Die Chromosomen der Eukaryonten besitzen einige hundert bis mehrere tausend Origins. Der von einem solchen Origin aus replizierte Chromosomenabschnitt wird als **Replikon** bezeichnet.

An jedem Origin schreitet die Replikation in beide Richtungen fort (▶ Abb. 2.6). Es bildet sich eine Replikationsblase, die sich nach beiden Seiten ausdehnt. Die Replikationsblasen wachsen aufeinander zu und vereinigen sich schließlich. Nach Abschluss der Replikation liegen zwei DNA-Doppelstränge vor. Die neuen Doppelstränge bestehen jeweils aus einem zuvor als Matrize bereits vorhanden gewesenen und einem neu gebildeten Einzelstrang. Daher wird der gesamte Vorgang als **semikonservative Replikation** bezeichnet.

## 2.2.2 DNA-Reparatur

Die Fehlerfreiheit ihrer genetischen Information ist essenziell für das Überleben der Zelle. Am DNA-Molekül entstehen spontan oder durch äußere Einflüsse verschiedene Arten von Schäden. DNA-Schäden können durch freie Radikale, ver-

**Tab. 2.1 DNA-Polymerasen und ihre Aufgaben**

| DNA-Polymerase | Funktion |
|---|---|
| Eukaryonten | |
| DNA-Polymerase α | Synthese der Primer und DNA-Synthese der Okazaki-Fragmente des Folgestrangs |
| DNA-Polymerase β | DNA-Reparatur |
| DNA-Polymerase γ | Replikation mitochondrialer DNA |
| DNA-Polymerase δ | DNA-Synthese des Leitstrangs |
| DNA-Polymerase ε | DNA-Reparatur |
| Prokaryonten | |
| DNA-Polymerase I | Reparatur |
| DNA-Polymerase II | Reparatur |
| DNA-Polymerase III | DNA-Synthese |

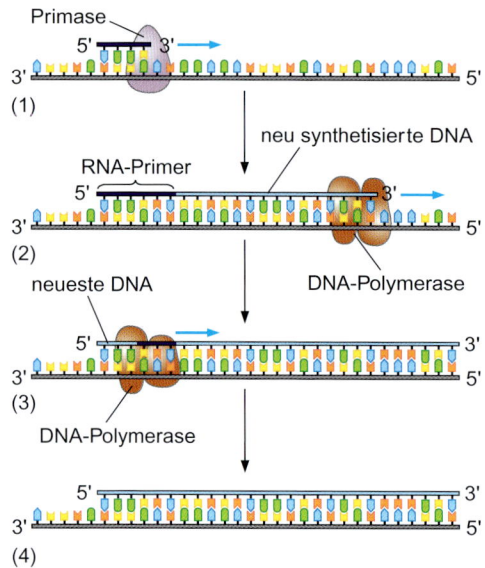

**Abb. 2.4** Beginn der DNA-Replikation: (1) Die Replikation startet mit einem RNA-Primer; (2) eine DNA-Polymerase setzt DNA-Nukleotide in 5'→3'-Richtung an; (3) eine andere DNA-Polymerase ersetzt den Primer durch DNA; (4) das neue DNA-Segment ist nun fertig gestellt.

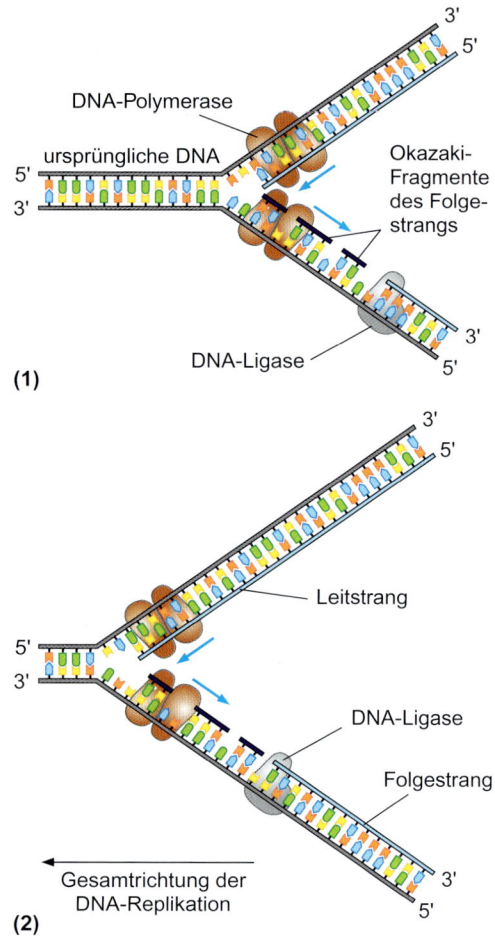

**Abb. 2.5** Replikation der DNA am Leit- und am Folgestrang: (1) Die DNA-Polymerase verlängert den neuen Strang in 5'→3'-Richtung; der Leitstrang wird durchgehend gebildet, am Folgestrang werden kurze Sequenzen in 5'→3'-Richtung synthetisiert, die Okazaki-Fragmente; (2) die DNA-Ligase verbindet die Okazaki-Fragmente.

schiedene Chemikalien oder durch ionisierende Strahlung verursacht werden.

Häufige Schadenstypen sind:
- Einzelstrangbrüche
- Doppelstrangbrüche
- Veränderungen der Nukleinbasen
- Bildung von Pyrimidinbasen-Dimeren

Der zuletzt genannte Schadenstyp, die Bildung von Dimeren zwischen benachbarten Pyrimidinbasen, wird vorwiegend durch ultraviolettes Licht verursacht. Am häufigsten treten nach UV-Bestrahlung Thymin-Dimere auf.

Die Zellen haben mehrere Reparatursysteme zur Beseitigung von DNA-Schäden entwickelt. Exemplarisch wird die **Excisionsreparatur** (▶ Abb. 2.7) beschrieben, mit der Pyrimidinbasen-Dimere, Basenschäden und DNA-Einzelstrangbrüche repariert werden:

1. Einzelstrangbrüche, beschädigte Nukleinbasen oder Dimere benachbarter Pyrimidinbasen führen zu einer Verformung des DNA-Strangs, die von Reparaturenzymen erkannt wird.

2. Endonukleasen trennen den beschädigten DNA-Strang auf beiden Seiten der Schadensstelle in einem Abstand von einigen Basenpaaren ab. Exonukleasen trennen die Basensequenz zwischen den Einschnitten heraus.

3. Der verbliebene Einzelstrang wird als Matrize benutzt, an der Polymerasen die entfernte DNA-Sequenz des beschädigten Strangs neu synthetisieren.

4. Die Reparatur wird abgeschlossen, indem die Segmente des DNA-Strangs durch eine Ligase verbunden werden.

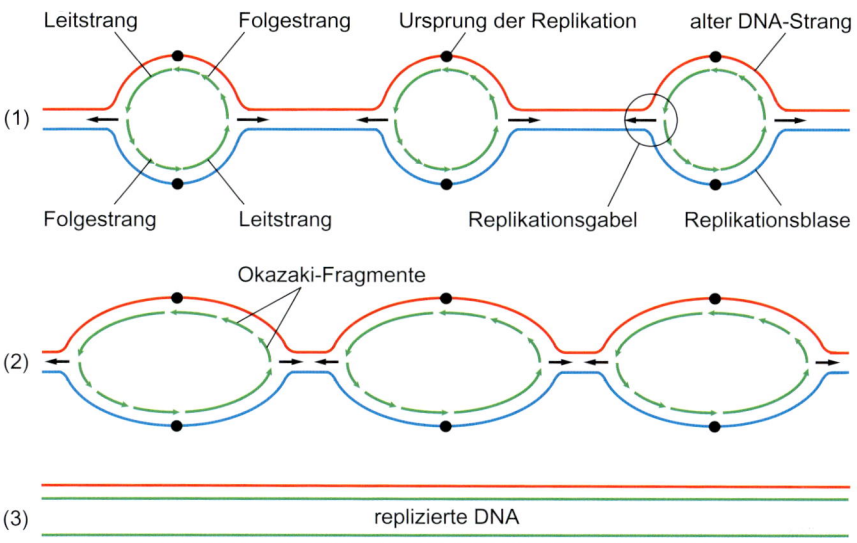

**Abb. 2.6** Gleichzeitige Replikation der DNA an mehreren Origins: (1) Die DNA-Replikation startet an mehreren Ursprüngen; (2) die Replikationsblasen wachsen aufeinander zu; (3) nach ihrer Verbindung liegen 2 Kopien des ursprünglichen DNA-Doppelstrangs vor.

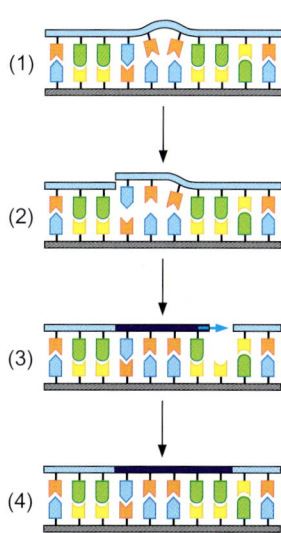

**Abb. 2.7** Schematische Darstellung der Excisionsreparatur: (1) Die Verformung der DNA durch ein Pyrimidinbasen-Dimer wird erkannt; (2) Nukleasen trennen den Strang auf beiden Seiten der Schadensstelle und schneiden einige Nukleotide heraus; (3) die Nukleotidsequenz wird komplementär zum vorhandenen Strang neu eingesetzt; (4) eine Ligase verbindet im Rückgrat des DNA-Strangs die neue Sequenz mit dem übrigen Strang.

**Lerntipp**

Selbstverständlich ist die Excisionsreparatur nur einer von vielen Mechanismen, mit denen in der Zelle DNA-Schäden repariert werden. Diese wird nur gerne in Biologiefragen des IMPP abgedeckt. Weitere Mechanismen, wie die Nukleotidexcisions-, Mismatch- oder Rekombinationsreparatur finden Sie in weiterführenden Biochemielehrbüchern.

**Klinik**

Bei der seltenen, rezessiv vererbten Erkrankung **Xeroderma pigmentosum** fehlt ein für die Excisionsreparatur notwendiges Enzym. Durch UV-Strahlung hervorgerufene DNA-Schäden in den Hautzellen können nicht repariert werden. Es treten deshalb in den Zellen der Haut zahlreiche Mutationen auf, die sehr häufig zu Karzinomen führen.
Die Betroffenen müssen jegliches Tageslicht sowie das Licht von Halogen- und Quarzlampen meiden.

## 2.2.3 Transkription der DNA

Die in der Basensequenz des DNA-Moleküls gespeicherte Information wird zu ihrer Verwendung für den Stoffwechsel der Zelle abgelesen, indem ein komplementärer RNA-Strang hergestellt wird.

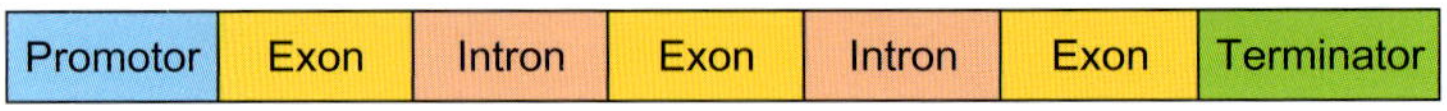

| Promotor | Exon | Intron | Exon | Intron | Exon | Terminator |

**Abb. 2.8** Schematischer Aufbau eines Gens.

Dieser Vorgang der Übertragung von DNA in RNA wird als **Transkription** bezeichnet.

Es werden jeweils einzelne, als **Gene** bezeichnete Abschnitte der DNA abgelesen, die die Information für ein bestimmtes Produkt enthalten. Dieses Produkt ist in der Regel ein Polypeptid, d. h. ein Protein, oder eine RNA.

---

**Merke**

Ein **Gen** ist ein Abschnitt der DNA, der ein funktionelles Produkt kodiert.

---

### 2.2.3.1 Struktur der Gene

Ein Gen bildet einen Funktionsabschnitt der DNA, der in aufeinander folgende Regionen gegliedert ist, die kodierende und nicht kodierende Sequenzen enthalten (▶ Abb. 2.8).

Das Gen beginnt mit dem **Promotor,** einer regulatorischen Region, die nicht transkribiert wird. Durch die Bindung von Aktivatoren oder Repressoren wird die Transkription des Gens an- oder abgeschaltet (▶ Kap. 2.2.4). Der **Terminator** bildet das Signal für die Beendigung der Transkription. Das Gen wird zwischen Promotor und Terminator transkribiert.

Im transkribierten Bereich befinden sich kodierende Sequenzen, **Exons** genannt, zwischen die sich im Laufe der Evolution nicht kodierende Sequenzen bisher unbekannter Funktion, die **Introns,** eingeschoben haben (▶ Kap. 2.2.8.4).

Gegenwärtig besteht kein Konsens über die mögliche Funktion der Introns. Teilweise werden sie als Nukleotidsequenzen ohne jede Funktion angesehen. Es existieren aber auch Hypothesen, dass die Introns den Austausch von Genfragmenten und damit die Neukombinationen von Genen erleichtern oder die Genexpression (▶ Kap. 2.2.4) beeinflussen.

---

**Merke**

Introns sind typisch für die Gene der Eukaryonten. Das Genom der Prokaryonten enthält in der Regel keine Introns.

---

### 2.2.3.2 Transkription

Das Prinzip der Transkription der DNA ist ähnlich dem der Replikation. Die DNA entwindet sich und an einem Einzelstrang wird eine komplementäre Sequenz synthetisiert, die bei der Transkription aus RNA besteht.

Die Transkription beginnt am Promotor. Dort binden die Transkriptionsenzyme und weitere Transkriptionsfaktoren (▶ Kap. 2.2.4).

---

**Merke**

Im Gegensatz zu den DNA-Polymerasen

- verwenden die RNA-Polymerasen die Pyrimidinbase Uracil statt Thymin,
- benötigen die RNA-Polymerasen keine Primer,
- besitzen die RNA-Polymerasen nicht die „Korrekturfunktion" der 5'→3'-Exonuklease-Aktivität bezogen auf den synthetisierten RNA-Strang,
- synthetisieren die RNA-Polymerasen nur in 5'→3'-Richtung. Die RNA-Synthese findet daher nur an einem, dem zur entstehenden RNA komplementären DNA-Strang statt.

---

Der Strang, der als Matrize zur RNA-Synthese dient, wird Matrizenstrang, Template-Strang, Antisense-Strang oder Minus-Strang genannt. Der andere, nicht benutzte Strang stimmt in Richtung und Sequenz mit der gebildeten RNA überein. Er wird deshalb als Nichtmatrizenstrang, kodierender Strang, Sense-Strang oder Plus-Strang bezeichnet.

---

**Klinik**

Verschiedene Agenzien hemmen die Transkription:

- Das Antibiotikum **Rifampicin** hemmt selektiv die RNA-Polymerase in Prokaryonten, indem es an deren β-Untereinheit bindet.
- **Actinomycin D** interagiert direkt mit der DNA, indem es sich zwischen C–G-Paare schiebt. Die resultierende Verformung beeinträchtigt die Entspiralisierung und behindert somit die Transkription. In höheren Konzentrationen hemmt es auch die DNA-Replikation. Wegen seiner toxischen Wirkung wird Actinomycin D nicht als Antibiotikum, sondern nur als Zytostatikum eingesetzt.
- α-**Amantin,** das Toxin des Knollenblätterpilzes, hemmt selektiv die RNA-Polymerase II der Eukaryonten.

---

### 2.2.3.3 RNA-Processing

Bei der Transkription entsteht zunächst ein Vorläufer der Messenger-RNA, der die kodierenden und nicht kodierenden Sequenzen des Gens enthält. Diese Vorstufe wird als **hnRNA** (heterogene nukleare RNA) oder als **prä-mRNA** bezeichnet. In der unmittelbar auf die Synthese folgenden Nachbearbeitung, dem **RNA-Processing,** entsteht dann die „reife" mRNA (Messenger RNA), an der die Translation (▶ Kap. 2.2.5.2) erfolgt.

Beim RNA-Processing erfolgen drei Modifikationen:

- **Capping:** An das 5'-Ende wird über eine Triphosphatbrücke ein spezielles Nukleotid, 7-Methylguanosin, angehängt (engl. cap = Kappe). Mit dem Cap heftet sich später die mRNA an die 40-S-Untereinheit des Ribosoms an.
- **Polyadenylierung:** An das 3'-Ende wird eine Sequenz aus 50–200 Adeninnukleotiden angeheftet, der so genannte Poly-A-Schwanz (▶ Abb. 2.9). Er dient dem Schutz der mRNA vor zytoplasmatischen Nukleasen.
- **Splicing** (Spleißen): Die Introns werden herausgeschnitten. Erkannt werden sie durch typische Sequenzen, mit denen sie beginnen und enden. Durch das Zusammenfügen der kodierenden Sequenzen, dem Splicing, entsteht die fertige mRNA (▶ Abb. 2.9).

### Lerntipp

Vergegenwärtigen Sie sich, dass alle diese Prozessierungsschritte noch im Zellkern ablaufen und die mRNA erst dann in das Zytoplasma exportiert wird.

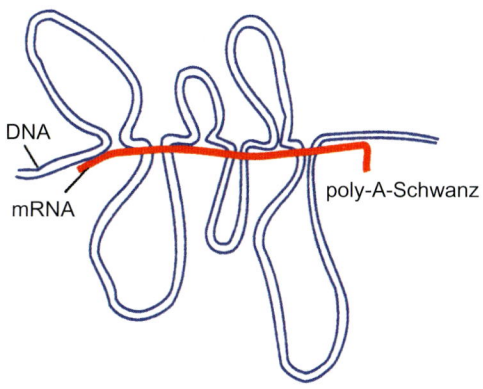

**Abb. 2.9** In-vitro-Hybrid einzelsträngiger DNA (blau) mit der komplementären, schon prozessierten „reifen" mRNA. Die, bei der mRNA herausgeschnittenen, Introns der DNA bilden heraushängende Schleifen. Dieses Gen weist 7 Exons und 6 Introns auf.

Komplexe aus snRNA (small nuclear RNA) und Proteinen bilden die **Spleißosomen,** die an Erkennungsstellen binden und das Splicing durchführen. Bei zahlreichen Genen des Menschen werden die Spleißstellen alternativ verwendet. Dies wird **differenzielles Spleißen** genannt. Die Kombinationsvarianten führen von einer hnRNA zu verschiedenen mRNA-Sequenzen für gewebsspezifische Proteine.

Ein Beispiel für differenzielles Spleißen ist das Calcitonin-Gen: In der Schilddrüse wird, von ihm codiert, Calcitonin gebildet, das regulierend auf den $Ca^{2+}$-Spiegel wirkt, und in Nervenzellen das Neuropeptid CGRP (Calcitonin Gene-Related Peptide).

Mutationen, die vorhandene Spleißstellen deaktivieren oder neue falsche Spleißstellen erzeugen, werden **Spleißmutationen** genannt.

**Tab. 2.2** Die wichtigsten RNA-Typen und ihre Funktion

| RNA | | Funktion |
|---|---|---|
| **mRNA** | Messenger RNA | Trägt die Information eines Gens der DNA und befördert diese zum Ribosom |
| **hnRNA** | Heterogene nukleare RNA | Auch prä-mRNA genannt, eine Vorstufe der mRNA in Eukaryonten, nach dem Processing wird daraus die mRNA |
| **snRNA** | Small nuclear RNA | Beteiligt am Splicing der hnRNA am Spleißosom |
| **snoRNA** | Small nucleolar RNA | Befindet sich am Nucleolus, an der Modifikation der rRNA beteiligt |
| **tRNA** | Transfer RNA | Transportiert eine Aminosäure zum Ribosom |
| **rRNA** | Ribosomale RNA | Bildet den Hauptbestandteil des Ribosoms |

Neben der bereits erwähnten mRNA, hnRNA und snRNA kommen noch weitere RNA-Typen vor. Eine Übersicht zeigt ► Tab. 2.2.

## 2.2.4 Regulation der Genexpression

Ein Gen wird erst auf bestimmte Signale hin transkribiert. Zusammen mit den Proteinen des Transkriptionsapparats müssen spezifische **Transkriptionsfaktoren** an die Promotorregion des Gens binden, um die Transkription zu initiieren.

Neben dem **Promotor** besitzen die Gene noch weitere regulatorische Regionen, **Enhancer** (Verstärker) oder **Silencer,** an die Proteine binden, die den Transkriptionsvorgang fördern oder hemmen.

Während der Promotor niemals transkribiert wird, können Enhancer oder Silencer auch in kodierenden Regionen liegen.

Ein Mechanismus der Inaktivierung der Gene speziell bei Wirbeltieren ist die **Methylierung** der DNA. Dabei wird Cytosin in der Promotorregion des Gens zu 5-Methylcytosin abgewandelt. In anderen Eukaryonten, z. B. bei Insekten, wird dieser Mechanismus nicht beobachtet.

Aktive und inaktive Bereiche der DNA unterscheiden sich in der Struktur des Chromatins (► Kap. 1.4.4). In den aktiven DNA-Bereichen ist das Chromatin lockerer, sie werden früh in der S-Phase repliziert. In den inaktiven Bereichen ist das Chromatin stärker kondensiert.

In einem Organismus wird die Induktion oder Repression der Genexpression auch durch extrazelluläre Kommunikationssignale gesteuert. Hormone, besonders die Steroidhormone, wirken als Transkriptionsfaktoren.

Viele Gene werden geschlechtsspezifisch oder unter bestimmten äußeren Bedingungen dauerhaft aktiviert oder inaktiviert. Diese **differenzielle Genaktivität** ist die Grundlage der Differenzierung verschiedener Zelltypen aus einer Stammzelle und der Geschlechtsentwicklung des Organismus. So aktiviert der Hormon-Rezeptor-Komplex des Dihydrotestosterons die Expression derjenigen Gene, die eine Differenzierung zum männlichen Geschlecht bewirken, und inaktiviert die ursprünglich aktiven Gene, die zur weiblichen Geschlechtsentwicklung führen. Diese Regulation unterbleibt bei einer Mutation des Testosteronrezeptors, die Folge ist eine testikuläre Feminisierung (► Kap. 1.18.2, ► Kap. 2.5.3).

## 2.2.5 Translation und genetischer Code

Der genetisch festgelegte Bauplan für ein Polypeptid wird bei der Transkription von der DNA im Zellkern abgelesen und in mRNA umgesetzt. Die mRNA verlässt den Kern und wandert zum Ort der Proteinbiosynthese, den Ribosomen im Zytoplasma. Die Reihenfolge, in der die Aminosäuren an den Ribosomen verkettet werden, wird durch die Sequenz der Nukleinbasen der mRNA vorgegeben.

### 2.2.5.1 Genetischer Code

Die Nukleinbasen bilden den **genetischen Code.** Mit Hilfe des „genetischen Alphabets" aus den vier „Buchstaben" A (Adenin), G (Guanin), C (Cytosin) und U (Uracil) müssen die 20 proteinogenen Aminosäuren unterschieden werden.

Bei 4 verschiedenen Nukleinbasen existieren für ein Codon $4^3 = 64$ mögliche Codes für die 20 proteinogenen Aminosäuren. Fast alle Aminosäuren werden durch mehrere Codons festgelegt, die sich in ihrer dritten Base unterscheiden. Der genetische Code wird deshalb als degeneriert bezeichnet.

> Die Übersetzung zwischen Codon und Aminosäure lässt sich in Form der in ▶ Abb. 2.10 gezeigten „Code-Sonne" darstellen. Das Codon wird von innen nach außen gelesen. So wird z. B. die Aminsäure Alanin (Ala) durch die Codons GCU, GCC, GCA oder GCG bezeichnet.

Ein Austausch der dritten Base des Codons bliebe beim Beispiel des Alanins ohne Folgen, es würde in jedem Fall Alanin kodiert. Die Degeneration des Codes führt somit zu einer erhöhten Resistenz gegenüber spontanen Mutationen.

> Einige Codons kodieren nicht für Aminosäuren, sondern legen Beginn und Ende der Translation fest. Die Basentripletts der mRNA folgen ohne Abgrenzung unmittelbar aufeinander. Theoretisch sind daher drei gegeneinander versetzte Leseraster denkbar. Das richtige Leseraster für die Translation wird am Anfang durch ein **Startcodon** festgelegt. Bei den Eukaryonten ist die Sequenz des Startcodons AUG. Bei Bakterien wird manchmal auch GUG als Startcodon verwendet. Eines der drei möglichen **Stoppcodons** UAA, UAG oder UGA zeigt das Translationsende an.

Gelegentlich werden die Stoppcodons auch mit *ochre*, *amber* und *opal* bezeichnet (▶ Abb. 2.10).

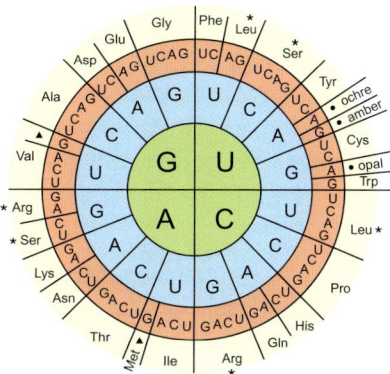

**Abb. 2.10** Die „Code-Sonne" des RNA-Codes wird von innen nach außen gelesen. Beispiel: Lysin (Lys) = AAA oder AAG. Im DNA-Code steht Thymin (T) anstelle von Uracil (U). Die Dreiecke kennzeichnen Startcodons, die Punkte Stoppcodons. (Das Startcodon GUG kommt nur in Bakterien vor.) In vielen Fällen ist die dritte Position nicht von Bedeutung, bei einigen mit * gekennzeichneten Fällen variiert die erste Position.

Das Ribosom wandert entlang der mRNA in 5'→3'-Richtung. Der Code der dazu komplementären tRNA wird deshalb in ▶ Abb. 2.11 in 3'→5'-Richtung gelesen.

**• Merke •**

> Am 3'-Ende jeder tRNA befindet sich stets die Basenfolge ACC, am 5'-Ende immer Guanin und Phosphat (Gp). Am 3'-Ende bindet für jede tRNA spezifisch eine Aminosäure an das endständige Adenosin.
> Am Kopf der mittleren Schleife befindet sich das **Anticodon**. Es bindet mit einer komplementären Sequenz an ein Codon der mRNA.

**• Lerntipp •**

> Mit dieser Gedächtnisstütze können Sie sich die Start- und Stoppcodons gut merken:
> AUG = Are you gone?
> UGA = You go away
> UAG = You are gone
> UAA = You are away

### 2.2.5.2 Translation, t-RNA

> Die **Translation** der Basenfolge der mRNA in die Aminosäuresequenz des am Ribosom gebildeten Polypeptids geschieht durch die **Transfer RNA (tRNA)**. Für jede Aminosäure existiert mindestens eine spezifische tRNA.
> Jede tRNA besteht aus 75–90 Nukleotiden. Basengepaarte Regionen bilden über Wasserstoffbrückenbindungen mehrere haarnadelförmige Schleifen und ein stielförmiges Ende. Die räumliche Struktur der tRNA ist mit der eines Kleeblatts vergleichbar (▶ Abb. 2.11).

tRNA enthält seltene Nukleinbasen, die sonst in anderen Nukleinsäuren nicht vorkommen, z. B. Pseudouridin, Inosin, Ribothymidin oder 1-Methylguanosin. Diese seltenen Basen werden durch chemische Modifikationen aus den üblichen Nukleinbasen gebildet.

Es gibt 61 Codons für Aminosäuren (64 minus 3 Stoppcodons). In der Zelle kommen durchschnittlich aber nur 45 verschiedene tRNA-Moleküle vor. Diese Zahl ist ausreichend, weil einige tRNA mehrere Codons erkennen können. Zwischen Codon und Anticodon ist die Bindung der dritten Base nicht so fest und nicht so spezifisch wie bei den beiden ersten Basen. An der dritten Stelle wird häufig auch eine G–U-Paarung erlaubt.

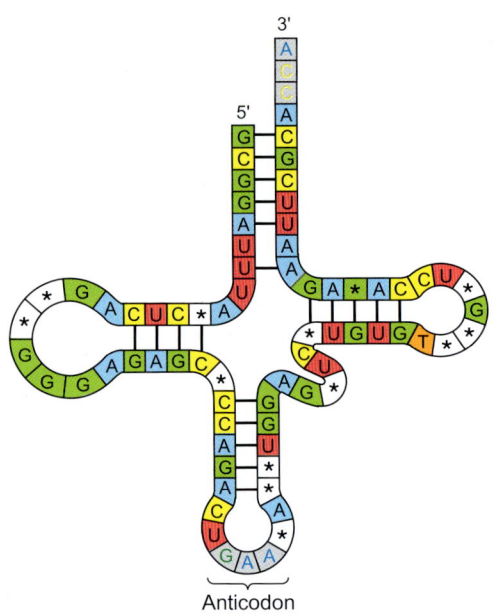

**Abb. 2.11** Zweidimensionale schematische Darstellung einer Transfer-RNA; * steht für besondere, chemisch modifizierte Basen der tRNA. Das Anticodon (hier: 3'-AAG-5') bindet an 5'-UUC-3', das mRNA-Codon für Phenylalanin.

Die vielseitigsten tRNA-Moleküle enthalten an der dritten Stelle ihres Anticodons die Base Inosin (I). Inosin bildet Wasserstoffbrücken mit Adenin, Cytosin oder Uracil. So erkennt z.B. das Anticodon CCI jedes der Codons GGA, GGC und GGU, die alle für die Aminosäure Glycin stehen.

### 2.2.5.3 Proteinbiosynthese

**Lerntipp**

Sich den komplexen Ablauf der Proteinbiosynthese Schritt für Schritt einzuprägen, lohnt sich. Dieses Thema spielt sowohl in der Biochemie als auch in den Prüfungen im Examen eine wichtige Rolle!

Die eigentliche Synthese der Proteine findet an den **Ribosomen** statt. Die mRNA bindet mit dem 5'-Cap (▶ Kap. 2.2.3.3) an das Ribosom. Die Bindungsstelle für die mRNA liegt zwischen beiden Untereinheiten des Ribosoms (▶ Kap. 1.6). Daneben besitzt das Ribosom noch für 3 tRNAs Bindungsstellen, die mit A, P und E bezeichnet werden (▶ Abb. 2.12).

1. Die mit einer Aminosäure beladene und zum Codon der mRNA passende tRNA bindet an der A-Stelle (Aminoacyl-tRNA-Bindungsstelle). Der Vorgang wird durch eine Aminoacyl-tRNA-Synthetase katalysiert. Die Zelle verfügt über 20 Unterarten dieses Enzyms, d.h., es existiert ein spezifisches Enzym für jede proteinogene Aminosäure.
2. Die tRNA wird zur P-Stelle (Peptidyl-tRNA-Bindungsstelle) verschoben, dabei nimmt sie den mRNA-Strang mit. Das Ribosom rückt somit an der mRNA um ein Codon weiter. Die Aminosäure wird von der tRNA abgetrennt und über eine Peptidbindung an die wachsende Aminosäurekette angehängt.
3. Zusammen mit der mRNA rückt die tRNA weiter zur E-Stelle (Exit) und wird dort vom Ribosom wieder freigegeben.

Die Peptidkette wird auf diese Weise verlängert, bis ein Stoppcodon an der A-Stelle auftritt. Dann bindet dort ein Release-Faktor, der das Protein vom Ribosom abtrennt. Anschließend faltet sich das Protein, ggf. unter Mitwirkung eines oder mehrerer Enzyme und noch weiterer Modifikationen, zu seiner Tertiärstruktur.

Es können sich gleichzeitig mehrere Ribosomen an einer mRNA entlangarbeiten. Es entsteht ein **Polyribosom,** das abkürzend auch **Polysom** genannt wird.

Die Proteinbiosynthese läuft an den Ribosomen der Eukaryonten und der Prokaryonten und auch an denen der Mitochondrien nach den gleichen Mechanismen ab. Die Eukaryontenzelle zeichnet sich durch eine stärkere Kompartimentierung aus. Die Trennung von Karyoplasma und Zytoplasma bietet Gelegenheit für das Processing der im Kern transkribierten RNA, bevor diese ins Zytoplasma entlassen wird. Eine solche Nachbearbeitung findet bei den Prokaryonten und in den Mitochondrien nicht statt.

Ein wesentlicher Unterschied liegt im Bau der Ribosomen. Die eukaryontischen Ribosomen haben eine Sedimentationskonstante von 80 S. Prokaryonten und Mitochondrien besitzen 70-S-Ribosomen (▶ Kap. 1.6). Hier bieten sich Angriffspunkte für Agenzien, die abhängig von der Zellart die Translation hemmen (▶ Kap. 3.3.6).

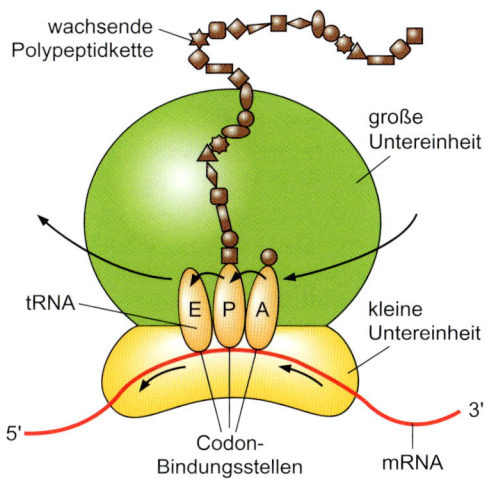

wachsende Polypeptidkette

große Untereinheit

tRNA

E P A

kleine Untereinheit

5'

3'

Codon-Bindungsstellen

mRNA

**Abb. 2.12** Schematische Darstellung der Proteinsynthese am Ribosom.

## 2.2.6 Kartierung von Genen

### 2.2.6.1 Definitionen

Die Analyse des menschlichen Genoms ist ein wichtiges Projekt der medizinischen Grundlagenforschung. Bei der Kartierung von Genen wird die Position bestimmter Gene auf den Chromosomen bestimmt. Diese Kenntnis ermöglicht es, in der

Diagnostik gezielt nach Veränderungen des Genbestands zu suchen.

Im diploiden Chromosomensatz liegen die Chromosomen, mit Ausnahme der Geschlechtschromosomen, paarweise vor. Jedes Gen eines Chromosomenpaars existiert daher mindestens zweifach, eines wurde vom Vater, das andere von der Mutter vererbt.

Eine Genvariante wird als **Allel** bezeichnet. Eine spezifische Nukleotidsequenz auf einem Chromosom, die aus einem oder mehreren Allelen bestehen kann, wird **Haplotyp** genannt.

Sind beide Haplotypen identisch, ist der Träger bezüglich dieses Erbmerkmals **homozygot,** im anderen Fall ist er **heterozygot** (▶ Kap. 2.4.1).

### 2.2.6.2 Genetische Kartierung

Das Verfahren der genetischen Kartierung zieht Rückschlüsse auf die Lage einzelner Gene aus der Analyse familiärer Vererbung. Es wird statistisch geprüft, mit welcher Wahrscheinlichkeit zwei genetische Merkmale getrennt oder gemeinsam vererbt werden.

Die einzelnen Gene sind im Chromosom auf der DNA hintereinander aufgereiht. Nahe beieinander liegende Gene werden daher fast immer gemeinsam vererbt, sie bilden eine so genannte **Kopplungsgruppe.** In der Meiose werden Chromosomenabschnitte durch Crossing Over getrennt (▶ Kap. 1.16.2.1). Weiter voneinander entfernt liegende Gene eines Chromosoms werden deshalb häufiger getrennt vererbt.

Die ersten genetischen Kartierungen wurden an den Chromosomen der Fruchtfliege *Drosophila* durchgeführt. Thomas H. Morgan stellte nach rein theoretischen Erkenntnissen die Hypothese auf, dass durch den gegenseitigen Austausch von Chromosomenfragmenten Gene voneinander getrennt werden, schon bevor der Mechanismus der Rekombination experimentell nachgewiesen wurde. Nach ihm wird die **genetische Distanz** in der Einheit Centimorgan (cM) angegeben. Eine Entfernung von 1 cM entspricht einer Wahrscheinlichkeit von 1%, dass die Gene getrennt vererbt werden.

Die Wahrscheinlichkeit für eine Rekombination ist nicht über die gesamte Chromosomenlänge konstant. Die in cM angegebenen genetischen Distanzen sind daher nicht unmittelbar auf physikalische Abstände in nm übertragbar.

### 2.2.6.3 Physikalische Kartierung

Die Techniken zur physikalischen Genkartierung wurden in den letzten Jahren entscheidend verfeinert. Die Position einzelner Gene auf den Chromosomen lässt sich inzwischen sehr genau bestimmen.

> Am weitesten verbreitet ist die Technik der **In-situ-Hybridisierung.** Voraussetzung dafür ist die Kenntnis der Basensequenz des gesuchten Gens oder zumindest wesentlicher Teile davon. Als DNA-Sonde wird eine komplementäre Nukleotidsequenz erzeugt, die radioaktiv oder mit Fluoreszenzfarbstoffen (FISH, ▸ Kap. 2.3.3) markiert wird. Die untersuchten Chromosomen werden so präpariert, dass die DNA entspiralisiert. Unter Renaturierungsbedingungen bilden sich Hybride, die DNA-Sonden bilden mit dem gesuchten Gen einen Doppelstrang. Die Strahlung oder Fluoreszenz des eingebrachten Markers identifiziert die Position des Gens.

Auf diese Weise wurde bisher die Lage von mehreren tausend Genen des menschlichen Genoms bestimmt.

Mit passenden DNA-Sonden lassen sich auch Gendefekte nachweisen. Der molekulare Marker bindet dabei entweder direkt an das defekte Gen oder an einen DNA-Bereich, der eine Kopplungsgruppe mit dem Gen der betreffenden Erbkrankheit bildet. Viele genetisch bedingte Erkrankungen werden so schon vorgeburtlich diagnostiziert.

Das Verfahren der In-situ-Hybridisierung erfordert aber die Kenntnis der molekularen Struktur des Gendefekts und seiner ungefähren Lage sowie die Verfügbarkeit geeigneter molekularer Marker.

Noch detailliertere Informationen über Lage und Aufbau der Gene liefert die **DNA-Sequenzierung.** Dabei wird die Sequenz der Nukleinbasen in der DNA bestimmt. Die Sequenzierung einer DNA-Probe ist heute mit automatischen Verfahren möglich. In dem weltweit von verschiedenen Instituten seit 1990 gemeinsam durchgeführten Human Genome Project sollte die Sequenz des gesamten menschlichen Erbguts bestimmt werden. Die Sequenzierung wurde 2003 abgeschlossen. Nach der Auswertung und dem Abgleich der Daten ist die Sequenz des menschlichen Genoms heute mit einer Genauigkeit von mehr als 99,99 % bekannt.

### 2.2.7 Genfamilien

Einige der bekannten Gene weisen eine sehr ähnliche Basenfolge auf. Die Gemeinsamkeiten sind so groß, dass eine rein zufällige Übereinstimmung extrem unwahrscheinlich erscheint. Es wird davon ausgegangen, dass in diesen Fällen im Lauf der Evolution mehrere Gene aus einem gemeinsamen Vorläufer durch Duplikation und anschließende Modifikationen hervorgegangen sind. Die miteinander verwandten Gene bilden eine **Genfamilie.** Ein Beispiel für Genfamilien sind die Globin-Gene (▸ Abb. 2.13). Hämoglobin ist außer beim Menschen noch bei allen Wirbeltieren und vielen niederen Tieren zu finden. Alle Globin-Gene sind aus drei Exons und zwei Introns aufgebaut.

> Stammesgeschichtlich fand schon früh aus dem gemeinsamen Vorläufergen eine Trennung in α- und β-Globin statt. Aus beiden haben sich Familien sehr ähnlicher Gene entwickelt. Beim Menschen bildet die α-**Globin-Genfamilie** einen Cluster auf Chromosom 16; die β-**Globin-Genfamilie** ist auf Chromosom 11 lokalisiert. Hämoglobin ist ein Tetramer aus vier Peptidketten. In der menschlichen Entwicklung werden nacheinander verschiedene der Globin-Gene exprimiert (▸ Kap. 2.2.4), aus deren Produkten sich das embryonale, das fetale und schließlich das adulte Hämoglobin zusammensetzen.
>
> Neben den funktionalen Globin-Genen haben sich in der Evolution aus dem Ur-Globin-Gen auch so genannte Pseudogene gebildet. Pseudogene sind den funktionalen Genen sehr ähnliche, jedoch funktionslose Nukleotidsequenzen.

### 2.2.8 Repetitive Elemente

Die Entwicklungsgeschichte der Genfamilien zeigt, dass sich DNA-Fragmente innerhalb eines Chromosoms an eine andere Stelle oder von einem auf ein anderes Chromosom verlagern können. Daneben sind Duplikationen möglich, wobei das betref-

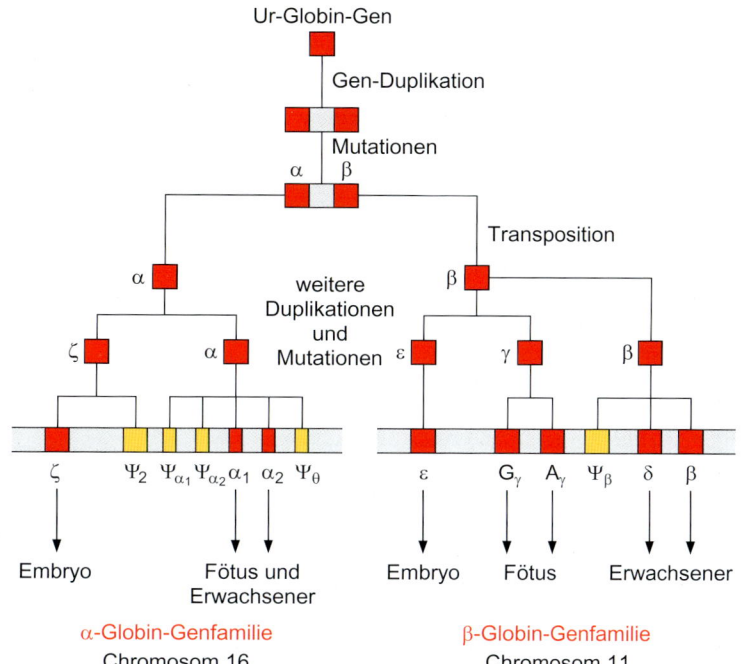

**Abb. 2.13** Hypothese zur Entwicklung der Globin-Genfamilien beim Menschen im Lauf der Evolution. In den Genfamilien sind die Gene in der Reihenfolge ihrer Expression während der menschlichen Entwicklung angegeben. Die beiden α-Gene sind identisch. Die Ψ-Gene sind Pseudogene.

fende DNA-Fragment an seiner Position bleibt und die erzeugte Kopie an einem anderen Ort in das Genom integriert wird.

### 2.2.8.1 Transposons

In vielen Organismen, auch beim Menschen, wurden so genannte transponierbare genetische Elemente gefunden. Ein DNA-Abschnitt, der seine Position im Genom wechseln kann, wird **Transposon** genannt. Wahrscheinlich haben Transposons ganz entscheidend zur Entwicklung der genetischen Vielfalt der Organismen beigetragen. Eher umgangssprachlich werden Transposons auch als **springende Gene** bezeichnet.

Am Ende eines Transposons befindet sich immer eine Nukleotidsequenz von etwa 20–40 Basenpaaren, die sich mit umgekehrter Basenpaarung am jeweils anderen Ende wiederholt. Dazwischen befindet sich der Code des Transposase-Gens. **Transposase** ist ein Enzym, das die umgekehrte Sequenzwiederholung erkennt, an diesen Stellen bindet und zusammen mit weiteren Enzymen das Ausschneiden und an anderer Stelle das Wiedereinfügen des Transposons katalysiert. Die Insertionssequenz der einfachsten Transposons

enthält nur die DNA, die für den Transpositionsvorgang selbst erforderlich ist. Zusammengesetzte Transposons enthalten noch weitere Gene, die dann mitverlagert werden.

> **Merke**
>
> Wenn ein Transposon in ein funktionales Gen integriert wird, führt die Unterbrechung der Gensequenz in der Regel zum Funktionsverlust des Genprodukts. Die Integration in einen die Transkription regulierenden Bereich jedoch kann die Menge des gebildeten Proteins erhöhen oder reduzieren. Die Genmutation wird in diesen Fällen durch einen zellinternen Mechanismus erzeugt und nicht durch ein von außen einwirkendes schädigendes Agens.

### 2.2.8.2 Retroposons

Nach dem bisher beschriebenen Mechanismus würde ein Transposon nur seine Position verändern, sich aber nicht vermehren. Eine Duplikation könnte nur während der Replikation auftreten, wenn sich ein bereits repliziertes Transposon an eine Stelle verlagert, wo es nochmals repliziert wird. Eine weitere Gruppe mobiler genetischer Elemente sind die **Retrotransposons** oder kurz **Retropo-**

**sons,** bei deren Funktionsmechanismus regelmäßig eine Genduplikation erfolgt. Ihre Insertionssequenz enthält zusätzlich den Code für das Enzym reverse Transkriptase.

Die **reverse Transkriptase** synthetisiert einen zu einer mRNA komplementären DNA-Strang und katalysiert dessen Vervollständigung zum Doppelstrang. Nach der Transkription des Retroposons erzeugt die reverse Transkriptase somit eine Kopie, die dann an anderer Stelle in das Genom integriert wird.

### 2.2.8.3 Gentransfer

Bei Bakterien, Viren und, vermittelt durch Bakterien, auch bei Pflanzen wurde eine Übertragung mobiler genetischer Elemente von einer Zelle auf eine andere Zelle der gleichen oder einer anderen Spezies nachgewiesen.

> **Merke**
>
> Die Übertragung von Genmaterial von einer Zelle auf andere Zellen als ihre eigenen Tochterzellen wird als **horizontaler Gentransfer** bezeichnet.

### 2.2.8.4 Genom der menschlichen Zelle

Funktionale Gene sind in der Regel auf einem Chromosom nur einfach vorhanden. Lediglich die Gene besonders häufig benötigter Produkte, wie RNA und Histone, liegen in mehreren Kopien vor.

Durch Transposons, Retrotransposons und andere Mutationen wurden im Lauf der Evolution im Genom höherer Lebewesen zahlreiche sich wiederholende DNA-Sequenzen angesammelt. Nach der Anzahl der Wiederholungen werden diese **repetitiven Elemente** eingeteilt in:

- **Einmalige Gene** und **redundante Gene,** die in 1–10 Kopien vorliegen. Die einmalige DNA kodiert die meisten spezifischen Strukturproteine. Redundante Gene sind mehrfach vorhanden und kodieren häufig benötigte Proteine, wie z. B. Histone.
- **Mittelrepetitive Sequenzen,** die in 10–1.000 Kopien vorliegen. Die mittelrepetitiven Sequenzen kodieren rRNA und tRNA. Die Gene für die rRNA liegen an charakteristischen Stellen der akrozentrischen Chromosomen (▶ Kap. 2.3.1), an denen sich der Nucleolus bildet, den Nucleolus Organizer Regions (NOR, ▶ Kap. 1.4.3).

- **Hochrepetitive Sequenzen** mit mehr als 1.000 Kopien. Hochrepetitive DNA findet sich im Bereich des Zentromers und an den Enden der Chromosomen. Die hochrepetitiven Sequenzen weisen eine geringfügig andere Dichte auf als die übrige DNA und lassen sich deshalb durch Zentrifugation isolieren. Die so abgetrennte DNA wird **Satelliten-DNA** genannt.

> **Merke**
>
> Das menschliche Genom enthält etwa 70 % einmalige, 20 % mittelrepetitive und 10 % hochrepetitive DNA.

Die DNA-Menge im menschlichen Zellkern beträgt etwa $6 \cdot 10^{-12}$ g und besteht aus ca. $3 \cdot 10^9$ Nukleotidbasenpaaren. Der weitaus größte Anteil der DNA besteht aber aus nicht kodierenden Sequenzen, die Introns oder Pseudogene bilden. Die Introns der Gene sind meist wesentlich größer als die Exons. Gene, die ihre Promotorregion verloren haben, bilden DNA-Sequenzen, die niemals transkribiert werden.

Der Anteil kodierender Sequenzen am gesamten Genom liegt bei weniger als 3 %. Bei einer durchschnittlichen Länge eines Gens von 2.000 Nukleotiden ohne Introns böte das menschliche Genom Platz für 1,5 Millionen Gene. Tatsächlich enthält es, wie auch das der meisten anderen Säuger, nur etwa 30.000 Gene. Durch differenzielles Spleißen (▶ Kap. 2.2.3.3) kann aber eine deutlich höhere Zahl von Genprodukten erzeugt werden.

> **Merke**
>
> Das menschliche Genom:
> - DNA-Menge ca. $6 \cdot 10^{-12}$ g
> - ca. $3 \cdot 10^9$ Nukleotidbasenpaare
> - Anteil kodierender Sequenzen ca. 3 %
> - etwa 30.000 Gene

Im Genom ereignen sich immer wieder Mutationen. Mutationen in nicht kodierenden Sequenzen, die auch keine regulatorische Funktion ausüben, bleiben ohne Folgen. Die Wahrscheinlichkeit einer spontanen Mutation eines Gens beträgt etwa $10^{-5}$ (1:100.000) pro Gen und Generation. Beim Auftreten eines Gendefekts muss neben der Vererbung stets auch eine Neumutation als Ursache in Betracht gezogen werden.

## Klinik

Die **Duchenne-Muskeldystrophie (DMD)** (▶ Kap. 1.14.5) ist weltweit eine der häufigsten der durch den Defekt eines einzelnen Gens hervorgerufenen Erkrankungen beim männlichen Geschlecht. Sie tritt bei einem von 3.500 Knaben auf. Etwa 25 % der Fälle sind auf Neumutationen zurückzuführen. Das DMD-Gen liegt auf dem X-Chromosom.

## 2.3 Die Chromosomen des Menschen

### 2.3.1 Morphologie und Darstellung der Chromosomen

Während der Mitose verdichtet sich das Chromatin zu seiner Transportform, den **Chromosomen.**

Das menschliche Genom enthält 46 Chromosomen. Der Chromosomensatz ist **diploid** (2n). Jeweils ein **haploider** (n) Satz von 23 Chromosomen befindet sich in den Spermien und den Eizellen.

## Merke

Die geschlechtsunabhängig vorhandenen Chromosomenpaare 1–22 werden **Autosomen** genannt.
**Gonosomen** sind die beiden Geschlechtschromosomen X und Y:
- **XX** → **weibliches** Genom
- **XY** → **männliches** Genom

Gelegentlich werden die Gonosomen in der Literatur auch als **Heterosomen** (griech. heteros = anders) bezeichnet.

Ein **Karyogramm** ist das mikroskopische Bild des Chromosomensatzes (▶ Abb. 2.14). Es werden die in der Metaphase kondensierten Chromosomen aufgenommen. Ein Karyogramm lässt sich nur von teilungsaktiven Zellen bestimmen. In der pränatalen Diagnostik werden Zellen für das Karyogramm des Fetus aus der Amniozentese (Fruchtwasserpunktion) gewonnen.

Im Blut eines gesunden Menschen teilen sich die Zellen normalerweise nicht. Die Lymphozyten lassen sich jedoch künstlich zu weiterer Vermehrung anregen. Nach einigen Präparationsschritten lassen sich auch hier die Chromosomen darstellen:

1. Die Lymphozytenkultur wird durch Zugabe eines Spindelgifts, wie z. B. Colcemid (▶ Kap. 1.14.2.2), in der Mitose arretiert.
2. Nach einigen Stunden haben sich genügend mitotische Zellen angereichert. Jetzt wird ein hypotones Medium zugegeben, das die Zellen anschwellen oder platzen lässt. Dadurch werden die Chromosomen räumlich voneinander getrennt.
3. Eine Fixier- und Färbelösung stabilisiert das Präparat und markiert die Chromosomen für eine licht- oder fluoreszenzmikroskopische Aufnahme. Für das normale Lichtmikroskop wird meist Giemsa-Färbelösung verwendet, für das Fluoreszenzmikroskop DNA-Farbstoffe, wie z. B. Ethidiumbromid.

Aus dem so erstellten Karyogramm wird der Karyotyp bestimmt. Der **Karyotyp** gibt die Chromosomenzahl und das genetische Geschlecht an. Üblich ist die Schreibweise (46, XX) für die Frau und (46, XY) für den Mann.

## Lerntipp

Bei der Interpretation eines Karyogramms muss immer die Anzahl der einzelnen Chromosomen (Chromosom 1–22) sowie das Vorhandensein und Anzahl der beiden Gonosomen X und Y beachtet werden!

## Merke

Die Chromosomen lassen sich entsprechend folgender Kriterien typisieren:
- Gesamtlänge
- Lage des Zentromers:
  - **Metazentrisch:** in der Mitte des Chromosoms.
  - **Submetazentrisch:** aus der Mitte verschoben; hier lässt sich ein kurzer Arm (p-Arm) von einem langen Arm (q-Arm) unterscheiden.
  - **Subtelozentrisch:** deutlich gegen das Chromosomenende verschoben.
  - **Akrozentrisch:** extrem gegen das Chromosomenende verschoben.
- Existenz von Satelliten
- Bandenmuster nach spezifischer Färbung

Die homologen Chromosomen eines Autosomenpaars zeigen das gleiche Aussehen.
Das **Zentromer** lässt sich, auch wenn die Schwesterchromatiden nicht miteinander verbunden sind, am einzelnen Chromatid als Einschnürung erken-

nen. Einige Chromosomen weisen nahe ihren Enden eine weitere Einschnürung auf. An den Stellen dieser sekundären Einschnürungen bilden sich später die Nucleolus Organizer Regions (▶ Kap. 1.4.3). Der Chromosomenabschnitt distal (außenwärts) der sekundären Einschnürung wird als **Satellit** bezeichnet.

--- Lerntipp ●--------

Die Satelliten der Chromosomen sollten Sie nicht mit der hochrepetitiven Satelliten-DNA (▶ Kap. 2.2.8.4) verwechseln!

Nach ihrer Größe und der Lage des Zentromers werden die Chromosomen des Menschen in 7 Gruppen von A bis G eingeteilt (▶ Tab. 2.3; vgl. ▶ Abb. 2.14).
Verschiedene Spezies unterscheiden sich in der Regel in ihrer Chromosomenzahl. Die Anzahl der Chromosomen kann im Lauf der Evolution auch reduziert werden. Dies ist auch bei der Entwicklung der Primaten geschehen. Einige niedere Primaten (Halbaffen) besitzen 2n = 80 meist akrozentrische Chromosomen. Bei dem dem Menschen nahe verwandten höheren Primaten hat sich die Chromosomenzahl bereits deutlich reduziert, z. B. beim Schimpansen und beim Gorilla auf 2n = 48. Die Anzahl der Chromosomen ist nicht proportional zum evolutionären Entwicklungsstadium einer Gattung, sondern sie repräsentiert lediglich eine Anordnung der Transportverpackung der DNA.
Eine Reduktion der Chromosomenzahl kann durch die Fusion zweier Chromosomen erfolgen. Die metazentrischen bzw. submetazentrischen Chromosomen sind durch Fusion zweier akrozentrischer Chromosomen entstanden. Einen deutlichen Hinweis auf diese Genese gibt das Chromosom 2 des Menschen, das noch eine zweite, aber funktionell inaktivierte Zentromerregion besitzt.
Die Fusion zweier akrozentrischer zu einem metazentrischen Chromosom zeigt, dass nicht jede Mutation der Chromosomen für das Individuum nachteilige klinische Konsequenzen zur Folge haben muss. Diese Mutation war möglicherweise sogar vorteilhaft, denn eine geringere Chromosomenzahl reduziert auch die Wahrscheinlichkeit für Fehlverteilungen der Chromosomen bei der Zellteilung.

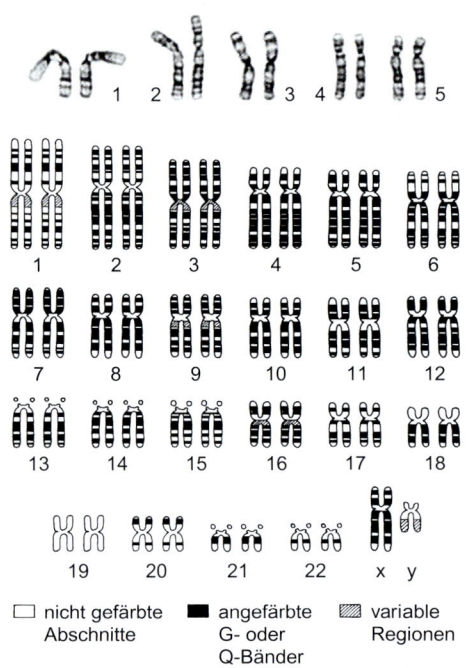

□ nicht gefärbte Abschnitte  ■ angefärbte G- oder Q-Bänder  ▨ variable Regionen

**Abb. 2.14** Schematische Darstellung des menschlichen Chromosomensatzes sowie die Aufnahme eines Originalpräparats der Chromosomen 1–5 (oben). Gezeigt ist das männliche Karyogramm (46, XY) in der Metaphasenform, mit an den Zentromeren verbundenen Schwesterchromatiden [3].

**Tab. 2.3 Einteilung der Chromosomen in die 7 Gruppen des menschlichen Karyogramms**

| Gruppe | Chromosom | Charakteristika |
|---|---|---|
| A | 1, 2, 3 | Groß, metazentrisch |
| B | 4, 5 | Groß, subtelozentrisch |
| C | 6, 7, 8, 9, 10, 11, 12, X | Mittelgroß, submetazentrisch |
| D | 13, 14, 15 | Mittelgroß, akrozentrisch, mit Satellit |
| E | 16, 17, 18 | Klein, submetazentrisch |
| F | 19, 20 | Sehr klein, metazentrisch |
| G | 21, 22, Y | Sehr klein, akrozentrisch, 21 und 22 mit Satellit |

## 2.3.2 Differenzielle Darstellung

Nach spezifischer Anfärbung lassen sich unterschiedlich dicht gepackte Bereiche des Chromatins unterscheiden. Die verschieden stark anfärbbaren Chromatinbereiche bilden ein Bandenmuster auf den Chromosomen.

Durch den Vergleich der angefärbten Chromosomen mit den Ergebnissen aus der Genkartierung (▶ Kap. 2.2.6) lassen sich Bereiche mit bekannten Genen den chromosomenspezifischen Banden zuordnen. Mutationen, wie Deletionen, Insertionen (▶ Kap. 2.6.1.2) oder Translokationen von Chromosomenfragmenten (▶ Kap. 2.6.2), können als verändertes Bandenmuster sichtbar werden.

Es existieren verschiedene Bänderungsmethoden, mit denen sich insgesamt mehrere hundert Banden unterscheiden lassen.

- Die **Q-Bänderung** mit dem Farbstoff Quinacrin ist nur im Fluoreszenzmikroskop sichtbar. Sie ist die älteste Technik der Bandenfärbung. In der Routinediagnostik wird die Q-Bänderung heute nicht mehr angewandt.
- Die **G-Bänderung** verwendet den Farbstoff Giemsa nach einer Vorbehandlung der Chromosomen mit Trypsin. Die G-Bänderung ist die am häufigsten angewandte Färbung; sie liefert im Wesentlichen das gleiche Bandenmuster wie die Q-Bänderung (▶ Abb. 2.14).
- Die **R-Bänderung** (reverse Bänderung) erfolgt u. a. nach einem Erhitzen der Probe auf 85 °C ebenfalls mit Giemsa. Das Bandenmuster ist umgekehrt wie bei der Q- bzw. G-Bänderung.
- Die **C-Bänderung** (C = Centromer) verwendet ebenfalls Giemsa, aber hier nach einer aufwändigeren Vorbehandlung. Bei der C-Bänderung wird nur das konstitutive Heterochromatin (▶ Kap. 1.4.4) angefärbt. Besonders die Zentromerregionen werden hierbei sichtbar. Andere individuelle Strukturen der Chromosomen sind nicht unterscheidbar.
- Die **T-Bänderung** färbt die Telomeren, d.h. die Endstücke der Chromosomen. Die Präparation entspricht einer R-Bänderung unter verschärften Bedingungen.
- Die **NOR-Bänderung** färbt nur die Nucleolus Organizer Regions. Als Farbstoff wird Silber in Form einer AgNO$_3$-Lösung verwendet. Gefärbt werden nur die Satelliten tragenden Chromosomen der D- und G-Gruppe (▶ Tab. 2.3).

## 2.3.3 Molekulare Zytogenetik

In der konventionellen Bandenfärbung enthalten selbst die kleinsten unterscheidbaren Chromosomenabschnitte mehr als ein einzelnes Gen. Durch den Einsatz molekularbiologischer Verfahren und optimierter Färbetechniken entwickelte sich das Gebiet der molekularen Zytogenetik. Hier werden DNA-Sonden eingesetzt, die an zu ihnen komplementären Basensequenzen binden. Das Auflösungsvermögen der Nachweistechniken wird so bis zur Möglichkeit der Identifikation einzelner Gene gesteigert. Damit können schon kleine strukturelle Chromosomenanomalien und Mikrodeletionen erkannt werden.

Unter allen Nachweisverfahren der molekularen Zytogenetik nimmt die **Fluoreszenz-in-situ-Hybridisierung (FISH)** einen besonders hohen Stellenwert ein. Die FISH wird ergänzend zur konventionellen Chromosomenfärbung in der zytogenetischen Diagnostik eingesetzt.

Bei der FISH sind die Nukleotide der verwendeten DNA-Sonden mit Fluoreszenzfarbstoffen markiert. Das breite Spektrum der heute verfügbaren Farbstoffe ermöglicht den gleichzeitigen Einsatz mehrerer unterschiedlich gefärbter DNA-Marker.

> **Merke**
>
> Ein wesentlicher Vorteil der Fluoreszenz-in-situ-Hybridisierung liegt darin, dass sie auch bei Zellen in der **Interphase** angewendet werden kann. Somit können auch an nicht teilungsaktiven Zellen zytogenetische Untersuchungen durchgeführt werden.

Chromosomenspezifische Marker binden nicht nur an das kondensierte Chromatin der Chromosomen, sondern auch an die ihnen entsprechenden DNA-Bereiche im Interphasenkern. Nach der Markierung eines bestimmten Chromosoms sind im Interphasenkern zwei fluoreszierende Spots für die beiden homologen Chromosomen erkennbar. Bei einer Trisomie oder Monosomie (▶ Kap. 2.6.3) des betreffenden Chromosoms wären drei Spots bzw. nur einer sichtbar. Nach dem gleichen Prinzip wird nach Färbung einzelner Chromosomenabschnitte auch deren Duplikation oder Deletion (▶ Kap. 2.6.2) in der Interphasenzelle nachweisbar.

## 2.4 Formale Genetik

### 2.4.1 Begriffe und Symbole

Lange bevor die Mechanismen der Vererbung auf zellulärer und molekularer Ebene bekannt waren, hat die formale Genetik, abgeleitet aus der Analyse von Stammbäumen, Regeln der Vererbung aufgestellt.

In der formalen Genetik bezeichnet ein **Allel** eine vererbbare Einheit, die zu einem spezifischen Merkmal führt. Auf der molekularen Ebene entspricht das Allel einem Gen oder der mutationsbedingt abweichenden Form eines Gens. Die ursprüngliche Form eines mutierten Gens wird als **Normalallel** oder auch als **Wildtyp** bezeichnet.

Im diploiden Chromosomensatz sind die Gene der homologen Chromosomen zweifach vorhanden. Jeweils ein Allel eines Gens wurde vom Vater und eines von der Mutter vererbt.

Der **Genlocus** ist die Position eines Gens im Genom.

Die gesamte genetische Ausstattung eines Organismus, d. h. die komplette Allelkombination eines Individuums, wird als **Genotyp** bezeichnet. Vereinfachend werden in den Mendel-Gesetzen (► Kap. 2.4.2) und damit auch im folgenden Text die beiden Allele eines Gens auf den homologen Chromosomen eines Individuums ebenfalls als dessen Genotyp bezeichnet.

Sind für das Gen auf beiden homologen Chromosomen gleiche Allele vorhanden, handelt es sich um einen **homozygoten,** bei verschiedenen Allelen um einen **heterozygoten** Genotyp. Ist ein Gen trotz eines sonst diploiden Chromosomensatzes nur einfach vorhanden, z. B. auf den Gonosomen, spricht man von **Hemizygotie.**

Der Begriff **multiple Allelie** oder **Polymorphismus** beschreibt das Vorhandensein von mehr als zwei Allelen eines Gens innerhalb einer Population (► Kap. 2.9.3).

Ein Allel des Genotyps ist die Grundlage für ein genetisches Merkmal. Dieses Merkmal kann, muss sich aber nicht im Erscheinungsbild des Organismus ausprägen. Die Ausprägung eines Merkmals wird als **Phänotyp** bezeichnet.

Prägt sich bei Heterozygotie des Genoms ein Allel im Phänotyp aus, d. h. übertrifft es die Wirkung des anderen Allels, so ist es **dominant.** Ein **rezessives** Allel tritt dagegen in seiner Wirkung hinter dem dominanten Allel zurück und zeigt keine Ausprägung im Phänotyp. Rezessive Allele manifestieren sich im Phänotyp nur bei homozygotem Genotyp.

Manifestieren sich beide voneinander abweichende Allele im Phänotyp, wie z. B. bei den Blutgruppenantigenen AB, so wird von **Kodominanz** gesprochen. Die Merkmalsausprägung kann auch zwischen beiden Allelen, d. h. **intermediär,** liegen. Ein Beispiel für eine intermediäre Ausprägung wäre die Körpergröße.

Bei identischem Genotyp kann die Stärke einer erblichen Störung individuell schwanken. Der Ausprägungsgrad eines Merkmals wird als **Expressivität** bezeichnet. Die **Penetranz** beschreibt dagegen die Häufigkeit eines Merkmals, d. h. den Anteil der Merkmalsträger (Phänotypen) an den Genträgern (Genotypen).

Ein **Konduktor** ist genetischer Überträger, der selbst phänotypisch merkmalsfrei ist, aber das entsprechende rezessive Allel in seinem Genotyp aufweist. Er kann das rezessive Allel an seine Nachkommen weitervererben.

Ein Gen kann mehrere Merkmale kontrollieren, seine Veränderung ändert damit mehrere Eigenschaften des Phänotyps. Dieser Vorgang wird als **Pleiotropie** bezeichnet.

Im umgekehrten Fall, der **multifaktoriellen Vererbung** oder **Polygenie,** sind mehrere Gene an der Ausprägung eines Merkmals beteiligt (► Kap. 2.4.8). Davon zu unterscheiden ist die **Heterogenie,** hier hat ein und dieselbe Störung unterschiedliche genetische Ursachen, d. h., verschiedene Gene können phänotypisch das gleiche Krankheitsbild auslösen.

Werden genetisch bedingte Krankheitsbilder auch durch Umwelteinflüsse ausgelöst, spricht man von einer **Phänokopie.** Phänokopien können die Analyse eines Erbgangs beträchtlich erschweren.

## Merke

- **Allel:** vererbbare Einheit eines Merkmals, meist zweifach (diploid) vorhanden:
  - **Dominant:** Bei Heterozygotie manifestiert sich das Allel im Phänotyp.
  - **Rezessiv:** Bei Heterozygotie erscheint das Allel nicht im Phänotyp.
  - **Kodominant:** Bei Heterozygotie prägen sich beide Allele nebeneinander im Phänotyp aus.
- **Genlocus:** Position eines Gens im Genom.
- **Genotyp:** Komplette Allelkombination eines Individuums.
  Vereinfachend auch: Art der Allele für ein bestimmtes Merkmal:
  - **Homozygot:** beide Allele gleich.
  - **Heterozygot:** beide Allele verschieden.
  - **Hemizygot:** nur ein Allel vorhanden.
- **Phänotyp:** physische Erscheinung eines genetischen Merkmals:
  - **Intermediär:** Die Merkmalsausprägung liegt zwischen den Allelen.
- **Konduktor:** heterozygoter Überträger eines rezessiven Allels.
- **Expressivität:** Schweregrad der Merkmalsausprägung am Individuum.
- **Penetranz:** Anteil der Merkmalsträger an den Genträgern einer Population.
- **Pleiotropie:** Ein Gen kontrolliert mehrere Merkmale.
- **Polygenie:** Mehrere Gene sind an einem Merkmal beteiligt.

Stammbäume werden analysiert, um die Vererbung genetisch bedingter Erkrankungen zu verfolgen und das Risiko für das Auftreten von Erbkrankheiten in zukünftigen Generationen abzuschätzen. Zur Erstellung von Stammbäumen werden in der Genetik definierte Symbole verwendet. Eine Übersicht der in diesem Kapitel benutzten Symbole gibt ▶ Abb. 2.15. Darüber hinaus existieren auch noch weitere, aber eher selten benutzte Symbole.

Sprachlich werden im Allgemeinen die Begriffe „genetisch bedingte Krankheit" und „Erbkrankheit" gleichgesetzt. Tatsächlich wird aber nicht die Krankheit selbst vererbt, sondern das Allel eines Gens, das schließlich beim Betroffenen zur Erkrankung führt. Die in den vorangegangenen Kapiteln genannten klinischen Beispiele zeigen, dass das Allel einer erblichen Krankheit häufig ein defektes Gen ist. Das Fehlen des betreffenden Genprodukts

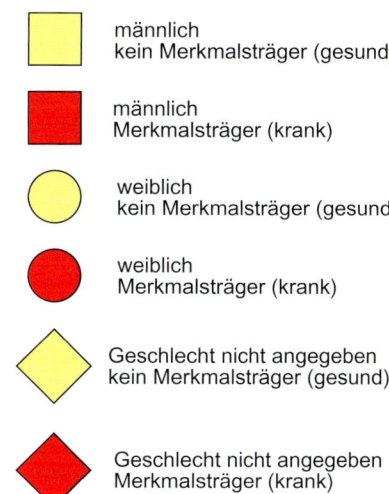

männlich
kein Merkmalsträger (gesund)

männlich
Merkmalsträger (krank)

weiblich
kein Merkmalsträger (gesund)

weiblich
Merkmalsträger (krank)

Geschlecht nicht angegeben
kein Merkmalsträger (gesund)

Geschlecht nicht angegeben
Merkmalsträger (krank)

**Abb. 2.15** Symbole der Genetik. Die Übersicht ist nicht vollständig, es sind nur die in diesem Kapitel verwendeten Symbole dargestellt.

führt dann im Organismus zu vielfältigen pathologischen Symptomen.

## 2.4.2 Mendel-Gesetze

Der Augustinermönch Gregor Mendel (1822–1884) fand in Kreuzungsexperimenten mit Erbsen- und mit Bohnenpflanzen die nach ihm benannten Gesetze der Vererbung, die er 1865 vorstellte.

Das Grundkonzept Mendels beruhte auf der Annahme von Erbfaktoren, die von der Elterngeneration P (Parenteralgeneration) an die Tochtergenerationen F (Filialgenerationen) weitergegeben werden. In Kreuzungsexperimenten wird die erste Tochtergeneration mit $F_1$, die zweite Generation mit $F_2$ bezeichnet.

Heute ist bekannt, dass die von Mendel angenommenen Erbfaktoren den Genen entsprechen. Diploide Organismen besitzen zwei Allele eines Gens, die über die haploiden Gameten weitergegeben und bei deren Verschmelzung zufällig kombiniert werden (▶ Kap. 1.16.1).

## Merke

Die Mendel-Gesetze beschreiben die Vererbung nicht gekoppelter autosomaler Gene nach statistischen Gesetzen.

### 2.4.2.1 Erstes Mendel-Gesetz (Uniformitätsgesetz)

__ Merke __

Alle Individuen der ersten Tochtergeneration ($F_1$) aus der Kreuzung reinerbiger (homozygoter) Eltern (P) sind gleich (uniform).

Tragen die beiden jeweils homozygoten Eltern verschiedene Allele eines Merkmals, so ist die $F_1$-Generation einheitlich heterozygot (► Abb. 2.16). Steht z.B. das Allel A für die Blütenfarbe Rot und a für die Farbe Weiß, so sind bei einer intermediären Merkmalsausprägung die Blüten der heterozygoten $F_1$-Individuen rosa. Bei einer dominant/rezessiven Vererbung setzt sich dagegen die dominante Farbe im Phänotyp durch.

### 2.4.2.2 Zweites Mendel-Gesetz (Spaltungsgesetz)

__ Merke __

Werden die heterozygoten Individuen der $F_1$-Generation untereinander gekreuzt, spaltet sich die $F_2$-Generation phänotypisch in einem bestimmten Zahlenverhältnis (1:2:1 oder 1:3).

Die Genotypen AA, Aa und aa entstehen in der $F_2$-Generation im Verhältnis 1:2:1. Bei intermediärer oder kodominanter Merkmalsausprägung entstehen die Phänotypen ebenfalls im Verhältnis 1:2:1. Ist ein Allel, z.B. A, dominant, spalten sich die Phänotypen der $F_2$-Generation im Verhältnis 3:1. Die Gruppe der Träger des Merkmals A setzt sich dann aus homozygoten (AA) und heterozygoten (Aa) Genotypen zusammen (► Abb. 2.17).

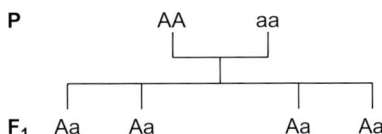

**Abb. 2.16** Kreuzungsschema nach dem 1. Mendel-Gesetz: Bei Kreuzung homozygoter P sind sowohl die Genotypen als auch die Phänotypen von $F_1$ uniform.

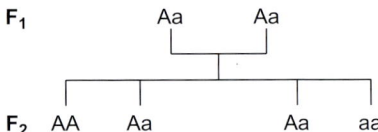

**Abb. 2.17** Kreuzungsschema nach dem 2. Mendel-Gesetz: Bei Kreuzung heterozygoter $F_1$ treten die Phänotypen von $F_2$ im Zahlenverhältnis 1:2:1 oder 3:1 auf.

### 2.4.2.3 Drittes Mendel-Gesetz (Unabhängigkeitsgesetz)

__ Merke __

Werden Individuen gekreuzt, die sich in den genetischen Anlagen in mehr als einem Merkmal unterscheiden, so werden die Anlagenpaare jedes Merkmals unabhängig von den anderen nach dem Spaltungsgesetz auf die Tochtergeneration verteilt.

Die Regel der unabhängigen Vererbung von Genen gilt für Gene auf verschiedenen Chromosomen oder für Gene, die auf dem Chromosom so weit auseinanderliegen, dass sie durch Crossing Over getrennt werden. Eng benachbarte Gene bilden eine Ausnahme vom 3. Mendel-Gesetz. Sie werden als Kopplungsgruppe (► Kap. 2.2.6.2) in der Regel gemeinsam vererbt.

Wegen dieser Einschränkung konnten die Ergebnisse Mendels mit anderen Pflanzen, bei denen die untersuchten Merkmale nicht unabhängig voneinander vererbt wurden, zunächst nicht verifiziert werden. Die Erkenntnisse Mendels wurden deshalb erst posthum gewürdigt.

## 2.4.3 Autosomal-dominanter und -kodominanter Erbgang

### 2.4.3.1 Autosomale Vererbung

**Lerntipp**

Bitte vergegenwärtigen Sie sich, dass bei jeder Art von autosomalem Erbgang die Wahrscheinlichkeit, ein bestimmtes Allel zu erben, für alle Nachkommen gleich und vor allem unabhängig von schon vorhandenen Kindern ist. Bei den später behandelten X-chromosomalen Erbgängen ist dies jeweils für alle männlichen und weiblichen Nachkommen der Fall. Es wird also sozusagen jedes Mal neu gewürfelt.

Bei einem autosomalen Erbgang liegt das Merkmal auf einem Autosom, d.h. einem Chromosom der Paare 1–22. Es wird daher geschlechtsunabhängig nach den Mendel-Gesetzen vererbt. Bei einem dominanten Erbgang genügt bereits die Präsenz des Allels auf einem der beiden homologen Chromosomen, um phänotypisch das Merkmal auszuprägen.

Erbkrankheiten beruhen zumeist auf dem Fehlen einer bestimmten genetischen Information, etwa für die Synthese eines wichtigen Enzyms. Im Fall eines solchen Gendefekts stünde noch die Information des homologen Chromosoms zur Verfügung. Die weitaus meisten Erbkrankheiten folgen daher einem rezessiven Erbgang (▶ Kap. 2.4.4) und dominante Erbkrankheiten sind äußerst selten.

Bei einigen phänotypischen Eigenschaften ist dagegen ein dominanter Erbgang bekannt.

Ein Beispiel für ein autosomal-dominant vererbtes physisches Merkmal ist die Brachydactylie (Kurzfingrigkeit).

**Merke**

- Homozygote Krankheitsträger weisen bei dominanten Erbkrankheiten meist schwerere Symptome auf als Träger des heterozygoten Genoms.
- Die Wahrscheinlichkeit für das Auftreten dominant erblicher Erkrankungen steigt mit dem Lebensalter des Vaters.

Während die Oozyten der Frau bereits vor der Geburt angelegt werden und dann über mehrere Jahre bis Jahrzehnte im Dictyotänstadium verweilen, ist die Spermatogenese des Mannes ein kontinuierlicher Prozess (▶ Kap. 1.16.4.1). Die Spermatogonien teilen sich fortlaufend und differenzieren zu den Spermatozyten. Das Genom der männlichen Gameten wurde somit vor der Bildung des reifen Spermiums in zahlreichen Zellteilungen bereits vielfach repliziert. Mit der Anzahl der Replikationen steigt auch die Wahrscheinlichkeit für nicht korrigierte Fehler, die zur Neumutation eines Gens führen können.

Ein autosomal-dominantes Allel prägt sich in jedem Fall im Phänotyp der Nachkommen aus. Nachfolgend wird unterschieden, ob das Allel mit einem rezessiven Allel zusammentrifft und über dieses dominiert oder ob zwei Allele sich beide kodominant manifestieren.

### 2.4.3.2 Autosomal-dominanter Erbgang

- **Ein heterozygot kranker Elternteil** vererbt das Merkmal auf die Hälfte seiner Nachkommen (▶ Abb. 2.18). Wegen der Seltenheit autosomal-dominanter Erkrankungen ist dies der am häufigsten auftretende Fall.
- **Zwei heterozygot erkrankte Eltern** vererben ihre Krankheit auf 3 von 4 Kinder (▶ Abb. 2.19), davon sind zwei heterozygot erkrankt und eines homozygot. Dieses ist damit in der Regel von den Symptomen besonders stark betroffen.
- Trägt **ein Elternteil** das Krankheitsmerkmal **homozygot,** sind in jedem Fall alle Nachkommen betroffen.
- **Phänotypisch gesunde Eltern** sind auch genotypisch merkmalsfrei, sie können die Krankheit nicht vererben. Erkrankte Kinder haben immer einen krankheitstragenden Elternteil, der im Falle eines dominanten Krankheitsmerkmals auch selbst erkrankt. Eine Ausnahme von dieser Regel stellt eine eventuelle Neumutation oder die unvollständige Penetranz eines Gens dar.

**Klinik**

**Achondroplasie** (Parrot-Kaufmann-Syndrom, Chondrodystrophie) ist eine autosomal-dominant vererbte Störung der Knorpelbildung. Das Fehlen der Wachstumszonen der Knochen führt zu einem disproportionierten Minderwuchs. Die Rumpflänge ist fast normal, die Extremitäten sind plump und stark verkürzt.
In ca. 80 % der Fälle von Achondroplasie handelt es sich um eine Neumutation.

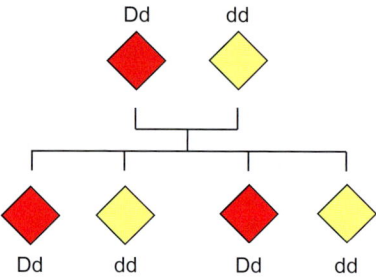

**Abb. 2.18** Autosomal-dominante Vererbung durch einen heterozygot kranken Elternteil; D krankes, d gesundes Allel.

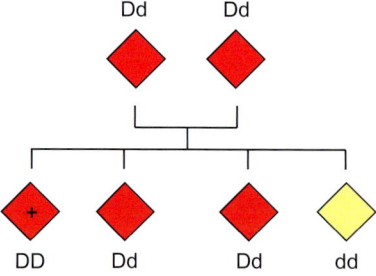

**Abb. 2.19** Autosomal-dominante Vererbung durch zwei heterozygot erkrankte Eltern; D krankes, d gesundes Allel. Das homozygot erkrankte Kind (+) zeigt in der Regel stärker ausgeprägte Symptome.

### 2.4.3.3 Autosomal-kodominanter Erbgang

Im Fall der Kodominanz sind bei Heterozygotie beide Allele eines Merkmals gleichzeitig im Phänotyp ausgeprägt. Ein Beispiel hierfür ist das **MN-Blutgruppensystem**. Dieses ist vom AB0-Blutgruppensystem nach Landsteiner genetisch, serologisch und biochemisch unabhängig. Die Blutgruppenallele M und N werden kodominant vererbt.

Bei multipler Allelie existieren innerhalb einer Population mehr als zwei Allele eines Gens. Jedes Individuum trägt zwei dieser Allele, die sich zueinander dominant/rezessiv oder kodominant verhalten können. Ein Beispiel für multiple Allelie ist das **AB0-Blutgruppensystem.** Im AB0-System existieren die Allele A für Antigen A, B für Antigen B oder 0 für kein Antigen. Die Allele A und B sind kodominant, Erythrozyten der Blutgruppe AB tragen beide Antigene in ihrer Glykokalix. Das Allel 0 ist gegenüber den beiden anderen Allelen rezessiv und prägt sich nur homozygot aus. Erythrozyten der Blutgruppe 0 tragen keines der Antigene auf ihrer Zelloberfläche. Die nachfolgend angegebenen Phänotypen resultieren aus den Genotypen:

| | Phänotyp | Genotyp |
|---|---|---|
| AB0-System: | A | AA, A0 |
| | B | BB, B0 |
| | AB | AB |
| | 0 | 00 |
| MN-System: | M | MM |
| | N | NN |
| | MN | MN |

## 2.4.4 Autosomal-rezessiver Erbgang

Die Mutation eines Gens kann den Ausfall eines für den Stoffwechsel wichtigen Enzyms zur Folge haben. Da die entsprechende Information in der Regel auf dem homologen Chromosom noch zur Verfügung steht, resultiert aus einem solchen Gendefekt eine Krankheit mit rezessivem Erbgang, d. h., nur wenn beide homologe Chromosomen geschädigt sind, manifestiert sich die Störung auch im Phänotyp.

Beim genotypisch Gesunden werden beide Allele der autosomalen Gene transkribiert. Der heterozygote Träger eines defekten Gens verfügt nur über 50 % der Synthesekapazität für das betreffende Enzym. Diese Kapazität ist aber in den meisten Fällen mehr als ausreichend.

Heterozygote Genträger erkranken deshalb nicht, sie können jedoch als **Konduktoren** den Gendefekt an ihre Nachkommen weitervererben.

- **Zwei erkrankte Eltern** tragen beide das auslösende Allel homozygot und werden deshalb in jedem Fall nur erkrankte Kinder zeugen.
- **Ein erkrankter Elternteil** ist homozygoter Träger des Krankheitsallels. Ist **der andere Elternteil homozygot gesund,** so sind alle Nachkommen phänotypisch gesund, übertragen aber als Konduktoren das Krankheitsgen weiter an ihre Nachkommen (▶ Abb. 2.20). Die $F_1$-Generation ist uniform (vgl. 1. Mendel-Gesetz, ▶ Kap. 2.4.2.1).
- Ist **ein Elternteil erkrankt** und **der andere heterozygoter Träger** des geschädigten Gens, ist die Hälfte der Nachkommen erkrankt, die andere Hälfte ist Konduktor des Krankheitsgens (▶ Abb. 2.21).
- Sind **beide Elternteile** zwar phänotypisch gesund, jedoch **heterozygot** bezüglich des Krankheitsgens, so erkrankt statistisch ein Viertel der Nachkommen, die Hälfte ist Konduktor und das verbleibende Viertel ist auch genotypisch gesund (▶ Abb. 2.22). Dieses Verhältnis 1:2:1 des Genotyps bzw. 1:3 des Phänotyps entspricht dem 2. Mendel-Gesetz (▶ Kap. 2.4.2.2), es könnte sich hier um die Verbindung zweier Individuen der $F_1$-Generation aus ▶ Abb. 2.20 handeln.
- Ist **nur ein Elternteil Konduktor** des Krankheitsgens, tritt die Erkrankung in der Folgegeneration phänotypisch nicht in Erscheinung. Die Hälfte der Nachkommen ist jedoch

heterozygot und damit wieder Überträger des kranken Gens.

**Merke**

Konduktor(inn)en kommen nur bei den rezessiven Erbgängen vor. Bei den dominanten Erbgängen sind die Nachkommen entweder krank oder gesund und keine Überträger(innen) der Krankheit!

Die Wahrscheinlichkeit für einen rezessiv erblichen Defekt eines einzelnen Gens liegt zwischen 0,01 und 0,001 (1:100 bis 1:1.000). Homozygote Genträger, bei denen sich die betreffende Stoffwechselstörung manifestiert, sind dann mit einer Wahrscheinlichkeit von $10^{-4}$ bis $10^{-6}$ (1:10.000 bis 1:1.000.000) zu erwarten.

In der Summe liegt die Wahrscheinlichkeit für das Auftreten einer autosomal-rezessiven Erbkrankheit etwa bei 0,0025 (2,5 von 1.000 Geburten).

**Merke**

Die Wahrscheinlichkeit für das Auftreten rezessiver genetisch bedingter Störungen ist bei einer Verbindung zwischen nahen Verwandten stark erhöht.

Dies hat vermutlich historisch dazu beigetragen, dass in nahezu allen Kulturen inzestuöse Verbindungen abgelehnt werden.

**Klinik**

Autosomal-rezessiv werden vererbt:

- **Phenylketonurie:** Die für den Abbau von Phenylalanin zu Tyrosin notwendige Phenylalanin-Hydroxylase fehlt. Durch Transaminierung geht Phenylalanin in Phenylbrenztraubensäure über, die sich zusammen mit anderen Metaboliten im Organismus anreichert und teilweise mit dem Urin ausgeschieden wird. Das betroffene Gen ist auf dem q-Arm von Chromosom 12 lokalisiert. Schon im Säuglings- und Kleinkindalter führt die Krankheit u. a. zu einer schweren psychomotorischen Retardierung (Schwachsinn). Äußerst wichtig ist die möglichst frühzeitige Diagnose dieser Erkrankung. Die Therapie besteht in einer streng phenylalaninarmen Diät und der gezielten Aufnahme der im normalen Stoffwechsel aus Phenylalanin gebildeten Aminosäuren.
- **Albinismus:** Die Melaninsynthese ist infolge fehlender Tyrosin-Hydroxylase gestört. Dieses Enzym bildet aus Tyrosin 3,4-Dihydroxyphenylalanin, das zur Bildung der Melaninverbindungen benötigt wird, die

Haare, Haut und Augen pigmentieren. Das geschädigte Gen befindet sich auf dem q-Arm von Chromosom 11.

Phenylketonurie und Albinismus werden beide durch eine Störung des Phenylalanin-Tyrosin-Stoffwechsels verursacht. Im Fall der Phenylketonurie reichert sich ein Zwischenprodukt des Stoffwechsels im Organismus an. Die Symptome des Albinismus werden dagegen durch das Fehlen eines Stoffwechselzwischenprodukts hervorgerufen. An einer funktionierenden Stoffwechselkette sind mehrere Gene beteiligt. Die Mutation eines dieser Gene führt zu jeweils unterschiedlichen phänotypischen Merkmalen, deren Genese unter dem Begriff **komplementäre Polygenie** zusammengefasst wird. Die beiden Krankheiten Albinismus und Phenylketonurie stellen somit ein Beispiel einer komplementären Polygenie dar.

**Merke**

**Zusammenfassung autosomal-rezessiver Erbgang:**
- Beide Eltern erkrankt → Prognose: 100 % der Nachkommen erkrankt.
- Ein Elternteil erkrankt, der andere homozygot gesund → Prognose: 0 % der Nachkommen erkrankt, aber alle Nachkommen sind Konduktoren.
- Ein Elternteil erkrankt, der andere heterozygot (phänotypisch gesund) → Prognose: 50 % der Nachkommen erkrankt, 50 % Konduktoren.
- Beide Eltern heterozygot (phänotypisch gesund) → Prognose: 25 % der Nachkommen erkrankt, 75 % phänotypisch gesund, davon ⅔ Konduktoren.
- Ein Elternteil homozygot gesund, der andere heterozygot → Prognose: 100 % der Nachkommen phänotypisch gesund, davon 50 % Konduktoren.

## 2.4.5 X-chromosomaler Erbgang

### 2.4.5.1 Gonosomale Vererbung

Das genetische Geschlecht des Menschen wird durch die Gonosomen (▶ Kap. 2.5.1) festgelegt. Ein geschlechtsgebundener Erbgang liegt vor, wenn sich das merkmalsprägende Gen auf einem der Geschlechtschromosomen befindet.

Die Zellen der Frau enthalten zwei X-Chromosomen (XX), alle ihre Oozyten enthalten ein X-Chromosom. Die Körperzellen des Mannes weisen die Gonosomenpaarung XY auf, 50 % der Spermien enthalten ein X-Chromosom und 50 % ein Y-Chromosom. Je nachdem, ob die Eizelle durch ein Spermium befruchtet wird, das ein X-Chromosom oder ein Y-Chromosom enthält, entsteht ein weibliches oder ein männliches Kind.

Für den **gonosomalen Erbgang** ergeben sich damit folgende Gesetzmäßigkeiten:

**Merke**

- Merkmale auf dem Y-Chromosom werden immer vom Vater auf alle Söhne übertragen.

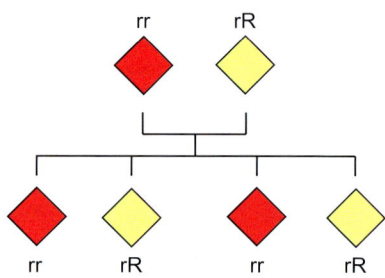

**Abb. 2.21** Autosomal-rezessive Vererbung: Ein Elternteil ist erkrankt, der andere ist heterozygot (phänotypisch gesund); r krankes Allel, R gesundes Allel.

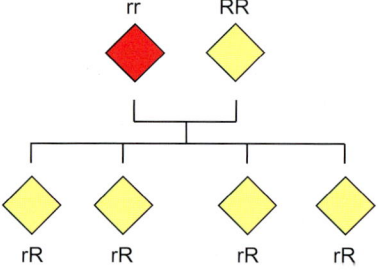

**Abb. 2.20** Autosomal-rezessive Vererbung: Ein Elternteil ist erkrankt, der andere ist homozygot gesund; r krankes Allel, R gesundes Allel.

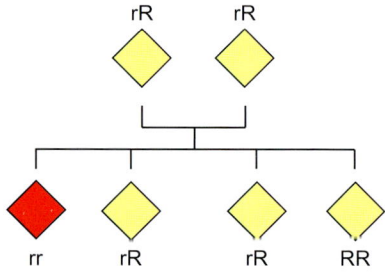

**Abb. 2.22** Autosomal-rezessive Vererbung: Beide Elternteile sind Konduktoren (heterozygot); r krankes Allel, R gesundes Allel.

- Merkmale auf dem X-Chromosom des Vaters werden auf alle seine Töchter, nicht aber auf die Söhne übertragen.
- Merkmale auf einem der X-Chromosomen der Mutter können auf Söhne und Töchter übertragen werden.

Auf dem Y-Chromosom befinden sich nur sehr wenige aktive Gene (▶ Kap. 2.5.1). Durch Gendefekte des Y-Chromosoms bedingte Erkrankungen treten daher klinisch nicht in nennenswerter Häufigkeit auf. Eine weitere Diskussion des Y-chromosomalen Erbgangs kann deshalb an dieser Stelle vernachlässigt werden und bezüglich der geschlechtsgebundenen Vererbung wird nachfolgend nur der X-chromosomale Erbgang näher beschrieben.

Bei der **X-chromosomalen Vererbung** hängt die Manifestation einer Störung von ihrer Dominanz ab.

### 2.4.5.2 X-chromosomal-dominanter Erbgang

- Ist der **Vater Krankheitsträger,** erhalten die Töchter sein geschädigtes X-Chromosom, sie sind alle erkrankt. Die Söhne erhalten das Y-Chromosom des Vaters und ein gesundes X-Chromosom der Mutter, sie sind alle gesund (▶ Abb. 2.23 oben).

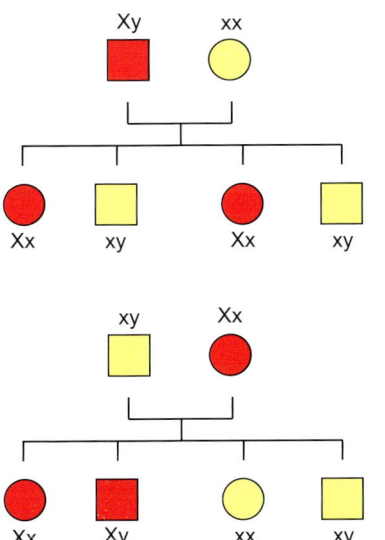

**Abb. 2.23** X-chromosomal-dominante Vererbung, mit Vater (oben) oder Mutter (unten) als Krankheitsträger; X krankes Allel, x gesundes Allel.

- Ist die **Mutter heterozygote Krankheitsträgerin,** erhalten 50 % der Nachkommen das geschädigte X-Chromosom (▶ Abb. 2.23 unten). In der $F_1$-Generation tritt die Erkrankung geschlechtsunabhängig mit einer Wahrscheinlichkeit von 50 % auf.
- Ist die **Mutter homozygote Krankheitsträgerin,** erhalten alle Nachkommen das geschädigte Chromosom, die erkrankten Töchter sind heterozygot.

#### Klinik

X-chromosomal-dominante Erbgänge sind relativ selten, bekanntes Beispiel ist die **Vitamin-D-resistente Rachitis.**

#### Merke

**Zusammenfassung  X-chromosomal-dominanter Erbgang:**
- Vater Krankheitsträger → Prognose: 100 % der Töchter, 0 % der Söhne erkrankt.
- Mutter heterozygote Krankheitsträgerin → Prognose: 50 % der Nachkommen erkrankt.
- Mutter homozygote Krankheitsträgerin → Prognose: 100 % der Nachkommen erkrankt.

### 2.4.5.3 X-chromosomal-rezessiver Erbgang

Männer sind bezüglich des X-Chromosoms hemizygot, eine dort lokalisierte rezessive Störung wird sich deshalb beim Mann in jedem Fall phänotypisch manifestieren.

- Ist der **Vater erkrankt** und die **Mutter homozygot gesund** (▶ Abb. 2.24, P-Generation), so ist keiner der Nachkommen erkrankt. Die Töchter sind jedoch alle Träger des defekten Gens.
- Trägt die **Mutter heterozygot** das Krankheitsgen (▶ Abb. 2.24, $F_1$-Generation) und ist der **Vater gesund,** so erkrankt die Hälfte der Söhne und die Hälfte der Töchter sind wieder heterozygote Überträgerinnen.
- Ist der **Vater erkrankt** und die **Mutter heterozygot** (▶ Abb. 2.24, Geschwisterverbindung in der $F_2$-Generation), ist statistisch die Hälfte aller Nachkommen erkrankt. Die Hälfte der Töchter ist homozygot, damit manifestiert sich die Störung im Phänotyp. Die andere Hälfte ist heterozygot. Ebenfalls erkrankt die Hälfte der Söhne.

- Bei der Verbindung einer **erkrankten Frau** mit einem **gesunden Mann** sind alle Söhne erkrankt. Die Hälfte der Töchter sind heterozygot und somit Konduktorinnen der Krankheit.

Von X-chromosomal-rezessiven Störungen sind Männer phänotypisch weitaus häufiger betroffen als Frauen. Ist das Krankheitsgen in einer Population nur sehr selten anzutreffen, überspringt die Manifestation der Krankheit im Allgemeinen jeweils eine Generation und betrifft nur die männlichen Nachkommen. Lediglich aus der Verbindung zwischen einem männlichen Erkrankten und einer homo- oder heterozygoten Trägerin des Krankheitsgens wird die Krankheit schon in der nächstfolgenden Generation wieder manifest. Nur in solchen Fällen entstehen homozygote weibliche Erkrankte.

## Merke

**Zusammenfassung    X-chromosomal-rezessiver Erbgang:**
- Vater erkrankt, Mutter homozygot gesund → Prognose: 0 % der Nachkommen erkrankt, 100 % der Töchter Konduktorinnen.
- Mutter heterozygot, Vater gesund → Prognose: 50 % der Söhne erkrankt, 50 % der Töchter Konduktorinnen.
- Mutter heterozygot, Vater erkrankt → Prognose: 50 % der Söhne erkrankt, 50 % der Töchter erkrankt, 50 % der Töchter Konduktorinnen.
- Mutter homozygot erkrankt, Vater gesund → Prognose: 100 % der Söhne erkrankt, 100 % der Töchter Konduktorinnen.

## Klinik

X-chromosomal-rezessiv werden vererbt:
- **Duchenne-Muskeldystrophie** (► Kap. 1.14.5, ► Kap. 2.2.8.4)
- **Adrenoleukodystrophie** (► Kap. 1.12)
- **Hämophilie A:** Gerinnungsstörung durch Fehlen des Faktors VIII
- **Protanopie** (Rotblindheit)
- **Deuteranopie** (Grünblindheit)

### 2.4.6 Imprinting

Die bisherigen Betrachtungen zeigten, dass die meisten Gene zweifach vorhanden sind; eines wurde vom Vater, das andere von der Mutter vererbt. In der Regel sind beide Gene aktiv.

Nach den Mendel-Gesetzen der Vererbung prägt ein Allel ein bestimmtes Merkmal aus. Treffen für ein Merkmal ein rezessives und ein dominantes Allel zusammen, wird sich das dominante Allel im Phänotyp manifestieren. Die Ausprägung eines

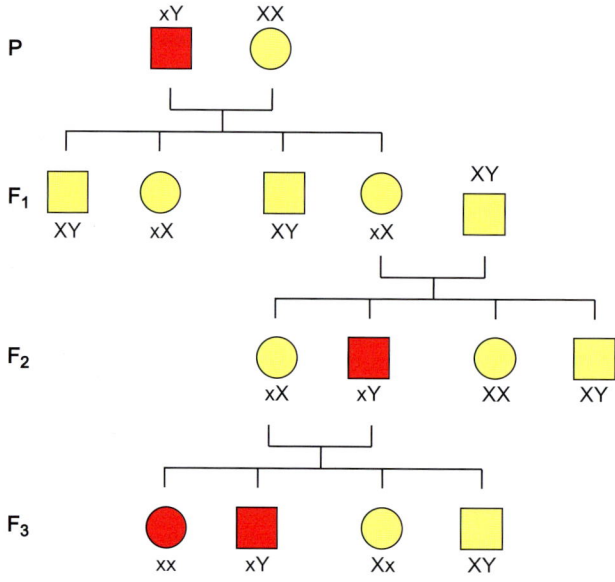

**Abb. 2.24** X-chromosomal rezessive Vererbung; x krankes Allel, X gesundes Allel.

Merkmals ist unabhängig davon, ob das Allel vom Vater oder von der Mutter geerbt wurde.

Für die meisten Gene sind diese Annahmen zutreffend. Es wurden aber einige Merkmale beobachtet, deren Expression davon abhängt, von welchem Elternteil das betreffende Allel vererbt wurde. Hier wird eine **differenzielle Aktivität** der mütterlichen und väterlichen Gene beobachtet. Eines der beiden Gene ist inaktiv oder seine Aktivität ist stark herabgesetzt.

> In jeder Generation werden bestimmte Gene nach ihrer elterlichen Herkunft gekennzeichnet. Diese Markierung wird als **genomische Prägung** oder **Genomic Imprinting** bezeichnet. Das Imprinting geschieht in der Entwicklung der Keimzellen. Die genauen molekularen Mechanismen dieser Prägung und warum sie sich überhaupt entwickelt hat, sind noch unbekannt. In vielen Fällen erfolgt die Markierung eines Gens durch eine Methylierung der DNA. Meist führt die Methylierung zur Inaktivierung des betroffenen Gens, in einigen Fällen wird aber gerade das markierte Gen exprimiert und sein unmarkiertes Pendant unterdrückt.

Die genomische Prägung erfolgt in jeder Generation von neuem. In den Zellen, die die Gameten bilden, wird die ererbte Prägung gelöscht. Die neuen Gameten werden dann entsprechend des individuellen Geschlechts geprägt.

Experimentell wurde bei Mäusen nach einer Transplantation des Kerns von Körperzellen in Eizellen in der frühen Embryogenese die unterschiedliche Aktivität von Genen mütterlicher oder väterlicher Herkunft verifiziert.

Genomic Imprinting wurde bisher bei etwa 20 Genen der Säugetiere sicher nachgewiesen. Möglicherweise könnte eine genomische Prägung aber bei bis zu einigen hundert Genen vorkommen.

#### Klinik

Ein klinisches Beispiel für Genomic imprinting wird bei einer Deletion im proximalen Abschnitt des q-Arms von Chromosom 15 beobachtet, die sich in verschiedenen Erkrankungen mit unterschiedlichen Symptomen manifestiert:

- Erbt ein Kind das fehlerhafte Chromosom vom Vater, führt dies zum **Prader-Labhart-Willi-Syndrom** mit mentaler Retardierung, Minderwuchs und Adipositas.

- Erhält ein Kind das defekte Chromosom von der Mutter, entwickelt es das **Angelman-Syndrom.** Symptome sind u. a. disproportionierter Schädel und Gesicht. Besonders auffällig ist ein unkontrolliertes Lachen. Im Englischen wird die Erkrankung deshalb auch Happy Puppet Syndrome genannt.

### 2.4.7 Mitochondriale Vererbung

Die Mitochondrien enthalten eigene DNA, deren Anordnung dem Genom von Bakterien ähnelt (▶ Kap. 3.3.7). Die ringförmige DNA der Mitochondrien ist 16.569 Basenpaare lang. Sie enthält 37 Gene, die keine Introns aufweisen.

Die mitochondrialen Gene kodieren für:
- 2 rRNAs der mitochondrialen Ribosomen
- 22 tRNAs der mitochondrialen Proteinsynthese
- 13 Enzyme der Atmungskette

Die Mitochondrien vermehren sich im Zytoplasma durch Teilung (▶ Kap. 1.13.2).

Im Vergleich zu den Eizellen enthalten die Spermien nur sehr wenig Zytoplasma, und dieses befindet sich im Schwanzteil, das bei der Befruchtung nicht in die Eizelle eindringt. Alle Mitochondrien der Zygote entstammen somit der Eizelle.

#### Merke

- Die mitochondrialen Gene werden ausschließlich von mütterlicher Seite vererbt.
- Die Ausprägung der Erkrankung im Phänotyp korreliert mit der Anzahl der veränderten Mitochondrien.

Die Mitochondrien verfügen nicht über ein so effizientes Reparatursystem für DNA-Schäden wie der Zellkern (▶ Kap. 2.2.2). Die Mutationsrate der mitochondrialen DNA ist deshalb 5- bis 10-mal höher als die der Kern-DNA. Entsprechend der Anzahl der Mitochondrien in der Zelle liegt das mitochondriale Genom in bis zu mehreren tausend Kopien vor. Der Ausfall einzelner Mitochondrien ist daher meist unerheblich.

Durch Mutationen veränderte und normal funktionierende Mitochondrien werden bei der Zellteilung zufällig auf die Tochterzellen verteilt.

Durch diese zufällige Verteilung veränderter Mitochondrien der Zygote in der frühen Embryogenese können einzelne Organe oder Gewebe besonders von mitochondrialen Störungen betroffen sein.

Eine mitochondriale Störung manifestiert sich erst dann, wenn der Anteil funktionsgestörter Mitochondrien in der Zelle eine bestimmte Schwelle übersteigt. Bei mitochondrialen Erkrankungen ist der Energiestoffwechsel der Zelle beeinträchtigt. Besonders sensibel gegenüber einer unzureichenden ATP-Synthese sind Nerven- und Muskelgewebe.

## 2.4.8 Multifaktorielle Vererbung

Die Regeln der Vererbung wurden aus der Weitergabe von monogenen Merkmalen abgeleitet. Das Vorhandensein oder das Fehlen eines bestimmten Allels führte zur Ausprägung eines Merkmals im Phänotyp.

Viele körperliche Merkmale und Erkrankungen werden aber durch das Zusammenspiel mehrerer Gene und darüber hinaus von Umwelteinflüssen geprägt. Man spricht in diesen Fällen von **multifaktorieller Vererbung.**

Die Bezeichnungen multifaktorielle Vererbung und Polygenie werden häufig als Synonyme verwendet. Bei genauer Betrachtung ist dieser Sprachgebrauch jedoch nicht exakt.

### Merke

- **Polygenie** ist das Zusammenwirken mehrerer Gene, die zu einem bestimmten Merkmal oder zu einer genetischen Prädisposition führen.
- Bei der **multifaktoriellen Vererbung** nehmen zusätzliche äußere Faktoren Einfluss auf die Ausprägung des polygenen Merkmals.

Als Beispiel für ein multifaktorielles Merkmal kann die Körpergröße genannt werden. Mehrere mütterliche und väterliche Gene legen den Rahmen der zu erwartenden Größe fest. Die Körpergröße, die das Individuum dann tatsächlich erreicht, hängt noch von Umweltfaktoren wie der Ernährung oder der körperlichen Belastung ab.

Innerhalb einer Population zeigen multifaktorielle Merkmale bestimmte Kriterien:

- Der Ausprägungsgrad des Merkmals ist kontinuierlich verteilt.
- Statistisch folgt das Merkmal der Normalverteilung (Gauß-Verteilung). Seine Verteilung lässt sich durch die typische Gauß-Kurve darstellen.
- Das Phänomen zeigt eine Regression zur Mitte, d. h., wenn die Eltern das betreffende Merkmal in extremer Ausprägung tragen, ist es in der Fol-

gegeneration meist schwächer ausgeprägt. Dies bedeutet: Ein Kind, dessen Eltern beide überdurchschnittlich groß sind, muss trotz Prädisposition nicht zwangsläufig genauso groß werden.

Für viele Erkrankungen wird durch multifaktorielle Vererbung eine **Prädisposition** festgelegt. Wenn die Wirkung genetischer Faktoren und äußerer Einflüsse einen **Schwellenwert** übersteigt, wird sich eine entsprechende Störung manifestieren. Bei einer Prädisposition für eine bestimmte Krankheit ist für das Individuum die Wahrscheinlichkeit erhöht, dieses Krankheitsbild zu entwickeln.

Durch die statistische Auswertung einer großen Zahl von Krankheitsfällen lassen sich empirische Risikoziffern ermitteln. Diese geben die Wahrscheinlichkeit an, mit der ein Individuum erkrankt, wenn seine Verwandten, wie Geschwister, Eltern oder Großeltern, von der Erkrankung betroffen sind.

### Klinik

Die **angeborene Hüftgelenkluxation** (Luxatio coxae congenita) ist ein klinisches Beispiel für ein multifaktorielles Merkmal mit einem Schwellenwerteffekt. Mädchen sind davon etwa 6-mal häufiger betroffen als Jungen. Die polygenen Faktoren sind eine Hüftdysplasie, d. h. eine flachere Ausbildung der Gelenkpfanne, sowie eine schlaffere Gelenkkapsel. Übersteigt die Ausprägung dieser Merkmale einen Schwellenwert, wird der Gelenkkopf nicht mehr genügend fixiert. Durch äußere Belastung und muskeldynamische Kräfte kommt es dann zur Luxation.

## 2.5 Gonosomen, Geschlechtsbestimmung und -differenzierung

### 2.5.1 Gonosomen

Im Genom befindet sich ein nicht homologes Chromsomenpaar, die **Gonosomen.** Es wurde bereits erläutert, dass diese Geschlechtschromosomen das genetische Geschlecht festlegen (▶ Kap. 2.3.1):

- **XX** → **weibliches** Genom
- **XY** → **männliches** Genom

Das Y-Chromosom ist deutlich kleiner als das X-Chromosom (▶ Abb. 2.14) und enthält nur wenige funktionsfähige Gene. Das X-Chromosom enthält eine große Zahl von Genen, die nicht die Geschlechtsentwicklung, sondern andere Funktionen des Organismus steuern. Dies zeigt sich an den X-chromosomal vererbbaren Erkrankungen wie z. B. Hämophilie A oder Duchenne-Muskeldystrophie (▶ Kap. 2.4.5.3).

Einige der Gene des Y-Chromosoms befinden sich ebenfalls auf dem X-Chromosom, die meisten davon in zwei Regionen an den Enden der Arme des Gonosoms. Diese homologen Bereiche der Geschlechtschromosomen werden als **pseudoautosomale Regionen** bezeichnet. Die pseudoautosomalen Regionen sind dafür verantwortlich, dass sich in der Spermatogenese das X- und das Y-Chromosom vor der 1. meiotischen Teilung (▶ Kap. 1.16.2) aneinanderlagern können. Zwischen den pseudoautosomalen Regionen der Geschlechtschromosomen findet in der Meiose das Crossing Over statt.

Auf dem p-Arm des Y-Chromosoms, unmittelbar neben der pseudoautosomalen Region, ist das **SRY-Gen** (**S**ex **D**etermining **R**egion of **Y**) lokalisiert. Dieses Gen kodiert den **Testis Determining Factor (TDF),** der die Entwicklung der Gonadenanlagen zu den Hoden steuert (▶ Kap. 2.5.3). Die weitere Geschlechtsdifferenzierung wird dann hormonell reguliert.

Die An- oder Abwesenheit von SRY ist nur der Auslöser für weitere Reaktionen. An der testikulären Differenzierung sind noch weitere Gene auf dem Y- und dem X-Chromosom sowie auf den Autosomen beteiligt.

### Klinik

Das SRY-Gen ist ein Kontrollgen zur Einleitung der Reaktionskette der Geschlechtsdifferenzierung (▶ Kap. 2.5.3).
- Die Inaktivierung des SRY-Gens durch eine Mutation führt zu einem **weiblichen Phänotyp** trotz genetisch **männlichen Geschlechts.**
- Die Translokation eines aktiven SRY-Gens auf ein X-Chromosom, etwa durch Fehler beim Crossing Over, bewirkt einen **männlichen Phänotyp** bei genetisch **weiblichem Geschlecht** (XX-Männer).

## 2.5.2 X-Inaktivierung

Weibliche Individuen verfügen über die doppelte Zahl X-chromosomaler Gene wie männliche Individuen. Für die Funktion des Organismus sind die Gene eines X-Chromosoms ausreichend.

Wenn beim weiblichen Geschlecht die homologen Gene beider X-Chromosomen aktiv wären, so würden die Genprodukte im Vergleich zum männlichen Organismus in doppelter Menge gebildet. Es muss daher ein Mechanismus zur Kompensation dieses Dosisungleichgewichts existieren. Dies führte die Humangenetikerin Mary Lyon zur Formulierung der nach ihr benannten Hypothese:

### Merke

**Lyon-Hypothese:**
- In weiblichen Zellen ist eines der beiden X-Chromosomen inaktiviert.
- Das inaktive X-Chromosom ist entweder mütterlicher oder väterlicher Herkunft.

Somit werden die X-chromosomalen Gene im weiblichen und im männlichen Organismus mit gleicher Häufigkeit transkribiert. Das inaktivierte Chromosom liegt als dichter kondensiertes Heterochromatin vor und lässt sich nach Färbung im Interphasenkern als meist am Rand befindliches dunkles Einschlusskörperchen erkennen. Dieses wird **Barr-Körperchen** oder auch **Sex-Chromatin** genannt.

Die Inaktivierung erfolgt bereits in der frühen Embryogenese (11. bis 16. Tag), sie ist zufällig und kann in verschiedenen Zellen das von der Mutter oder das vom Vater vererbte X-Chromosom betreffen.

Damit unterscheiden sich die Genome der einzelnen Zellen des Organismus zufällig voneinander; dies wird als **genetisches Mosaik** bezeichnet (▶ Kap. 2.6.4).

Bei weiblichen heterozygoten Trägern eines X-chromosomalen Gendefekts finden sich aufgrund des genetischen Mosaiks sowohl erkrankte als auch normal funktionierende Zellen. Die funktionstüchtigen Zellen können die Störung der erkrankten Zellen meist ausreichend kompensieren, sodass die betreffenden Individuen in der Regel klinisch unauffällig bleiben.

Bei numerischen Aberrationen (▶ Kap. 2.6.3) der Gonosomen ist jeweils ein Barr-Körperchen weniger nachweisbar, als X-Chromosomen vorhanden sind.

Die Inaktivierung des X-Chromosoms beruht auf der Methylierung seiner DNA. Es wurde ein nur in Barr-Körperchen aktives Gen identifiziert, das **XIST-Gen** (**X**-**i**naktives **s**pezifisches **T**ranskript).

Dieses Gen stellt das Inaktivierungszentrum des Chromosoms dar. Sein Genprodukt ist eine RNA, die immer in engem Kontakt mit dem inaktivierten X-Chromosom bleibt. Die Interaktion der XIST-RNA mit dem Chromosom könnte dessen Inaktivierung einleiten oder aufrechterhalten.

Es werden Ausnahmen von der zufälligen Inaktivierung des mütterlich oder väterlich vererbten X-Chromosoms beobachtet:

- Bei einem pathologisch durch Mutationen veränderten X-Chromosom ist das mutierte X-Chromosom inaktiviert und das normale Chromosom aktiv.
- Es existieren aber auch einige Fälle von Translokationen, in denen stets das gesunde X-Chromosom inaktiv ist.

Das Verständnis der X-Inaktivierung ist bisher nur rudimentär. Die Details der Steuerung der Inaktivierung, besonders der Entscheidung, welches der beiden X-Chromosomen inaktiviert wird, sind noch unbekannt.

### 2.5.3 Geschlechtsdifferenzierung

Zu Beginn der Embryonalentwicklung sind noch keine Geschlechtsunterschiede zu erkennen. Zwischen der Mesenterialwurzel und der Urniere (Mesonephros) entsteht die Anlage der Gonaden. Bis zur 6. Woche verläuft die Entwicklung der Geschlechtsorgane neutral. Die Vorläufer der inneren Geschlechtsorgane sind die Wolff- und die Müller-Gänge (▸ Abb. 2.25).

Beim männlichen Embryo differenzieren sich in der 6. bis 8. Woche die Anlagen der Gonaden unter Einfluss des TDF (▸ Kap. 2.5.1) zu den Hoden, beim weiblichen Embryo wird kein TDF gebildet und es entstehen in der 8. Woche die Ovarien.

Mit der 8. Schwangerschaftswoche beginnen die Leydig-Zellen in den Hoden mit der Synthese von **Testosteron** und **Anti-Müller-Hormon (AMH).** Gesteuert vom Testosteron entwickeln sich beim männlichen Fetus aus den Wolff-Gängen Samenblasen, Nebenhoden und Samenleiter. Die Müller-Gänge bilden sich unter dem Einfluss von AMH zurück. Beim weiblichen Fetus bilden sich die Wolff-Gänge zurück und die Müller-Gänge entwickeln sich zu Eileitern, Uterus und oberer Vagina.

Die Anlagen der äußeren Genitalien sind der Sinus urogenitalis und der Genitalhöcker. Unter dem Einfluss von Testosteron bilden sich Penis, Urethra (Harnröhre) und Scrotum (Hodensack). Ohne Testosteronwirkung bildet sich das weibliche äußere Genitale.

---

**Merke** •

Die Natur favorisiert das weibliche Geschlecht, wenn nicht durch TDF die Entwicklung der Hoden und durch Hormone aus den fetalen Hoden die Entwicklung zum männlichen Geschlecht gesteuert wird.

---

**Klinik** •

**Pseudohermaphroditismus** bezeichnet das gleichzeitige Vorhandensein der Keimdrüsen eines Geschlechts und der äußeren Geschlechtsmerkmale des anderen Geschlechts. Die Ursache sind Störungen der Geschlechtsdifferenzierung. In einigen Fällen sind die äußeren Genitalien intersexuell ausgeprägt, sodass das Geschlecht nicht eindeutig zugeordnet werden kann.

- Pseudohermaphroditismus masculinus hat den Karyotyp (46, XY; ▸ Kap. 2.3.1) bei äußerlich weiblichem Geschlecht. Meist liegt eine testikuläre Feminisierung aufgrund der fehlenden Wirkung des Dihydrotestosterons (▸ Kap. 1.18.2, ▸ Kap. 2.2.4) vor.

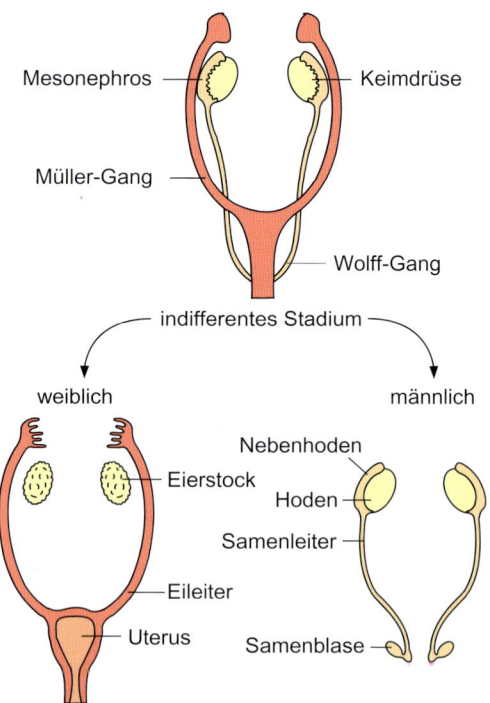

**Abb. 2.25** Differenzierung der weiblichen und männlichen Geschlechtsorgane in der frühen Embryonalentwicklung [4].

- Pseudohermaphroditismus femininus hat den Karyotyp (46, XX) mit eindeutigen Ovarien, aber männlichen oder intersexuellen äußeren Geschlechtsmerkmalen. Die Ursache liegt in einer vermehrten Androgenwirkung während der weiblichen Geschlechtsdifferenzierung, z. B. bei gestörter Cortisolsynthese, hormonproduzierenden Tumoren oder Androgeneinnahme während der Schwangerschaft.

## 2.6 Mutationen

### 2.6.1 Genmutationen

#### 2.6.1.1 Definition, Einteilung und Ursachen

Die Gene werden von einer Generation zur nächsten im Prinzip unverändert weitergegeben. Durch die Meiose (Crossing Over in Prophase I, zufällige Verteilung väterlicher und mütterlicher Chromosomen in Metaphase I, ▸ Kap. 1.16.2.2) und die Verschmelzung von Samen- und Eizelle erfolgt lediglich eine Neukombination der Gene beider Elternteile, sodass ein neues, einzigartiges Individuum entsteht.

Eine Veränderung dieses Genbestands wird als **Mutation** bezeichnet.

Nach der Lokalisation einer Mutation werden unterschieden:

- **Somatische Mutationen** ereignen sich in Körperzellen. Sie führen zu einem genetischen Mosaik (▸ Kap. 2.6.4). Von der Mutation betroffen sind nur die veränderten Körperzellen und deren Tochterzellen.
- **Genetische Mutationen** betreffen die Keimzellen. Sie werden an die nachfolgenden Generationen weitervererbt.

Nach ihrer Ursache können Mutationen unterteilt werden:

- **Spontane Mutationen** entstehen ohne erkennbare äußere Einwirkung. Als Ursachen kommen spontan aufgetretene DNA-Schäden oder nicht korrigierte Replikationsfehler der DNA in Frage. Die Zahl der tatsächlich aufgetretenen Replikationsfehler oder DNA-Schäden liegt beträchtlich über der Anzahl der beobachteten Neumutationen. Die meisten dieser Schäden werden durch effiziente Reparatursysteme von der Zelle korrigiert (▸ Kap. 2.2.2).
- **Induzierte Mutationen** werden durch schädigende äußere Einflüsse ausgelöst. Verschiedene chemische Agenzien, freie Radikale und ionisierende Strahlung können Mutationen hervorrufen. Auch UV-Strahlung kann Mutationen auslösen (▸ Kap. 2.2.2), wegen der geringen Durchdringungsfähigkeit der Strahlung sind davon jedoch nur Hautzellen betroffen.

### Lerntipp

Die verschiedenen Mutationsformen, ihre Auswirkung auf die Transkription und die damit verbundenen Krankheiten werden auch in der Biochemie, der Humangenetik sowie in der Radiologie bzw. Strahlentherapie intensiv behandelt!

Das Auftreten einer Mutation ist ein zufälliges Ereignis. An einer identifizierten Mutation kann nicht erkannt werden, ob sie spontan aufgetreten ist oder durch einen äußeren Einfluss induziert wurde. Es ereignen sich ständig spontane Mutationen. Die Wahrscheinlichkeit ihres Auftretens wird als **natürliche Mutationsrate** bezeichnet. Durch schädigende äußere Einflüsse wird die Mutationsrate erhöht.

### Klinik

Als Folge der Exposition mutagener Einflüsse wird ein vermehrtes Auftreten von Leukämien oder Tumoren beobachtet.

#### 2.6.1.2 Ursachen und Folgen auf Nukleotidebene

Eine **Genmutation** ist eine Veränderung im Bereich eines einzelnen Gens. Im Unterschied zu Chromosomenmutationen (▸ Kap. 2.6.2, ▸ 2.6.3) ist eine Genmutation mikroskopisch nicht sichtbar. Die Mutation eines Gens ändert die Abfolge der Nukleotidsequenz der DNA. In der Folge kann ein neues Genprodukt entstehen, das in seiner Funktion defekt, unbeeinträchtigt oder verbessert sein kann. Mutationen bilden damit auch die molekulare Grundlage der Evolution.

Eine Mutation kann u. a. durch die Aktivierung von Onkogenen oder die Inaktivierung von Suppressoren die Transformation einer Zelle zu einer Tumorzelle auslösen (▸ Kap. 1.18.1, ▸ Kap. 2.6.5).

An einem Gen können durch Mutationen folgende Veränderungen auftreten:

- **Basensubstitution:** Eine Nukleotidbase wird durch eine andere ersetzt. Diese Mutation wird auch **Punktmutation** genannt.
- **Deletion:** Ein oder mehrere Nukleotide gehen verloren.
- **Insertion:** Die Basensequenz wird um eine oder mehrere Basen verlängert.
- **Duplikation:** In die Nukleotidsequenz wird ein komplettes Gen oder ein Teil eines Gens eingeschoben. Duplikationen entstehen durch ungleiches Crossing Over oder durch die Integration von Transposons bzw. Retrotransposons (▶ Kap. 2.2.8).
- **Triplettexpansion** (Trinukleotidwiederholung): Eine Folge von drei Nukleotiden wird amplifiziert, d. h., sie wird ein- oder mehrmals wiederholt.

Die beiden letztgenannten Veränderungen, Duplikation und Triplettexpansion, könnten auch als spezielle Formen der Insertion angesehen werden. Bei Insertionen werden jedoch meist nur wenige Basen eingeschoben, ohne dass sich dabei ein spezifisches Muster wiederholt. Duplikation und Triplettexpansion werden deshalb in der Regel als eigenständige Mutationstypen klassifiziert.

Nach der Bildung einer repetitiven Sequenz durch ungleiches Crossing Over erhöht sich die Wahrscheinlichkeit für eine erneute Fehlpaarung. Mit jeder Generation nimmt die Zahl der repetitiven Sequenzen zu. Die Schwere des hervorgerufenen Krankheitsbilds korreliert mit der Anzahl der Trinukleotidwiederholungen des mutierten Gens. Häufig wird eine **Antizipation** beobachtet, d. h., die Krankheiten manifestierten sich in den folgenden Generationen immer früher und nehmen einen schwereren Verlauf.

---

## Klinik

- **Lepore-Hämoglobine** werden durch die fusionierten Hämoglobin-Gene α und δ (▶ Kap. 2.2.7) kodiert, die durch ungleiches Crossing Over entstanden sind. Die Transkription der Fusionsgene wird von dem nur schwach aktiven δ-Promotor kontrolliert. Die Folge ist eine β-**Thalassämie.**
- **Chorea Huntington** (Veitstanz) wird durch einen dominant vererbten Defekt auf Chromosom 4 hervorgerufen. Ursache des **fragilen X-Syndroms** (Martin-Bell-Syndrom) ist eine veränderte Stelle auf dem X-Chromosom, an dem sich leicht Chromosomenbrüche ereignen. In beiden Fällen wurden als Gendefekte

Trinukleotidwiederholungen nachgewiesen und eine Antizipation beobachtet.

---

Abhängig von ihrer genauen Lokalisation zeigt eine Genmutation verschiedene mögliche Folgen:

- Eine Änderung der **Promotorregion** kann das gesamte Gen inaktivieren.
- Betrifft die Mutation das **Stoppcodon,** wird die Transkription nicht rechtzeitig beendet. Es entsteht eine verlängerte mRNA.
- Ein für eine Aminosäure kodierendes Codon ist bei einer Nonsense-Mutation zu einem Stoppcodon mutiert, welches die Transkription vorzeitig abbricht. Die mRNA ist verkürzt.
- Ein durch eine **Punktmutation** geändertes Codon (Missense-Mutation) kodiert eine andere Aminosäure. Der Aminosäureaustausch kann zu einem veränderten Genprodukt führen.
- Wegen der Degeneration des genetischen Codes kann nach einer Punktmutation das neue Codon auch für die gleiche Aminosäure wie zuvor kodieren und die Mutation so ohne Folgen bleiben. In diesem Fall wird die Mutation als **stille Mutation** (Silent-Mutation) bezeichnet.
- Eine Deletion oder Insertion einer nicht durch 3 teilbaren Zahl von Nukleotiden verändert das **Leseraster.** Dies wird auch als **Frame-Shift-Mutation** bezeichnet. Ein Frame-Shift führt zu einem völlig veränderten, meist komplett untauglichen Genprodukt.

---

## Klinik

Die **Sichelzellenanämie,** eine autosomal-rezessive Erbkrankheit, hat ihre Ursache in der Punktmutation des Gens der Hämoglobin-β-Kette. Das Codon GAA für die Aminosäure Glutaminsäure (Glu) ist durch eine Basensubstitution zu GTA verändert und kodiert nun Valin (Val; ▶ Abb. 2.10). Der Austausch der polaren Glutaminsäure gegen das unpolare Valin an Position 6 der Peptidkette führt zu einem veränderten Hämoglobin (HbS). Die Erythrozyten nehmen eine sichelförmige Gestalt an. Ihre geringere Verformbarkeit führt zu einer gesteigerten Hämolyse und einer erhöhten Viskosität des Bluts. In der Folge verursachen Infarkte der kleinen Gefäße vielfältige Organschäden.

## 2.6.2 Strukturelle Chromosomenmutationen

Eine Chromosomenmutation (Chromosomenaberration) ist in den meisten Fällen im Karyogramm, nach Färbung der Chromosomen (▶ Kap. 2.3.2), mikroskopisch erkennbar. Kleinere Veränderungen können durch In-situ-Hybridisierung (▶ Kap. 2.2.6.3) nachgewiesen werden.

Es werden verschiedene Typen struktureller Chromosomenmutationen unterschieden, deren Folgen unterschiedlich gravierend sein können. Die Auswirkung einer Chromosomenaberration für die Zelle oder für das betroffene Individuum hängt davon ab, wie viele und welche Gene verändert wurden. Meist haben strukturelle Chromosomenaberrationen jedoch schwerwiegende Folgen, die zum Zelltod bzw. in der Embryogenese zu schweren Fehlbildungen oder zum frühen Spontanabort führen.

Strukturelle Chromosomenmutationen sind die Folge von Chromosomenbrüchen, bei denen die Bruchenden in fehlerhafter Anordnung wieder miteinander verbunden werden.

- Nach Chromosomenbrüchen können diejenigen Fragmente der Chromosomen, die ein Zentromer enthalten, bei der Zellteilung normal auf die Tochterzellen verteilt werden. **Azentrische Fragmente**, d. h. Chromosomenstücke ohne Zentromer, gehen bei der Zellteilung verloren.
- Nach zwei Chromosomenbrüchen können beide Enden eines Fragments zu einem zentrischen oder azentrischen **Ringchromosom** verbunden werden.
- Aus der Verbindung zweier Chromosomen entsteht ein **dizentrisches Chromosom** mit zwei Zentromeren. Dieses wird bei der Zellteilung meist auseinandergerissen.
  - Eine **Deletion** ist der Verlust eines Chromosomenfragments. Bei der terminalen Deletion geht das distale Ende eines Chromosomenarms verloren. Wird der gesamte Telomerenbereich, der das Chromosomenende schützt, durch eine terminale Deletion abgetrennt, ist das Chromosom oft nicht mehr stabil und wird dann völlig abgebaut. Durch zwei Chromosomenbrüche mit anschließender fehlerhafter Reparatur kann aber auch ein Fragment innerhalb des Chromosoms verloren werden (▶ Abb. 2.26 a).

Der Verlust von Genmaterial durch größere Deletionen kann in der Regel nicht mehr toleriert werden. Eine solche Deletion in den Keimzellen oder im frühen Embryonalstadium führt meist zum Abort. Bei überlebensfähigen Deletionen treten oft schwere Fehlbildungen auf.

### Klinik

Das **Katzenschreisyndrom** (Cri-du-chat-Syndrom), so benannt nach dem charakteristischen Schreien der betroffenen Säuglinge, ist eine Folge der Deletion des kurzen Arms des Chromosoms 5. Schreibweise des Karyotyps: 46, del(5p).

- Eine **Duplikation** ist die Verdopplung eines Chromosomenabschnitts. Ein Fragment eines Chromosoms wurde fälschlicherweise in das homologe Chromosom eingefügt oder die Ursache liegt in irregulärem Crossing Over in der Meiose (▶ Abb. 2.26b). Duplikationen waren die Grundlage der Evolution von Genfamilien (▶ Kap. 2.2.7). Werden die duplizierten Gene ebenfalls transkribiert, ist die Syntheserate für das Genprodukt gesteigert. Die Folgen hängen dann von der Information des duplizierten Chromosomenabschnitts ab.
- **Inversion** bezeichnet die Umkehrung eines Chromosomenstücks nach Fehlreparatur eines zweifachen Chromosomenbruchs (▶ Abb. 2.26c). Sie lässt sich weiter unterscheiden in die perizentrische Inversion, die ein Fragment mit Zentromer, und die parazentrische Inversion, die ein Stück eines Chromosomenarms betrifft. Inversionen sind häufig klinisch unauffällig.
- Bei einer **Translokation** wird ein Chromosomenfragment an eine andere Stelle des Chromosoms oder auf ein anderes Chromosom übertragen. Die Auswirkungen von Translokationen sind vielfältig, sie reichen von völliger Unauffälligkeit bis hin zu schwersten Fehlbildungen. Der Träger einer Translokation kann in der Summe seines Genbestands ein normales Genom aufweisen. Ist der Träger phänotypisch gesund, wird die Chromosomenveränderung als **balancierte Translokation** bezeichnet.

- **Reziproke Translokation** wird der Austausch zweier Chromosomensegmente zwischen nicht homologen Chromosomen genannt. Nach zwei Chromosomenbrüchen werden die Fragmente in das jeweils andere Chromosom integriert (▶ Abb. 2.26d).

### Klinik

Bei **chronisch myeloischer Leukämie** findet sich in den Lymphozyten der Patienten häufig das so genannte **Philadelphia-Chromosom.** Es handelt sich um eine asymmetrische Translokation, bei der ein größerer Teil des langen Arms des Chromosoms 22 mit einem kürzeren Stück des q-Arms von Chromosom 9 transloziert ist: 46, t(22,9), t(9,22).

Eine besondere Form der Translokation ist die **Robertson-Translokation,** auch **zentrische Fusion** genannt, bei der zwei akrozentrische Chromosomen unter Verlust ihrer kurzen Arme (p-Arme) am Zentromer verschmelzen und ein größeres metazentrisches Chromosom bilden.
Eine Robertson-Translokation, bei der nur wenig genetisches Material verloren geht, sodass sie balanciert und damit klinisch unauffällig vorkommen kann, betrifft die Chromosomen 14 und 21. Im Karyogramm fehlen je ein Chromosom 14 und 21, dafür tritt ein neues metazentrisches Translokationschromosom auf. Die Schreibweise des Karyotyps ist: 45, −14, −21, +t(14q,21q).

Robertson-Translokationen wirken sich bei der Bildung der Keimzellen aus. Normalerweise paaren sich in der Prophase I der Meiose die homologen Chromosomen zu Bivalenten (▶ Kap. 1.16.2.1). An das durch zentrische Fusion gebildete metazentrische Chromosom lagern sich an beiden Armen die homologen akrozentrischen Chromosomen an. Somit entstehen **Trivalente.** In der Metaphase erhält eine Tochterzelle eine Komponente des Trivalents und die andere zwei.

- Bei einer korrekten Verteilung erhält eine Tochterzelle das Fusionschromosom und die andere die beiden akrozentrischen Chromosomen. Aus der Tochterzelle mit dem Fusionschromosom entstehen Gameten, die die Robertson-Translokation weitervererben. Aus der anderen bilden sich genotypisch normale Gameten.
- In einer Fehlverteilung erhält eine Tochterzelle das Fusionschromosom und eines der akrozentrischen Chromosomen, die andere erhält nur ein akrozentrisches Chromosom. Von diesen Gameten gebildete Zygoten sind entweder von einer Trisomie oder einer Monosomie betroffen (▶ Kap. 2.6.3).

### 2.6.3 Numerische Chromosomenmutationen

Bei numerischen Chromosomenmutationen weicht die Chromosomenzahl von der des normalen Karyotyps ab. Die Ursache ist eine Fehlverteilung der Chromosomen bei der Zellteilung, am häufigsten als Folge einer Non-Disjunction (▶ Kap. 1.16.3.3) in der Meiose. Ist ein

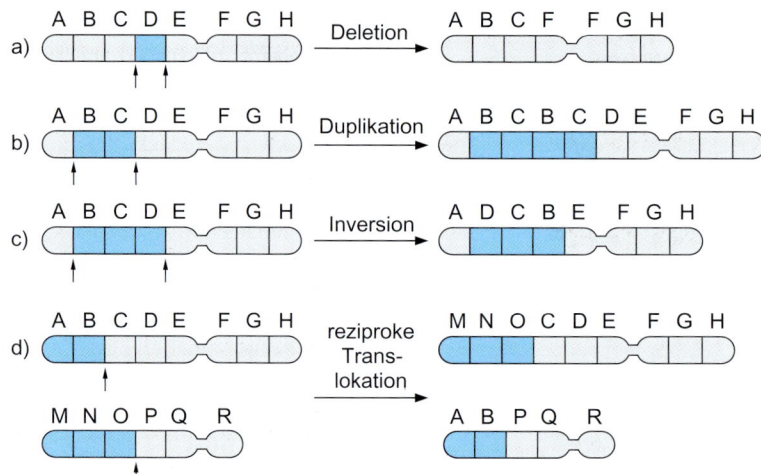

**Abb. 2.26** Strukturelle Chromosomenaberrationen: **(a)** Deletion, **(b)** Duplikation, **(c)** Inversion und **(d)** reziproke Translokation. Die Pfeile markieren die Bruchstellen der Chromosomen.

Chromosom nur einfach vorhanden, liegt eine **Monosomie** vor, ist es dreifach vorhanden, eine **Trisomie.**

Allgemein werden Zellen mit vom normalen Karyotyp abweichender Chromosomenzahl als **aneuploid** bezeichnet.

> **Klinik**
>
> **Tumorzellen** sind häufig aneuploid.

Der Begriff **Polyploidie** bezeichnet das Vorhandensein von mehr als zwei vollständigen haploiden Chromosomensätzen. Polyploidie wird beim Menschen und bei Tieren natürlicherweise nur in besonders stoffwechselaktiven Zellen beobachtet, z. B. in Leberzellen.

Numerische Aberrationen können die Autosomen oder die Gonosomen betreffen. Bei den Autosomen führen abweichende Chromosomenzahlen, sofern sie überhaupt mit dem Überleben vereinbar sind, zu schweren Krankheitsbildern.

> **Klinik**
>
> **Autosomale Chromosomenaberrationen:**
> - **Trisomie 21** (Down-Syndrom, auch: Morbus Langdon-Down oder [früher] Mongolismus): 47, +21. Auswirkungen einer Trisomie 21 sind geistige Retardierung und verschiedenen körperliche Merkmale, wie z. B. eine typische Physiognomie, verminderter Muskeltonus, häufig Herzfehler.
> - **Trisomie 13** (Pätau-Syndrom): 47, +13. Schwerste Fehlbildungen, Lebenserwartung etwa 1 Monat.
> - **Trisomie 18** (Edwards-Syndrom): 47, +18. Zahlreiche Fehlbildungen, die mittlere Lebenserwartung beträgt 3 Monate.

Unbalancierte Translokationen erzeugen eine **partielle Monosomie** bzw. **partielle Trisomie.** Die seltene unbalancierte Translokationstrisomie 21 tritt phänotypisch ebenfalls als Langdon-Down-Syndrom in Erscheinung.

Autosomale Monosomien oder andere als die genannten Trisomien sind nicht lebensfähig. Es kommt bereits in der Frühphase der Schwangerschaft zum Abort.

> Die gonosomalen Aberrationen führen dagegen nicht zu schweren Erkrankungen. Schwere Fehlbildungen oder geistige Entwicklungsstörungen treten hier in der Regel nicht auf.

> **Klinik**
>
> **Gonosomale Chromosomenaberrationen:**
> - **Ullrich-Turner-Syndrom:** 45, X (Monosomie des X-Chromosoms). Führt häufig zum Spontanabort, bei Überleben u. a. Minderwuchs, Ausbleiben der Menstruation.
> - **Klinefelter-Syndrom:** 47, XXY. Phänotyp männlich, gestörte Fertilität, oft keine oder nur geringe Ausprägung der sekundären Geschlechtsmerkmale.
> - **Triple-X-Syndrom:** 47, XXX. Klinisch meist unauffällig, reduzierte Fertilität, leichte motorische und kognitive Beeinträchtigungen.
> - **XYY-Syndrom:** 47, XYY. Klinisch unauffällig, Körpergröße meist 10–15 cm über dem Durchschnitt normaler XY-Männer, gelegentlich werden Verhaltensauffälligkeiten mit gesteigerter Aggressivität berichtet.

Der Überblick über die numerischen Aberrationen der Gonosomen ist nicht vollständig. Hier sind in sehr seltenen Fällen auch noch andere Varianten zu beobachten, wie z. B. XXXX, XXXY oder auch genetische Mosaike (► Kap. 2.6.4).

Die Wahrscheinlichkeit für das Auftreten numerischer Chromosomenaberrationen steigt mit dem Lebensalter der Mutter. Eine Ausnahme bildet nur das XYY-Syndrom, dessen Wahrscheinlichkeit mit dem Alter des Vaters korreliert.

> **Klinik**
>
> Bei einer 20-jährigen Frau beträgt die Wahrscheinlichkeit für die Geburt eines Kindes mit **Down-Syndrom (Trisomie 21)** etwa 0,0005 (1:2.000). Ab dem 30. Lebensjahr steigt diese Wahrscheinlichkeit dann stark an. Bei einer 45-jährigen Frau ist das Risiko auf ca. 0,02 (1:50) erhöht. Spätgebärenden wird deshalb eine pränatale genetische Diagnostik empfohlen.

## 2.6.4 Mosaike und Chimären

Wenn sich innerhalb eines Organismus das Genom der einzelnen Körperzellen unterscheidet, liegt ein **genetisches Mosaik** vor.
- Durch die zufällige Inaktivierung eines der beiden X-Chromosomen bildet der weibliche Körper ein natürliches genetisches Mosaik (► Kap. 2.5.2).
- Ein pathologisches Mosaik entsteht durch Fehlverteilung der Chromosomen in der Mitose.

- Kommt es zu einer Fehlverteilung in der frühen Embryogenese, unterscheidet sich der Karyotyp einzelner Gewebe bzw. Organe. So liegen bei 20 % der Patienten mit Klinefelter-Syndrom Mosaike vor, z. B. aus den Genotypen 46, XY und 47, XXY

**Klinik**

Genetische Mosaike stellen Problemfälle der **pränatalen Diagnostik** dar. Bei der Amniozentese werden nur bestimmte Zellen des Embryos gewonnen. Chromosomenaberrationen in anderen Geweben entziehen sich somit der Diagnose.

Der Begriff der **Chimäre** entstammt der griechischen Mythologie. Chimären sind Fabelwesen mit den körperlichen Merkmalen zweier verschiedener Spezies. Ein Beispiel hierfür ist der Zentaur mit dem Rumpf und den Beinen eines Pferdes und dem Oberkörper eines Mannes.

In der engeren Definition der Genetik sind Chimären Lebewesen oder Gewebe, die aus der genetischen Mischung zweier verschiedener Spezies entstanden sind. Experimentell lassen sich Chimären durch Verschmelzung zweier Zygoten im 2- oder 4-Zell-Stadium erzeugen. Auf diese Weise wurden Chimären eng verwandter Arten produziert, z. B. von Ziege und Schaf. Das chimäre Tier hat somit zwei Väter und zwei Mütter.

### 2.6.5 Mutationen in Somazellen

Auf den Unterschied zwischen genetischen und somatischen Mutationen wurde bereits eingegangen (▶ Kap. 2.6.1.1). Eine Mutation in einer Körperzelle betrifft zunächst nur diese Zelle und, falls sie sich in einem teilungsaktiven Gewebe befindet, auch deren Nachkommen.

Es muss davon ausgegangen werden, dass sich in den Zellen eines komplexeren Organismus ständig Mutationen ereignen. Schwere Chromosomenschäden sind für die Zelle letal. Wenn Kontrollmechanismen der Zelle eine Fehlfunktion feststellen, wird die Apoptose ausgelöst (▶ Kap. 1.17.1).

In den meisten Geweben kann der Zellverlust durch die Vermehrung benachbarter ungeschädigter Zellen ausgeglichen werden. Der überwiegende Teil der somatischen Mutationen bleibt damit für das betroffene Individuum ohne Bedeutung.

Die Gefahr somatischer Mutationen liegt jedoch in der möglichen **Transformation** einer Zelle zur Tu-

morzelle. Wenn eine Mutation Onkogene bildet oder Suppressor-Gene inaktiviert, beginnt die Zelle mit einer unkontrollierten Vermehrung.

**Klinik**

- Das **Burkitt-Lymphom** ist eine spezielle Tumorart der lymphatischen Gewebe des Rachenraums. Zytogenetisch sind in den Tumorzellen verschiedene Translokationen zu finden. Häufig ist die Translokation t(8,14), bei der das c-myc-Protoonkogen von Chromosom 8 in eine stark exprimierte Region des Chromosoms 14 transloziert wird, die die Peptidketten der Immunglobuline kodiert. Das Protoonkogen wird durch einen Promotor oder Enhancer der Imunglobulin-Gene aktiviert.
- Beim **Retinoblastom,** einem Tumor der Netzhaut, wird ein Suppressor-Gen inaktiviert. Das betroffene Gen liegt auf dem langen Arm von Chromosom 13. In 60 % der Fälle erfolgt die Tumorgenese durch eine Neumutation des Gens, in 40 % der Fälle wird der Gendefekt mit unvollständiger Penetranz autosomal-dominant vererbt. Die Penetranz liegt bei 90 %, d. h., 10 % der heterozygoten Träger des mutierten Gens erkranken nicht.

## 2.7 Klonierung und Nachweis von Genen bzw. Genmutationen

### 2.7.1 Gentechnologische Methoden

In den letzten Jahrzehnten wurden auf dem Gebiet der Gentechnologie entscheidende Fortschritte erzielt. Das Genom vieler Organismen ist weitgehend entschlüsselt. In der Diagnostik können einzelne Gene bzw. Gendefekte lokalisiert werden und einzelne Gene können gezielt in das Genom eines fremden Organismus übertragen werden, der dann das jeweilige Genprodukt synthetisiert.

Auf diese Weise werden heute zahlreiche in der medizinischen Therapie eingesetzte Wirkstoffe von gentechnisch veränderten Bakterien produziert, z. B. Insulin, Interferon und der Impfstoff gegen Hepatitis B.

Als **Klonierung** wird die Schaffung einer identischen Kopie einer Zelle oder eines gesamten Organismus bezeichnet. Die gelungene Klonierung eines Säugetiers, eines Schafs, hatte 1997 weltweit Aufsehen erregt. Alle Versuche der Klonierung höherer Lebewesen befinden sich aber noch im Experimentalstadium.

Einzelne Zellen lassen sich dagegen leicht klonieren. Wenn sie auf einen festen Nähragar aufgebracht werden, bilden sich aus den einzelnen Zellen **Zellkolonien.** Jede Zelle einer Kolonie ist dabei genetisch identisch.

So können Zellen zunächst vermehrt werden, bevor weitere Untersuchungen durchgeführt werden, wie z. B. die Erstellung eines Karyogramms.

Eine grundlegende Anforderung der modernen Gentechnik ist die Vervielfältigung einzelner Gene bzw. DNA-Abschnitte (▶ Kap. 2.7.2). Dabei sind **Restriktionsendonukleasen** ein unverzichtbares Hilfsmittel zur Isolation einzelner Gene und ihrer Integration in ein fremdes Genom. Die Restriktionsenzyme wurden erstmals vor etwa 40 Jahren in Bakterien gefunden. Sie dienen den Bakterien als Schutz vor fremder, z. B. viraler, DNA, indem sie diese gezielt an bestimmten Basensequenzen durchtrennen und in kleine Stücke schneiden. Die eigene DNA der Bakterien ist dagegen durch Methylierung vor dem Angriff der Enzyme geschützt.

Der große Vorteil der Restriktionsendonukleasen, der diese für die Gentechnik so bedeutend macht, ist die Anordnung der von ihnen gesetzten Schnittstellen. Die Schnitte in den beiden Strängen der DNA liegen einander nicht direkt gegenüber, sondern sind einige Basen gegeneinander versetzt (▶ Abb. 2.27).

Die gebildeten Fragmente besitzen komplementäre einsträngige Enden, z. B. TTAA bzw. AATT, an denen sie wieder rekombinieren können.

Wird DNA unterschiedlicher Herkunft, wie das Plasmid eines Bakteriums und eine menschliche Spender-DNA, mit dem gleichen Restriktionsenzym geschnitten, passen die Enden zueinander. Die Fragmente können so rekombinieren, dass menschliche Gene in das Plasmid eingeschleust werden. Der gentechnisch veränderte Mikroorganismus synthetisiert nun ein menschliches Genprodukt.

Die so modifizierten Bakterien können mit den üblichen Methoden weiter kultiviert werden. Sie vererben ihre neuen Eigenschaften an alle Nachkommen.

Inzwischen wurden hunderte verschiedener Restriktionsendonukleasen isoliert und viele dieser Enzyme sind kommerziell erhältlich. Jede Restriktionsendonuklease schneidet dabei die DNA an einer für sie typischen Basensequenz in immer der gleichen Art und Weise.

Bitte beachten Sie jedoch, dass die Gensequenz des Menschen frei von Introns sein muss, denn Bakterien können diese nicht prozessieren. Meist wird deshalb cDNA verwendet, die aus der reifen mRNA durch reverse Transkription hergestellt wurde.

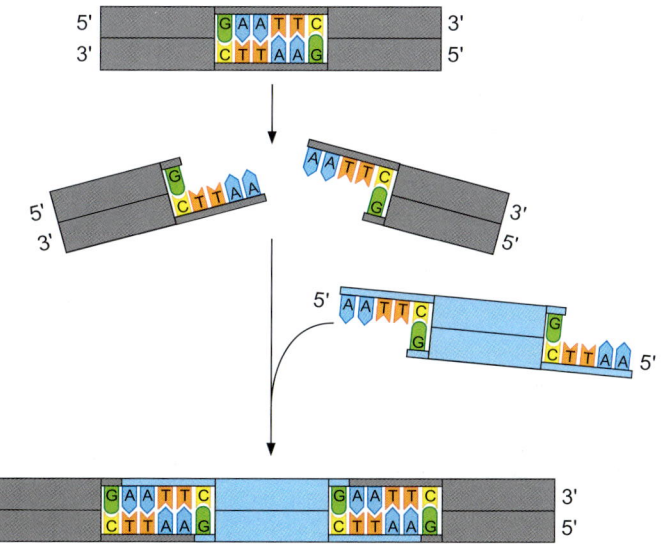

**Abb. 2.27** In-vitro-DNA-Rekombination: DNA unterschiedlicher Herkunft wird mit dem gleichen Restriktionsenzym geschnitten. Die Enden passen zueinander und können sich verbinden.

## 2.7.2 Polymerase-Kettenreaktion

Die **Polymerase-Kettenreaktion** (**PCR**: Polymerase Chain Reaction) ist eine Methode zur Vervielfältigung einer DNA-Sequenz. Mit dieser Technik wird ein DNA-Stück schnell und automatisch amplifiziert, d. h., es wird viele Male kopiert, ohne dass dazu Zellen notwendig sind.

Neben der zu amplifizierenden DNA-Probe sind als Ausgangsmaterialien für die PCR DNA-Polymerasen, Primer und DNA-Nukleotide erforderlich. Es wird die Eigenschaft der Polymerasen ausgenutzt, neue Nukleotide bei der Synthese immer nur an eine bestehende Primersequenz anzuhängen (► Kap. 2.2.1.2). Für den Start der In-vitro-Synthese sind als Primer kurze (10–20 bp), künstlich hergestellte komplementäre DNA-Sequenzen notwendig.

Die Polymerase-Kettenreaktion durchläuft einen wiederholten Zyklus aus folgenden Schritten (► Abb. 2.28):

1. Die zu vervielfältigende doppelsträngige DNA wird durch Hitzeeinwirkung denaturiert.
2. An den entstandenen Einzelsträngen binden nach dem Abkühlen komplementäre Primer. Die Primer bestimmen die zu kopierende DNA-Sequenz.
3. Die DNA-Polymerase fügt am 3'-Ende des Primers Nukleotide komplementär zur einzelsträngigen Matrize an.

Am Ende eines Zyklus wurde die DNA semikonservativ verdoppelt. Anschließend beginnt mit erneutem Erhitzen der nächste Zyklus. Das Verfahren kann vollautomatisch ablaufen, wobei die Zahl der Kopien exponentiell wächst. Jeder Zyklus dauert etwa 5 Minuten. In einer Stunde können somit mehr als 1.000 Kopien, in zwei Stunden etwa eine Million Kopien einer DNA-Sequenz hergestellt werden.

Die in der PCR verwendete DNA-Polymerase muss hitzebeständig sein. Eine solche ungewöhnliche Polymerase wurde zuerst aus Bakterienstämmen isoliert, die in heißen Quellen leben.

---

**Lerntipp**

Bitte beachten Sie, dass die PCR von fast jeder Vorlage aus durchgeführt werden kann. So können z. B. aus der vollständigen genomischen DNA des Menschen einzelne kurze Bereiche amplifiziert werden. Sie ist auch deshalb zu einer der derzeit wichtigsten Methoden der Gentechnik geworden.

---

Die vervielfältigte DNA kann nun mit anderen Methoden weiter auf spezielle Merkmale hin untersucht werden.

- In der forensischen Anwendung soll eine DNA-Probe einem bestimmten Individuum zugeordnet werden. Die PCR funktioniert auch mit sehr geringen DNA-Mengen und verunreinigten Proben, wie sie oft bei kriminaltechnischen Analysen vorliegen.
- Die medizinische Diagnostik sucht nach Gendefekten. Aber nicht jede Abweichung der Nukleotidsequenz ist pathologisch. Es existieren zahlreiche **genetische Polymorphismen** (multiple Allele, ► Kap. 2.9.3), d. h. Genvarianten im Bereich des Normalen, die jeweils ein funktionelles Genprodukt kodieren.

---

**Klinik**

Bei **Mukoviszidose** (► Kap. 1.3.5) ist eine Mutation an einem Gen, das für ein Membranprotein kodiert, nachweisbar, dem CFTR-Gen. Die häufigste Mutation im CFTR-Gen ist die so genannte δ-F508-Deletion. Wegen der Deletion von 3 Basenpaaren fehlt die Aminosäure Phenylalanin im Genprodukt.

---

## 2.7.3 Nachweis von Genmutationen

Es existieren unterschiedliche zytogenetische Verfahren (► Kap. 2.3.3) zum Nachweis von Genmutationen.

Als Ausgangsmaterial dienen klonierte Gene. Die interessierende DNA-Sequenz kann zunächst mittels PCR vervielfältigt werden (► Kap. 2.7.2). Durch das Schneiden mit Restriktionsenzymen entstehen kurze DNA-Fragmente (► Kap. 2.7.1). Wenn eine Genmutation die Erkennungssequenz für das Restriktionsenzym verändert, unterscheiden sich die Längen der Fragmente des normalen und des mutierten Gens. Diese Längenunterschiede werden als **Restriktionsfragmentlängen-Polymorphismen (RFLP)** bezeichnet. Die DNA-Fragmente werden mittels Elektrophorese nach ihrer Länge getrennt. Mit Hilfe von DNA-Sonden, die mit den Restriktionsfragmenten hybridisieren, können Fragmente des untersuchten Gens lokalisiert werden.

Es wird zwischen dem direkten und dem indirekten Nachweis von Genmutationen unterschieden:

- Der **direkte Nachweis** ist grundsätzlich an jeder kernhaltigen Zelle durchführbar. Das Verfahren

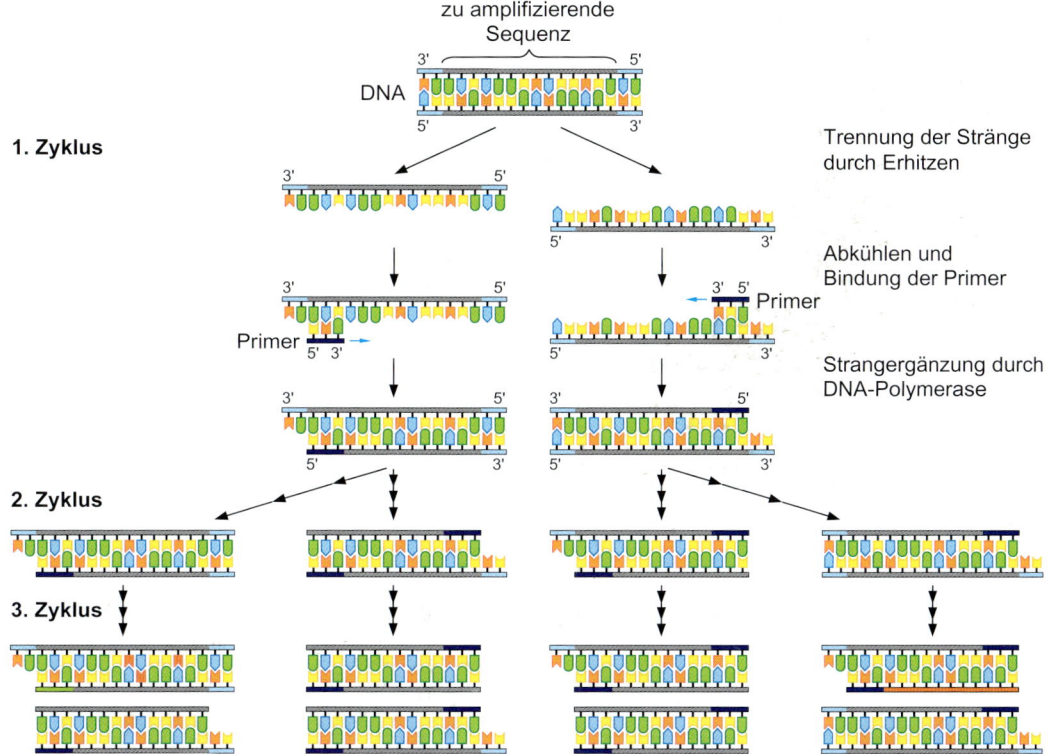

**Abb. 2.28** Schematische Darstellung der Polymerase-Kettenreaktion (PCR).

ist spezifisch und ermöglicht die Diagnose bzw. den Ausschluss einer genetisch bedingten Erkrankung. Voraussetzung ist aber die genaue Kenntnis des molekularen Defekts. Dazu muss die Sequenz oder ein RFLP des mutierten Gens bekannt sein.

- Für einen **indirekten Nachweis** muss nur die chromosomale Lage des Gens bekannt sein. Der indirekte Nachweis wird durchgeführt, wenn das betroffene Gen nicht direkt untersucht werden kann. Es werden Sonden benutzt, die mit dem betroffenen Gen gekoppelte RFLP erkennen. Dazu muss die familiäre Konstellation der gekoppelten Merkmale bestimmt werden, d. h., es müssen in jedem Fall weitere Familienmitglieder untersucht werden. Das Ergebnis des indirekten Nachweises liefert lediglich eine Wahrscheinlichkeitsaussage, denn auch bei eng gekoppelten genetischen Merkmalen ist, selbst wenn sie nur selten vorkommt, eine Trennung durch Crossing Over prinzipiell möglich.

## 2.7.4 Genetische Beratung und vorgeburtliche Diagnostik

Eine genetische Beratung von Paaren mit Kinderwunsch soll das Risiko für eine genetisch bedingte Erkrankung des Kindes abschätzen. Die Inanspruchnahme ist grundsätzlich freiwillig. Das Ergebnis unterliegt der ärztlichen Schweigepflicht und dem Datenschutz.

Eine **genetische Beratung** wird empfohlen, wenn

- einer oder beide Partner an einer genetisch bedingten Erkrankung leiden,
- einer oder beide Partner nachgewiesene Konduktoren eines Gendefekts sind,
- bei Verwandten eine Erkrankung mit möglicher genetischer Ursache vorliegt,
- beide Partner miteinander verwandt sind oder
- mutagene und teratogene Einflüsse wie Infektionen, Chemikalien, Medikamente, Suchtmittel oder ionisierende Strahlung vor oder während der Schwangerschaft ein erhöhtes Risiko für Fehlbildungen vermuten lassen.

Wenn sich das Paar nach der Beratung für eine Schwangerschaft entscheidet oder eine solche schon besteht, kann eine **pränatale Diagnostik** erfolgen. Das Spektrum der vorgeburtlichen Untersuchungen umfasst eine Reihe von Methoden:

- Im so genannten Triple-Test werden aus dem Serum des mütterlichen Bluts die biochemischen Marker α-Fetoprotein (AFP), Choriongonadotropin (HCG) und unkonjugiertes (freies) Östriol bestimmt.
- Eine Chorionbiopsie (Chorionzottenbiopsie) kann etwa in der 9. Schwangerschaftswoche durchgeführt werden und liefert fetale Zellen aus der Plazenta.
- Die Amniozentese ist ab der 14. Schwangerschaftswoche möglich. Hier werden aus dem Fruchtwasser ebenfalls fetale Zellen gewonnen.
- Die Sonografie als bildgebendes Verfahren.

---

**Klinik**

- Im Ultraschallbild sind deutlichere Fehlbildungen des Fetus zu erkennen.
- Bei Neuralrohrdefekten (Spina bifida) tritt α-Fetoprotein erhöht im Fruchtwasser oder im mütterlichen Serum auf.
- Ein aus den fetalen Zellen erstelltes Karyogramm zeigt strukturelle und numerische Chromosomenaberrationen.
- Einige Gendefekte sind mit molekularen Markern durch Fluoreszenz-in-situ-Hybridisierung nachweisbar.

---

**Merke**

Die pränatale Diagnostik ist stets mit ethischen Fragestellungen verbunden. Wird eine Fehlbildung oder Erkrankung festgestellt, stellt sich die Frage nach einem Abbruch der Schwangerschaft. Es muss also eine Entscheidung getroffen werden, welche Krankheit oder welcher Grad einer Behinderung noch toleriert wird und ab wann ein Leben nicht mehr als lebenswert erachtet wird.

---

## 2.8 Entwicklungsgenetik

Im Tiermodell kann die embryonale Entwicklung mit gentechnischen Methoden analysiert und beeinflusst werden. Als Versuchstiere dienen in den meisten Fällen Mäuse.

Das Genom **transgener Tiere** enthält Gene einer anderen Spezies. Es ist dabei in einer Weise verändert, die nicht durch klassische Züchtung erreicht werden kann.

Eine Methode zur Erzeugung transgener Tiere ist die **Mikroinjektion.** Eizellen werden zunächst in vitro befruchtet. Direkt nach dem Eindringen des Spermiums wird noch vor der Verschmelzung der haploiden Genome die Spender-DNA durch eine Mikroinjektion in den männlichen Vorkern eingebracht. Bei der Verschmelzung der Gameten zur Zygote kann sich die injizierte DNA an einer zufälligen Stelle in das Genom integrieren.

An transgenen Tieren wird die Wirkung einzelner Gene studiert. Beispielsweise entstanden aus XX-Oozyten der Maus nach Integration des SRY-Gens männliche Mäuse.

Es besteht auch großes Interesse am Einsatz transgener Tiere zur Herstellung von Pharmazeutika. So wurden bereits Alpha-1-Antitrypsin, Gerinnungsfaktor IX, Fibrinogen, Wachstumshormone und andere humane Proteine mit der Milch transgener Nutztiere produziert.

Ein Tiermodell für genetisch bedingte menschliche Erkrankungen bilden **Knock-out-Mutanten.** Hier wurde ein bestimmtes Gen gezielt inaktiviert.

Eine funktionslose Mutante des Zielgens wird in eine Stammzelle injiziert. Dort rekombiniert sie mit den komplementären Sequenzen des Zielgens und wird in das Genom integriert. Die veränderte Zelle wird in eine Blastozyste (Keimbläschen) injiziert. Daraus entwickelt sich ein chimäres Tier, bei dem einige Zellen, unter ihnen auch die Keimzellen, den Gendefekt tragen. Aus der Kreuzung des chimären Tiers mit einem normalen Tier entstehen einige heterozygote Genträger. Werden zwei dieser Heterozygoten untereinander gekreuzt, sind 25 % der Nachkommen homozygote Träger des Gendefekts (▶ Kap. 2.4.2.2). Diese sind die gewünschten Knock-out-Mutanten. Inzwischen existiert weltweit eine große Zahl verschiedener Knock-out-Mäusestämme, an denen Therapien für menschliche Krankheiten getestet werden können.

Prinzipiell könnte mit den Verfahren der Entwicklungsgenetik auch in das menschliche Erbgut eingegriffen werden. Gegenwärtig besteht aber ein breiter Konsens darüber, aus ethischen Gründen Experimente zur Keimbahntherapie an menschlichen Zygoten zu unterlassen.

## 2.9 Populationsgenetik

### 2.9.1 Hardy-Weinberg-Gesetz

Untersuchungsgegenstand der Populationsgenetik ist nicht das einzelne Individuum, sondern eine größere Gruppe von Individuen, die sich miteinander fortpflanzen. Die Gesamtheit der Gene einer solchen Population bildet einen **Genpool.** In diesem Genpool befinden sich mehrere Allele eines Gens. Unter dem Begriff **Genhäufigkeit** werden die relativen Anteile der verschiedenen Allele verstanden. Durch Zu- oder Abwanderung von Individuen aus der Population tritt ein **Genfluss** auf. Der Import oder Export von Genen kann die Zusammensetzung eines Genpools ändern.

Hardy und Weinberg stellten im Jahr 1908 unabhängig voneinander fest:

**Merke**

**Hardy-Weinberg-Gleichgewicht:**
Wenn keine anderen Faktoren wirken als genetische Rekombination und die Vererbung nach den Mendel-Regeln, bleiben die Häufigkeiten der Allele und Genotypen innerhalb einer Population über mehrere Generationen konstant.

Mit Hilfe der Regeln der Wahrscheinlichkeitsrechnung lässt sich ein einfaches mathematisches Modell formulieren, die Hardy-Weinberg-Verteilung.

Es werden die beiden Allele a und A eines Gens betrachtet. Die relative Häufigkeit des dominanten Allels A sei $p$ und die des rezessiven Allels a sei $q = 1-p$.
▶ Tab. 2.4 zeigt die möglichen Kombinationen und ihre Wahrscheinlichkeiten. Ein homozygoter Genotyp, bei dem sich das rezessive Allel a im Phänotyp manifestiert, tritt mit der Wahrscheinlichkeit $q^2$ auf. Heterozygote Genträger kommen mit der Wahrscheinlichkeit $2 \cdot p \cdot q$ vor und Homozygote für das dominante Allel A mit $p^2$.
Die Summe dieser Wahrscheinlichkeiten muss 1 ergeben:

$$p^2 + 2pq + q^2 = 1$$

In der Populationsgenetik wird dieser Zusammenhang als **Hardy-Weinberg-Gesetz** oder auch als Hardy-Weinberg-Gleichung bezeichnet. Mit dem Hardy-Weinberg-Gesetz können Populationsgenetiker berechnen, welcher Prozentsatz der Bevölkerung das Gen für eine bestimmte Krankheit trägt.

**Beispiel**

Bei einer unter 10.000 Geburten ist das Kind homozygot für das rezessive Gen der Phenylketonurie (PKU, ▶ Kap. 2.4.4). Es ist $q^2 = 0,0001$ und entsprechend ist die relative Häufigkeit des PKU-Gens im Genpool $q = 0,01$. Aus $q = 1 - p$ folgt für den Anteil der gesunden Allele $p = 0,99$.
Ein Konduktor der PKU ist heterozygot, er kann das defekte Gen vom Vater oder von der Mutter erhalten haben. Der Anteil heterozygoter PKU-Träger in der Bevölkerung beträgt $2 \cdot p \cdot q = 2 \cdot 0,99 \cdot 0,01 = 0,0198$, also etwa 2 %.

Das Hardy-Weinberg-Gesetz gilt unter folgenden Voraussetzungen:
- Die Paarung der Individuen innerhalb der Population erfolgt rein zufällig.
- Es existieren keine Selektionseffekte, d. h., bestimmte Genotypen sind nicht bevorzugt.
- Der Genpool verändert sich nicht durch Genfluss oder Mutation.

Längerfristig wird sich jeder Genpool durch Faktoren wie Mutation, Selektion, Genimport oder -export verändern. Für einen kurzen Beobachtungszeitraum von wenigen Generationen können die Voraussetzungen des Hardy-Weinberg-Gesetzes aber als hinreichend genau erfüllt angesehen werden.

**Lerntipp**

Das Hardy-Weinberg-Gesetz wird in nahezu jedem Examen mit mindestens einer Frage bedacht. Durch korrektes Anwenden der Hardy-Weinberg-Gleichung sind dann diese Punkte sicher!

### 2.9.2 Selektion und Zufall

Langfristig ist der Genpool jeder Population durch Genimport und durch zufällige Neumutationen Veränderungen unterworfen.
Es findet eine natürliche **Selektion** statt, die Individuen bevorzugt, deren genetische Ausstattung ihre Überlebens- und Fortpflanzungschancen erhöht. Ihre Gene werden langfristig in der Population einen immer größeren Anteil einnehmen.

**Tab. 2.4 Genhäufigkeiten nach der Hardy-Weinberg-Verteilung**

| Genotyp Wahrscheinlichkeit | A $p$ | a $q$ |
|---|---|---|
| A $p$ | AA $p^2$ | Aa $pq$ |
| a $q$ | aA $pq$ | aa $q^2$ |

Dominante Allele verbreiten sich schnell innerhalb eines Genpools, wenn sie für den Organismus Selektionsvorteile bieten. Nachteilige dominante Allele werden schnell ausgemerzt, denn das von ihnen ausgehende Handicap tritt unmittelbar phänotypisch in Erscheinung. Dagegen können rezessive Krankheitsgene über einen langen Zeitraum in einer Population verbleiben.

Manche Gendefekte werden in bestimmten Bevölkerungsgruppen oder regional begrenzt besonders häufig beobachtet. Diese Häufung kann auf einen Selektionsvorteil zurückzuführen sein, den die heterozygoten Träger des defekten Gens besitzen.

Einen solchen Fall stellt die **Sichelzellenanämie** (▶ Kap. 2.6.1.2) dar, eine hämolytische Anämie, die besonders in den schwarzafrikanischen Bevölkerungsgruppen verbreitet ist. Heterozygote Träger des HbS-Gens zeigen eine erhöhte Resistenz gegen Malaria. In den tropischen Malariagebieten besteht damit ein Selektionsvorteil für die Konduktoren der Sichelzellenanämie, der den Anteil des HbS-Gens im Genpool auf einem hohen Niveau hält.

Eine **genetische Drift** ist besonders wahrscheinlich, wenn sich aus einer größeren Population eine kleine Gruppe abspaltet, die sich dann isoliert weiter vermehrt. Ein Beispiel dafür könnte eine Gruppe von Auswanderern sein, die eine isolierte Insel oder ein entferntes Land besiedeln. Eine genetische Drift in einer neuen Kolonie wird als **Gründereffekt** bezeichnet.

Trägt eines der Mitglieder der kleinen Gruppe einen seltenen Gendefekt, so bringt er ihn in die neue Population ein. In den nächsten Generationen der isolierten Population ist dieser Gendefekt dann besonders häufig, obwohl die Heterozygotie des betreffenden Allels keinen Selektionsvorteil bietet. Ein Gründereffekt wurde bei der **Tay-Sachs-Krankheit** (▶ Kap. 1.11.3) beobachtet, deren Gen in der ashkenasisch-jüdischen Bevölkerung der USA besonders verbreitet ist.

Zahlreiche Gendefekte lassen sich in einer **genetischen Analyse** feststellen. Nutzen und Risiken eines breit angelegten Screenings der Bevölkerung auf Gendefekte werden kontrovers und sehr emotional diskutiert.

Einerseits eröffnet die Diagnose der genetischen Prädisposition für eine Erkrankung dem betroffenen Individuum die Möglichkeit, sich darauf einzustellen und weitere Risikofaktoren für den Ausbruch der Krankheit zu minimieren. Beispielsweise ist bei der Phenylketonurie die frühzeitige Diagnose essenziell, um Entwicklungsstörungen zu verhindern (▶ Kap. 2.4.4).

Andererseits wird nicht zu Unrecht eine genetische Diskriminierung befürchtet. Nachdem in der farbigen Bevölkerung der USA ein Screening auf das HbS-Gen durchgeführt wurde, waren die völlig gesunden, aber heterozygoten Träger der Sichelzellenanämie mit Benachteiligungen auf dem Arbeitsmarkt konfrontiert.

### 2.9.3 Genetische Polymorphismen

Auf genetische Polymorphismen (multiple Allelie) wurde bereits am Beispiel der Blutgruppenantigene AB0 und MN hingewiesen (▶ Kap. 2.4.3.3).

**Genetische Polymorphismen** sind Varianten im Bereich des Normalen. Für ein monogen vererbtes Merkmal existieren mindestens zwei verschiedene Genotypen. Die verschiedenen Allele sind zufällig durch Mutationen entstanden. Keines der Allele ist pathologisch.

Man spricht nur dann von Polymorphismen, wenn die variierenden Genotypen häufig auftreten. Seltene genetische Varianten, deren Häufigkeit unter 1–2 % liegt, werden nicht als Polymorphismen bezeichnet.

Polymorphismen wurden für zahlreiche Gene nachgewiesen. Aber nicht alle Gene sind polymorph. Strukturproteine und Enzyme erfüllen ihre Funktion nur in einer weitestgehend unveränderten Konfiguration. Hier besteht ein Selektionsdruck, der der Bildung von Polymorphismen entgegenwirkt. Es existieren nur wenige unterschiedliche Enzyme, die auf Varianten desselben Gens basieren. Diese Enzymvarianten werden **Alloenzyme** genannt.

Andere Gene sind selektionsneutral. Hier konnten sich im Lauf der Evolution mehrere Varianten verbreiten. Bei einigen Polymorphismen existieren nur zwei Allele, andere sind sehr komplex. Der **Major Histocompatibility Complex (MHC),** an dem das Immunsystem körpereigenes von fremdem Gewebe unterscheidet, wird durch mehrere polymorphe Gene kodiert. Die Kombinationsmöglichkeiten der Varianten sind so zahlreich, dass sich für jeden Menschen eine **biochemische Individualität** ergibt.

Die Polymorphismen führen zu einem individuellen „genetischen Fingerabdruck", an dem eine Person sicher identifiziert werden kann. Ausgenommen sind hier nur eineiige Zwillinge, denn diese unterscheiden sich genetisch nicht voneinander.

# 03

# Grundlagen der Mikrobiologie und der Ökologie

---

## IMPP-Hits

- Morphologische Grundformen der Bakterien (▶ Kap. 3.2)
- Zellwand der Bakterien (▶ Kap. 3.3.2)
- Unterschiede zwischen Prozyten und Euzyten (▶ Kap. 3.3.1)
- Geißeln und Pili (▶ Kap. 3.3.3)
- Kapseln der Bakterien (▶ Kap. 3.3.4)
- Vermehrung der Viren (▶ Kap. 3.7.3)
- Prionen (▶ Kap. 3.8)

---

## 3.1 Wegweiser

Mikroorganismen treten in der klinischen Medizin als Krankheitserreger in Erscheinung. Das Verständnis ihres zellulären Aufbaus und Stoffwechsels ist deshalb für eine effiziente Prophylaxe und Therapie von besonderem Interesse.

Es existieren verschiedene morphologische Formen von Bakterien (▶ Kap. 3.2). Bakterien sind Einzeller ohne echten Zellkern, d.h., sie sind Prokaryonten. Der Aufbau der Prokaryontenzelle und die Unterschiede zu den Eukaryonten werden eingehender beschrieben (▶ Kap. 3.3). Bakterien können sich besonders schnell vermehren (▶ Kap. 3.4) und besitzen spezielle genetische Eigenschaften (▶ Kap. 3.5).

Pilze bilden eine eigene Organismengruppe, die den Eukaryonten zugeordnet wird (▶ Kap. 3.6).

Viren sind wesentlich kleiner als Bakterien, sie benötigen zu ihrer Vermehrung eine Wirtszelle (▶ Kap. 3.7). Noch kleinere pathogene Gebilde sind die Prionen (▶ Kap. 3.8).

Mikroorganismen treten aber nicht nur als Krankheitserreger in Erscheinung. In ökologischen Stoffkreisläufen kommt ihnen eine wichtige Rolle zu, die sie für höhere Lebewesen unentbehrlich macht (▶ Kap. 3.9).

## 3.2 Morphologische Grundformen der Bakterien

Es gibt zahlreiche unterschiedliche Formen von Bakterien, die nach ihrer Morphologie sowie ihren biochemischen und pathogenen Eigenschaften klassifiziert werden. Als Erstes dient im mikroskopischen Bild die äußere Form des Bakteriums als diagnostisches Einordnungsmerkmal. Zur Darstellung im Mikroskop werden die Präparate in der Regel angefärbt.

Ein zweites wichtiges Klassifikationsmerkmal der Bakterien, das auch Auskunft über das Ausmaß ihrer pathogenen Eigenschaften gibt, ist ihre Färbbarkeit mit der Gram-Färbung (▶ Kap. 3.3.2.2).

Darüber hinaus lassen sich Bakterien nach dem Vorhandensein und der Form einer Begeißelung unterscheiden (▶ Kap. 3.3.3.1). Eine Übersicht der klassischen Bakterienformen gibt ▶ Abb. 3.1:

- **Kokken** sind kugelförmige Zellen. Sie sind unbeweglich und bilden keine Sporen (▶ Kap. 3.3.8). Kokken können entweder einzeln auftreten oder als
  - **Diplokokken** jeweils zu zweit,
  - **Streptokokken** in fadenförmiger Aneinanderreihung,
  - **Staphylokokken** in haufenförmiger Ansammlung.
- **Bazillen** (Stäbchenbakterien) haben eine längliche, stäbchenförmige Gestalt. Manchmal werden sprachlich unter dem Begriff Bakterien im engeren Sinne die Bazillen verstanden. Beispiel: *Escherichia coli*.
- **Spirillen** zeigen ein gedrehtes, schraubenförmiges Äußeres.

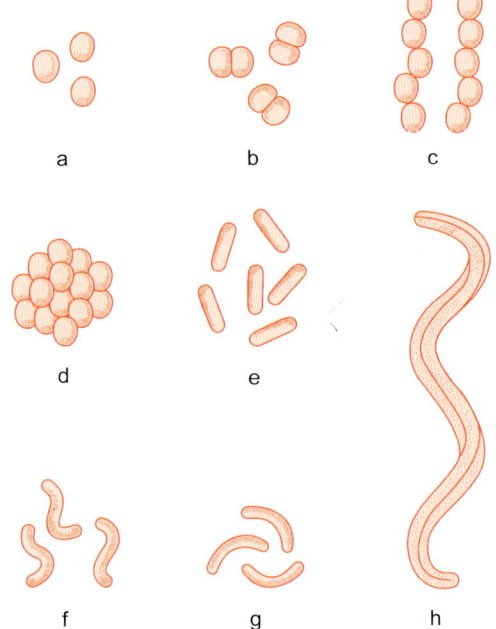

**Abb. 3.1** Morphologische Formen der Bakterien: **(a)** Kokken, **(b)** Diplokokken, **(c)** Streptokokken, **(d)** Staphylokokken, **(e)** Bazillen, **(f)** Spirillen, **(g)** Vibrionen, **(h)** Spirochäten.

- **Spirochäten** sind ebenfalls schraubenförmig, aber im Vergleich zu den Spirillen mit bis zu 0,25 mm ungewöhnlich lang. Sie bewegen sich korkenzieherartig, in Rotation versetzt durch geißelähnliche Filamente. Eine Untergruppe der Spirochäten bilden die Gram-negativen **Treponemen.** Beispiel: *Treponema pallidum*, der Erreger der Syphilis.
- **Vibrionen** sind Gram-negative, bewegliche Stäbchenbakterien. Meist haben sie eine kommaförmig gekrümmte Gestalt und tragen eine Geißel. Beispiel: *Vibrio cholerae*.

## 3.3 Aufbau der Bakterienzelle

### 3.3.1 Unterschiede zur Euzyte

Die Bakterien zählen zu den Prokaryonten, deren Zellen einfacher aufgebaut sind als die der Eukaryonten. Die wesentlichen Unterschiede des Aufbaus der Prokaryontenzelle im Vergleich zur Eukaryontenzelle sind im Überblick in ▶ Tab. 3.1 dargestellt. Früher wurden die Begriffe Bakterium und Prokaryont praktisch als Synonyme verwendet. In der heutigen Klassifikation werden alle Lebewesen einer der drei biologischen Domänen Eukaryonten, Bakterien und Archaeen zugerechnet. Die Gruppe der Prokaryonten fasst die Bakterien und die Archaeen (früher: Archaebakterien) zusammen. Die Archaeen umfassen etwa 200 Arten, die sich in einigen Merkmalen von den Bakterien grundlegend unterscheiden. Sie sind z. T. an extreme Lebensbedingungen angepasst, wie saures Milieu oder Temperaturen über 100 °C.

Das wichtigste Klassifikationsmerkmal, das Prokaryonten von Eukaryonten unterscheidet, ist das Fehlen eines abgegrenzten Zellkerns (▶ Kap. 1.2.1.2). Die DNA der Prozyte liegt „nackt", d. h. ohne Histone, als ringförmiges Molekül im Zytoplasma vor. Die ringförmige DNA der Bakterienzelle wird als **Nucleoid** (▶ Kap. 3.3.7.1) bezeichnet. Die Gene der Bakterien weisen keine Introns auf, dementsprechend sind auch keine Enzyme zur DNA-Prozessierung vorhanden. Da Transkription und Translation bei den Prokaryonten nicht in voneinander räumlich getrennten Bereichen ablaufen, bestünde auch keine Gelegenheit zur Nachbearbeitung des Transkripts.

> Die Zellen der Eukaryonten sind durch das Membransystem des endoplasmatischen Retikulums in voneinander getrennte Stoffwechselkompartimente unterteilt. In den Zellen der Prokaryonten existieren keine solchen inneren Membransysteme.

Der gesamte Stoffwechsel der Zelle findet im Zytoplasma statt. Prozyten besitzen auch keine Mitochondrien. Die Enzyme der Atmungskette sind an der inneren Schicht der Zellmembran (▶ Kap. 3.3.5) lokalisiert.

> Fast alle Prokaryonten besitzen an der Außenseite der Membran eine **Zellwand** (▶ Kap. 3.3.2) mit spezifischer Struktur. Nur die **Mykoplasmen** sind eine Gruppe kleiner, zellwandloser Bakterien (▶ Kap. 3.3.2.1).

Nicht alle einzelligen Krankheitserreger sind Bakterien. Als **Protisten** werden einzellige Lebewesen verschiedener systematischer Gruppen zusammengefasst, die im Unterschied zu den Bakterien einen Zellkern besitzen und somit zu den Eukaryonten zählen. Zu den Protisten gehören z. B. die tierähnlichen Einzeller („Protozoen") und die einzelligen Algen.

### Klinik

Medizinisch relevante Protozoen sind u. a. die Erreger der **Malaria** (▶ Kap. 3.9.4) und der Schlafkrankheit.

## 3.3.2 Zellwand

### 3.3.2.1 Aufbau und Funktion

An der Außenseite der Zellmembran (▶ Kap. 3.3.5) schließt sich bei nahezu allen Prokaryonten eine Zellwand an, die der Prozyte eine mechanische Stabilität verleiht. Die Zellwand ist für niedermolekulare Stoffe durchlässig. Die Kontrolle des Stoffaustauschs findet an der Zellmembran statt, die auch die osmotisch wirksame Barriere der Zelle darstellt.

Die Zellwand der Prokaryonten enthält praktisch immer die Substanz **Murein.**

Es handelt sich dabei um ein Peptidoglykan, d. h. eine Verbindung aus einem Peptid und einem Kohlenhydrat. Chemisch besteht die Mureinschicht aus langen Ketten glykosidisch verknüpfter Dimere aus N-Acetylmuraminsäure und N-Acetylglucosamin. Diese Ketten sind durch Oligopeptide und Pentaglycine quervernetzt. Die Oligopeptide der einzelnen Bakterienarten sind verschieden, sie geben der Zellwand eine artspezifische Struktur.

Die Vernetzung ergibt ein mehrschichtiges Geflecht, den **Mureinsacculus,** der wie ein äußeres Skelett die Zelle schützt. Die Außenseite der Skelettstruktur trägt noch weitere, für die jeweilige Bakterienart spezifische Moleküle.

### Klinik

- Das Enzym **Lysozym** dient tierischen Organismen zur Bakterienabwehr. Es spaltet die glykosidische Bindung des Mureins und zerstört damit die bakterielle Zellwand.
- Der Wirkungsmechanismus vieler Antibiotika beruht auf einer Störung der Zellwandsynthese und verhindert auf diese Weise die weitere Vermehrung der Bakterien. So verhindert **Penicillin** die Quervernetzung der Untereinheiten des Mureins.

Die Zellwand stabilisiert die äußere Form der Bakterien. Zellwandlose Bakterien nehmen keine feste Form an, sie sind polymorph. **Mykoplasmen** sind eine Gruppe von Natur aus zellwandloser Bakterien.

**Tab. 3.1** Unterschiede des zellulären Aufbaus, der Struktur der genetischen Information und des Stoffwechsels zwischen Zellen der Prokaryonten und der Eukaryonten

| | Prozyte | Euzyte |
|---|---|---|
| **Zellulärer Aufbau:** | | |
| Größe: | 1–5 µm | 5–100 µm |
| Membran: | Hoher Proteinanteil | Relativ geringer Proteinanteil |
| Zellwand: | Enthält Murein | Enthält niemals Murein |
| Zellorganellen: | Keine | Verschiedene, z.B. Mitochondrien, Golgi-Apparat, endoplasmatisches Retikulum, membranumschlossene Vesikel |
| Geißeln: | Aus Flagellin | Aus Tubulin |
| **Genetische Information:** | | |
| Kern: | Keiner; ringförmige DNA (Nucleoid) im Zytoplasma | Kern durch Membran abgegrenzt |
| DNA: | Ohne Histone („nackt") | An Histone angelagert |
| Gene: | Ohne Introns (Bakterien) | Meist mit Introns |
| DNA-Polymerase: | An der inneren Zellmembran | Im Zellkern |
| **Stoffwechsel:** | | |
| Mitochondrien: | Keine; Enzyme der Atmungskette an der inneren Zellmembran | Enzyme der Atmungskette an der inneren Mitochondrienmembran |
| Zytoplasma: | Keine Membransysteme | Durch Membransysteme in Kompartimente unterteilt |
| Ribosomen: | 70-S-Ribosomen (30 S + 50 S) | 80-S-Ribosomen (40 S + 60 S) |
| Proteinsynthese: | Transkription und danach Translation der unveränderten mRNA | Transkription im Kern, Prozessierung der mRNA, Translation im Zytoplasma |

## 3.3.2.2 Gram-Färbung

> **Merke**
>
> Eine wichtige Methode zur Typisierung von Bakterien ist die **Gram-Färbung:**
> - Die Zellen werden zunächst violett gefärbt, danach wird der Farbstoff mit Alkohol ausgewaschen. Anschließend werden die Zellen rot gegengefärbt.
> - Gram-positive Bakterien erscheinen im mikroskopischen Bild violett, Gram-negative rot.

Die unterschiedliche Farbreaktion beruht auf dem Zellwandaufbau Gram-positiver und Gram-negativer Bakterien (► Abb. 3.2):

- Der violette Farbstoff wird in der dickeren Mureinschicht der Gram-positiven Bakterien festgehalten. Diese bleiben auch nach der Alkoholbehandlung noch violett gefärbt.
- Bei den Gram-negativen Bakterien gelingt dagegen die Entfärbung; nach Gegenfärbung erscheinen sie dann rot. Ihre Zellwand besteht aus einer vergleichsweise dünnen Mureinschicht, der außen eine zusätzliche Membran in Form einer Lipiddoppelschicht aufgelagert ist.

> **Klinik**
>
> Die Gram-Färbung liefert eine wichtige diagnostische Prognose, denn die äußere Membran der Gram-negativen

Bakterien stellt einen besonderen Schutz gegenüber der Immunabwehr des Wirtsorganismus dar. Gram-negative Bakterien sind wenig empfindlich gegenüber Lysozym, Detergenzien oder Penicillin.

**Lerntipp**

Wichtig ist, dass Sie Gramfärbung sowie die Zellmorphologie im lichtmikroskopischen Bild erkennen können, da dies oft geprüft wird. Sehen Sie sich dazu Aufnahmen von gefärbten Bakterienabstrichen (z. B. im Internet) an. Zudem sollten Sie sich jeweils einige Beispiele von Gram-negativen/-positiven in Kombination mit Stäbchen/Kokken einprägen. Als Übung sollten Sie (z. B. mit Hilfe eines Mikrobiologiebuchs) folgende gern gefragte pathogene Bakterien gemäß oben stehenden Parametern kategorisieren: *Haemophilus influenzae, Escherichia coli, Streptococcus pneumoniae, Chlamydophila* (früher: *Chlamydia*) *pneumoniae, Mycoplasma pneumoniae, Clostridium perfringens, Staphylococcus aureus, Neisseria meningitidis, Bacillus anthracis, Corynebacterium diphtheriae.* Eine Übersicht finden Sie in ▶ Tab. 3.2.

Penicillin beeinflusst nur wachsende Bakterien und entfaltet dabei seine Wirkung am besten bei Gram-positiven Bakterien. Die Bakterien können ihre Zellwand nicht weiter vergrößern. Andere Zellfunktionen stört Penicillin nicht, daher nimmt das Zytoplasmavolumen auch nach Penicillineinwirkung noch weiter zu. Es entstehen so genannte **L-Formen,** das sind Bakterien, denen ihre natürlicherweise vorhandene Zellwand fehlt bzw. die nur noch kleine Reste davon tragen. Die wandlosen Zellen werden als **Protoplasten** bzw., wenn sie noch Zellwandreste tragen, als **Sphaeroplasten** bezeichnet.

Die L-Formen sind leicht verformbar. Sie sind empfindlich und gehen unter normalen Umgebungsbedingungen bald zugrunde. L-Formen können nur unter speziellen, osmotisch angepassten Bedingungen überleben.

**Lerntipp**

Der Wirkungsmechanismus von Penicillin ist ein absoluter Dauerbrenner im Examen!

Eine Infektion mit Gram-negativen Bakterien ist im Allgemeinen kritischer als durch Gram-positive Arten. Die zweite Lipidschicht schützt die Gram-negativen Bakterien vor dem Angriff durch das Immunsystem des Wirts. Die äußere-Membranschicht trägt Lipopolysaccharide mit seltenen, teilweise aberranten Zuckern. Bei der Auflösung der äußeren Membran durch die Immunabwehr des Körpers werden diese Lipopolysaccharide freigesetzt und vermitteln eine toxische Wirkung. Sie werden als **Endotoxine** bezeichnet, abgeleitet von „endo" und „Toxin", denn das Gift ist integraler Bestandteil des Bakteriums.

Die Endotoxine sind sehr hitzestabil. In ihrer Wirkung zählen sie zu den Pyrogenen, d. h., sie erzeugen Fieber. Bereits sehr geringe Mengen Endotoxin können beim Menschen hohes Fieber und Schüttelfrost verursachen.

**Lerntipp**

Den unterschiedlichen Aufbau der Zellhülle Gram-positiver und -negativer Bakterien sollten Sie sich gut einprägen! Manchmal wird auch nach Lipoproteinen gefragt, die bei Gram-Negativen die äußere Membran in der Zellwand verankern, sowie nach Lipoteichonsäuren, die bei Gram-Positiven in der inneren Membran verankert sind und durch die Zellwand hindurchgehen.

### 3.3.3 Geißeln und Pili

#### 3.3.3.1 Geißeln

Etwa die Hälfte der Prokaryonten ist zu einer gerichteten Fortbewegung fähig. Diese erfolgt durch die Bewegung von **Geißeln** (**Flagellen**). Geißeln können an einer Zelle in Einzahl (**monotrich**) oder in Mehrzahl (**polytrich**) auftreten. Neben ihrer Anzahl ist auch die Anordnung der Geißeln ein taxonomisches Merkmal zur Einteilung der Bakterien:

- **Monopolar** → Geißeln an einem Zellende
- **Bipolar** → Geißeln an beiden Zellenden
- **Peritrich** → Geißeln über die ganze Oberfläche verteilt

Die Geißeln der Bakterien unterscheiden sich in ihrem Aufbau grundlegend von den Geißeln eukaryontischer Zellen (▶ Kap. 1.14.2.1). Sie

- sind mit einer Länge von 10–20 µm wesentlich kleiner,
- bestehen aus dem Protein Flagellin,
- sind nicht mit Ausstülpungen der Zellmembran umhüllt.

Lange Ketten des globulären Proteins Flagellin bilden ein schraubenförmig gewundenes Filament,

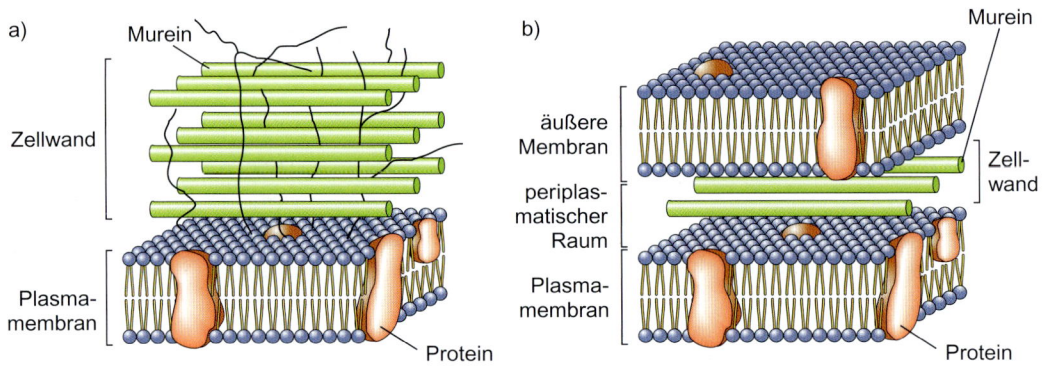

**Abb. 3.2** Zellwand **(a)** Gram-positiver und **(b)** Gram-negativer Bakterien [5].

**Tab. 3.2 Gram-Färbung und Eigenschaften wichtiger Krankheitserreger**

| Bakterium | Krankheits-erreger von | Eigenschaften |
|---|---|---|
| Gram-positiv | | |
| Bacillus anthracis | Anthrax (Milzbrand) | Mit 1–6 µm relativ groß, obligat aerob, stäbchenförmig, bildet Endosporen |
| Corynebacterium diphtheriae | Diphtherie | Unbeweglich, stäbchenförmig |
| Clostridium perfringens | Gasbrand | Anaerobier |
| Staphylococcus aureus | Nosokomiale Infektionen | Polysaccharidkapsel u. a. Pathogenitätsfaktoren |
| Streptococcus pneumoniae | Pneumonie u. a. Infektionen | Diplokokken |
| Mycobacterium tuberculosis | Tuberkulose | Großes unbewegliches Stäbchen, vermehrt sich intrazellulär, besonders in Makrophagen, sehr langsames Wachstum |
| Gram-negativ | | |
| Haemophilus influenzae | Sinusitis, Bronchitis, Meningitis u. a. | Unbewegliches Stäbchen |
| Escherichia coli | Harnwegsinfektionen, neonatale Meningitis u. a. | Stäbchenförmig, peritrich begeißelt, kommt in der Darmflora vor |
| Chlamydophila (früher: Chlamydia) pneumoniae | Pneumonie | Obligat intrazellulärer Parasit |
| Mycoplasma pneumoniae | Atypische Pneumonie | Überlebt parasitär auf der Oberfläche von Epithelzellen |
| Neisseria meningitidis | Meningitis | Diplokokken |

das den Hauptteil der Bakteriengeißel darstellt. Das Flagellinfilament ist mit einem hakenförmig gewinkelten Protein verbunden. Dieses ist wiederum mit einem aus etwa 35 verschiedenen Proteinen bestehenden Basalapparat verbunden, der in der Zellmembran und der Zellwand verankert ist. Der Basalapparat bildet ein System von Ringen, in denen die Geißel wie in einer Öse drehbar befestigt ist. Angetrieben durch einen Protonengradienten wird die schraubenförmige Geißel in Drehung versetzt und treibt so die Zelle voran. Einige Proteine der Geißeln bzw. ihrer Verankerung sind artspezifisch. Sie wirken als Antigene, anhand derer die Bakterien in der serologischen Diagnostik identifiziert werden.

### Klinik
Bei Salmonellen und auch bei *E.-coli*-Bakterien erfolgen eine Klassifizierung und die Einschätzung der Pathogenität anhand der Antigene ihrer Geißeln.

### 3.3.3.2 Pili
Viele Bakterien, besonders häufig die Gram-negativen, tragen ähnlich wie Geißeln gebaute, aber sehr viel kleinere Strukturen auf ihrer Oberfläche. Diese Anhangsgebilde werden **Pili** (lat. = Haare; Singular: Pilus) oder **Fimbrien** (lat. = Fransen) genannt.

Die Fimbrien dienen der **Adhärenz**, d.h. dem Anheften der Bakterien aneinander oder an eine Oberfläche. Die Fimbrien stellen einen **Virulenzfaktor** der Bakterien dar, denn die Adhärenz des Bakteriums an eine Wirtszelle ist ein wesentlicher Schritt bei deren Infektion.

### Merke
Geißeln dienen zur Fortbewegung und besitzen Antigene, die Pili oder Fimbrien ermöglichen das Anheften an einer Oberfläche und stellen Virulenzfaktoren dar!

### Klinik
Der Erreger der Gonorrhö, *Neisseria gonorrhoeae,* heftet sich mittels Pili (Fimbrien) an die Schleimhaut seines Wirts.

Spezielle schlauchartige, im Inneren hohle Pili spielen eine Rolle bei der Konjugation und dem Genaustausch der Bakterien (▶ Kap. 3.5.2). Diese Pili werden als **Sex-Pili** oder **F-Pili** (F für Fertilität) bezeichnet.

### Lerntipp
Es schadet nicht, wenn Sie sich an dieser Stelle die so genannte O:H:K:F-Serovarformel merken, mit der Bakterien nach ihren Antigenen typisiert werden können. Diese wird hauptsächlich für Enterobakterien verwendet. Dabei steht O für Oberflächenantigen (Lipopolysaccharid bei Gram-Negativen), H für Geißeln, K für Kapsel und F für Fimbrien.

## 3.3.4 Kapseln

Einige Bakterienarten, so z.B. Pneumokokken, besitzen die Fähigkeit, schleimartige, klebrige Hüllen oder **Kapseln** zu bilden. Diese Kapseln bestehen aus Polysacchariden und Polypeptiden, die viele Wassermoleküle binden können. Die Kapseln schützen die Bakterien vor der Phagozytose und erleichtern die Anheftung an ein Substrat. Die betreffenden Arten sind daher häufig besonders pathogen.

### Klinik
Die Fähigkeit zur Kapselbildung ist ein wesentlicher Pathogenitätsfaktor der Pneumokokken (*Streptococcus pneumoniae*).

## 3.3.5 Zellmembran

Die **Zellmembran** der Prokaryonten besteht aus einer **Lipiddoppelschicht.** Die Membran ist semipermeabel und bildet eine osmotische Barriere. Verglichen mit der der Eukaryonten weist die prokaryontische Zellmembran einen höheren Proteinanteil auf, denn an der Innenseite der Membran finden zahlreiche Stoffwechselvorgänge statt: DNA-Replikation, Energiegewinnung durch die Enzyme der Atmungskette, Synthese von Substanzen der Zellwand, aktiver Stofftransport. Die innere Membranoberfläche wird an einigen Stellen durch komplexe Einfaltungen und Einstülpungen vergrößert. Diese Membrankomplexe werden **Mesosomen** genannt.
In der Zellmembran befinden sich auch Sensorproteine, z.B. als Rezeptoren der Chemotaxis, d.h. der gerichteten Bewegung infolge eines chemischen Reizes.

### 3.3.6 Ribosomen

Die Ribosomen der Prokaryonten unterscheiden sich von denen der Eukaryonten (▶ Kap. 1.6). Sie besitzen eine Sedimentationskonstante von 70 S und sind aus einer 30-S- und einer 50-S-Untereinheit aufgebaut. ▶ Tab. 3.3 zeigt die Sedimentationskonstanten der ribosomalen RNA und die Zahl der in die Ribosomen integrierten Proteine für pro- und eukaryontische Ribosomen.

Darüber hinaus bestehen auch Unterschiede bei der Bindung der mRNA an das Ribosom. Bei den Eukaryonten bindet das Cap am 5'-Ende der mRNA an die 40-S-Untereinheit (▶ Kap. 2.2.3.3). In der mRNA der Prokaryonten liegt unmittelbar vor dem Startcodon AUG die **Shine-Delgarno-Sequenz** AGGAGG. Die Shine-Delgarno-Sequenz trägt zur Bindung der mRNA am Ribosom bei; sie ist komplementär zur Sequenz am 3'-Ende der 16-S-rRNA der kleinen Ribosomenuntereinheit der Prokaryonten.

---

**Klinik**

Die strukturellen Unterschiede zwischen den Ribosomen der Prokaryonten und denen der Eukaryonten sind in der Medizin entscheidend für die antibakterielle Therapie durch Antibiotika. Es konnten Substanzen gefunden werden, die spezifisch die Translation in Prokaryonten hemmen.

- **Makrolid-Antibiotika** binden an die 30-S-Untereinheit und hemmen die Anlagerung der Aminoacyl-tRNA.
- **Tetrazykline** binden an die 50-S-Untereinheit und blockieren dort das Weiterrücken der synthetisierten Peptidkette.
- Bereits früher erwähnt wurden **Chloramphenicol** und **Streptomycin** (▶ Kap. 2.2.5.3).

---

### 3.3.7 Genom

#### 3.3.7.1 Nucleoid

Das Genom der Prokaryonten besteht in seiner Hauptkomponente aus einem ringförmigen, doppelsträngigen DNA-Molekül, das nahezu die gesamte genetische Information der Zelle trägt. Eine Kernmembran ist nicht vorhanden, die DNA befindet sich im Zytoplasma. Sie ist dicht gepackt und enthält keine Histone. In dieser Form wird sie als **Kernäquivalent** oder **Nucleoid** bezeichnet.

Das Nucleoid wird häufig auch **Bakterienchromosom** genannt, obwohl diese Bezeichnung im engeren Sinne nicht vollkommen korrekt ist, da die DNA der Bakterien im Gegensatz zu den Chromosomen der Euzyten nicht an Histone gebunden ist.

> Die DNA eines typischen Bakteriums besteht aus ca. $3 \cdot 10^6$ Basenpaaren. Dies entspricht ungefähr 1/1.000 der DNA-Menge einer menschlichen Zelle und dem 100-Fachen des DNA-Gehalts eines Virus. Das Genom codiert etwa 4.000 Gene. Die Gene der Bakterien enthalten keine Introns.

Das Nucleoid wird, ausgehend von einem einzigen Origin, semikonservativ repliziert. Die DNA-Replikation verläuft fast 25-mal schneller als in eukaryontischen Zellen, denn es ist keine Nukleosomenstruktur (▶ Kap. 1.4.4) vorhanden, die zunächst gelockert werden müsste.

Die DNA-Polymerase ist an der Innenseite der Zellmembran fixiert. Während seiner Replikation ist das Nucleoid über die DNA-Polymerase an der Zellmembran assoziiert. Das ringförmige Nucleoid dreht sich dabei durch die Polymerase hindurch.

Für die Funktion der Zelle ist nur ein einziges Nucleoid erforderlich. Unter Umständen können aber als Vorbereitung für künftige Zellteilungen bereits mehrere Nucleoide vorhanden sein.

#### 3.3.7.2 Plasmide

> Viele Bakterien besitzen zusätzlich noch weitere kleine, ringförmige, vom Nucleoid unabhängige DNA-Moleküle, die nur wenige Gene tragen und als **Plasmide** bezeichnet werden. Plasmide werden unabhängig vom Nucleoid repliziert. Die

**Tab. 3.3** Aufbau der Ribosomen der Prokaryonten im Vergleich zu denen der Eukaryonten

| | Prokaryonten: 70-S-Ribosomen | |
| --- | --- | --- |
| | 50-S-Untereinheit | 30-S-Untereinheit |
| rRNA | 23 S; 5 S | 16 S |
| Anzahl der Proteine | 33 | 21 |
| | Euaryonten: 80-S-Ribosomen | |
| | 60-S-Untereinheit | 40-S-Untereinheit |
| rRNA | 28 S; 5,8 S; 5 S | 18 S |
| Anzahl der Proteine | 49 | 33 |

Zahl der in der Zelle vorhandenen Plasmide kann sich daher zeitweise ändern.

Einige Plasmide können sich reversibel in das Kernäquivalent integrieren. Diese Plasmide werden als **Episomen** bezeichnet. Sie können sich wahlweise als Teil des Nucleoids oder als „extrachromosomales" Molekül replizieren. Bei der Zellteilung werden die Plasmide zufällig auf die Tochterzellen verteilt.

---

**Merke**

Plasmide sind häufig Träger von Resistenz- oder Virulenzgenen. Medizinisch bedeutend ist eine **Resistenz gegen Antibiotika.** Die Antibiotikaresistenz wird durch die Gene der Plasmide vermittelt und kann durch diese auch auf andere Zellen übertragen werden (▶ Kap. 3.5.2).

---

Die **Virulenz** eines Erregers ist ein Maß für seine Aggressivität, d. h. sein Vermögen, einen Wirtsorganismus zu schädigen. Der Begriff der Virulenz gibt eine quantitative Charakterisierung an. Erreger hoher Virulenz können schon in sehr kleiner Zahl drastische Symptome hervorrufen. Im Unterschied dazu beschreibt die **Pathogenität** nur qualitativ die grundlegende krankheitsverursachende Fähigkeit.

Die Virulenz eines Bakteriums wird entscheidend durch die Fähigkeit zur Produktion von Exotoxinen gesteigert, die oft auch von den Genen der Plasmide vermittelt wird. **Exotoxine** sind von Bakterien produzierte und nach außen abgegebene Stoffe, die giftig auf einen Wirtsorganismus wirken.

---

**Klinik**

Klinische Beispiele für Exotoxine sind:
- Botulinustoxin (Botox) des Bakteriums *Clostridium botulinum*
- Tetanustoxin von *Clostridium tetani*
- Diphtherietoxin von *Corynebacterium diphtheriae*

---

### 3.3.8 Sporen

Bakterien der Gattungen *Bacillus* und *Clostridium* können langlebige, als **Sporen** bezeichnete Dauerformen bilden. Die Sporen werden immer im Inneren der Bakterienzelle gebildet, sie werden deshalb auch **Endosporen** genannt. Die Sporenbildung erfolgt bei ungünstigen Umgebungsbedingungen, z. B. bei erschöpften Nahrungsquellen.

Die Sporenbildung beginnt mit einer Einstülpung der Zellmembran, die sich weiter abschnürt, sodass schließlich ein Teil der Zelle mit einer doppelten Membran umschlossen ist. Dieser Teil wird zum **Sporencore,** dem Inneren der Spore. Das Sporencore enthält die Bakterien-DNA, RNA, Ribosomen und nur sehr wenig Zytoplasma mit einigen spezifischen Enzymen. Im Inneren der Spore wird Ca-Dipicolinsäure gebildet und angereichert, die dem wenigen Zytoplasma eine gelartige Konsistenz verleiht.

Zwischen der doppelten Membran bildet sich die **Sporenhülle.** Sie besteht aus mehreren Schichten. Von innen nach außen sind dies
- eine feste Sporenwand aus dicht vernetztem Murein,
- die Sporenrinde aus lockerer vernetztem Murein,
- der Sporenmantel aus keratinartigen Proteinen und
- das Exosporium, eine Lipoproteinmembran mit einigen eingelagerten Kohlenhydraten.

Die Sporen weisen einen sehr stark reduzierten Stoffwechsel auf. In diesem Zustand kann das Bakterium mehrere Jahrzehnte und unter Umständen sogar noch weitaus länger überleben. Verbessern sich die Umgebungsbedingungen, nimmt die Spore Wasser auf und wächst wieder zu einer vegetativen (belebten) Zelle.

Sporen sind sehr wasserarm. Sie sind deshalb unempfindlich gegenüber Trockenheit und können Temperaturen über 100 °C tolerieren. Die dichte Sporenwand schützt sie vor aggressiven Chemikalien.

---

**Klinik**

Die große Widerstandsfähigkeit der Sporen macht sie resistent gegen die meisten Desinfektionsverfahren. Sporenbildung ist u. a. bekannt von:
- *Bacillus anthracis,* dem Erreger des **Milzbrands**
- *Clostridium botulinum,* dem Erreger des **Botulismus**
- *Clostridium tetani,* dem Erreger des **Wundstarrkrampfs**

---

## 3.4 Wachstum der Bakterien

### 3.4.1 Stoffwechsel

Die Klassifizierung der Organismen erfolgt nach den für ihren Stoffwechsel notwendigen Substraten, den Mechanismen der Energiegewinnung und ihrem Verhalten gegenüber Sauerstoff. Allgemein gilt:

- **Autotrophe** Organismen benötigen lediglich anorganische Substanzen für ihren Stoffwechsel. Sie verwenden $CO_2$ als Kohlenstoffquelle. Ihre Energiequelle ist das Licht (Photoautotrophie) oder die Oxidation anorganischer Verbindungen (Chemoautotrophie).
- **Heterotrophe** Organismen benötigen dagegen organische Moleküle wie z. B. Glucose als Kohlenstoff- und Energielieferanten.

Die meisten Bakterien sind auf organische Substrate angewiesen und zählen somit zu den heterotrophen Organismen.

Eine Einteilung der Bakterienarten erfolgt abhängig davon, ob sie Sauerstoff benötigen bzw. Sauerstoff tolerieren:

- **Obligat aerobe** (aerophile) Bakterien benötigen für ihren Stoffwechsel Sauerstoff. Der Sauerstoff ist für die Energiegewinnung in der Atmungskette erforderlich.
- **Obligat anaeroben** Bakterien fehlen die Enzyme der Atmungskette. Sie gewinnen ihre Energie aus der anaeroben Glykolyse (Gärung). Sauerstoff wirkt für diese Bakterien durch die Anreicherung von Wasserstoffperoxid ($H_2O_2$) und Sauerstoffradikalen toxisch.
- Eine Zwischenstellung zwischen aeroben und anaeroben Bakterien nehmen **mikroaerophile** Bakterien ein. Sie benötigen für ihre Vermehrung etwas Sauerstoff, stellen aber bei höheren Konzentrationen das Wachstum ein.
- **Fakultativ anaerobe** Bakterien können mit oder ohne Sauerstoff wachsen.

---

**Klinik**

- *Clostridium tetani,* der Erreger des Wundstarrkrampfs, und *Clostridium perfringens,* der Erreger des Gasbrands, sind obligat anaerob.
- Das Darmbakterium *Escherichia coli* ist fakultativ anaerob.
- Milchsäurebakterien sind mikroaerophil.

---

Einige Bakterien sind **obligat intrazelluläre Parasiten.** Sie können sich nur in einer Wirtszelle vermehren. Zu diesen Bakterienarten zählen die Chlamydien und die Rickettsien.

---

**Klinik**

- *Chlamydophila (Chlamydia) psittaci* ist der Erreger der **Ornithose,** einer Krankheit bei Vögeln, die auch auf den Menschen übertragbar ist.
- *Chlamydia trachomatis* ist der Erreger des **Trachoms** (Körnerkrankheit), einer chronischen Keratokonjunktivitis. Das Trachom ist weltweit die häufigste Ursache der Erblindung.
- Rickettsien verursachen das **Fleckfieber** (Typhus exanthematicus), ein hohes Fieber mit schweren Allgemeinsymptomen, das nicht selten tödlich verläuft. Die Rickettsien werden dabei meist durch Kleiderläuse übertragen.

---

## 3.4.2 Bakterienkultur

Bakterien können in künstlichen Nährmedien wachsen und sich vermehren. Das Medium enthält in der Regel als Hauptbestandteile Wasser, Mineralsalze und Glucose. In einem solchen **Minimalmedium** vermehren sich jedoch nicht alle Bakterien. Komplexere **Vollmedien** enthalten zusätzlich Vitamine und andere organische Verbindungen, wie Monosaccharide, Aminosäuren oder Nukleotide, die von den Bakterien direkt aufgenommen werden können.

Flüssiges Nährmedium kann mit Agarose, einem für die Zellen nicht verdaubaren Polysaccharid, zu einem Gel verfestigt werden.

Wird eine **Mischpopulation** von Bakterien auf einem solchen Nähragar ausgestrichen, so wächst aus jedem einzelnen Bakterium eine Kolonie heran. Die Kolonie besteht aus genetisch identischen Nachkommen, d. h. Klonen, der ursprünglichen Zelle. Auf diese Weise lässt sich eine **Reinkultur** identischer Bakterien erzeugen.

**Selektivnährböden** oder **Selektivmedien** dienen zur Isolation von Zellen mit bestimmten gewünschten Eigenschaften. So wachsen nach Zugabe eines Antibiotikums nur dagegen resistente Zellen zu einer Kolonie heran.

---

**Klinik**

In der bakteriologischen Diagnostik ist oft das Anlegen einer Bakterienkultur erforderlich. Ein Abstrich wird auf einen Nähragar aufgebracht oder in ein flüssiges Nährmedium gegeben. Nach einigen Stunden bis wenigen Tagen hat sich die Zahl der Bakterien so weit vermehrt, dass sie mikroskopisch identifiziert werden können.

---

## 3.4.3 Wachstum und Vermehrung

Das Wachstum einer Bakterienkultur, d.h. die Zunahme ihrer Zellkonzentration, wird stark durch die Umweltbedingungen, wie Temperatur, Sauerstoff- und Nährstoffgehalt, beeinflusst (▶ Kap. 3.9.3). Die Vermehrung einer Zellkultur folgt im zeitlichen Verlauf einer typischen Wachstumskurve, die sich in 5 Phasen unterteilen lässt (▶ Abb. 3.3):

- **Anlaufphase** (lag-Phase): Die Bakterien adaptieren sich zunächst an die Umgebungsbedingungen und beginnen dann mit ihrer Vermehrung.
- **Exponentielle Phase** (log-Phase): Nach einer für die Zellart typischen Generationszeit verdoppelt sich jeweils die Zahl der Zellen. Es findet ein exponenzielles Wachstum statt. Die Wachstumsrate der Kultur ist in dieser Phase am höchsten, die Generationszeit am kürzesten.
- **Retardationsphase:** Die Abnahme der Nährstoffkonzentration und die Zunahme an toxischen Stoffwechselprodukten führen zu einer Verlangsamung des Wachstums. Bei einigen Zellarten wird das Wachstum auch durch Kontaktinhibition gebremst (▶ Kap. 1.3.4).
- **Stationäre Phase:** Die Zellzahl der Population bleibt konstant, Verluste durch absterbende Zellen werden durch neu entstandene Zellen kompensiert.
- **Absterbephase** (Deklinationsphase): Das Absterben der Zellen durch Nährstoffmangel und toxische Produkte überwiegt den Zuwachs. Die Zellzahl der Population sinkt.

Die Wachstumsgeschwindigkeit der verschiedenen Bakterienarten kann stark differieren. Die Verdopplungszeit von *Escherichia coli* beträgt unter optimalen Wachstumsbedingungen nur etwa 20 Minuten, während sie für *Mycobacterium tuberculosis* bei über 12 Stunden liegt.

Die Ausbreitung einer bakteriellen Kontamination hängt sehr stark von den Wachstumsbedingungen für die Bakterien ab. Bei der Aufbewahrung von Nahrungsmitteln ist deshalb eine Unterbrechung der Kühlkette stets kritisch. Beispielsweise kann sich bei einer Generationszeit von 20 Minuten die Anzahl von *E.-coli*-Bakterien in nur 7 Stunden um den Faktor 1 Million vermehren.

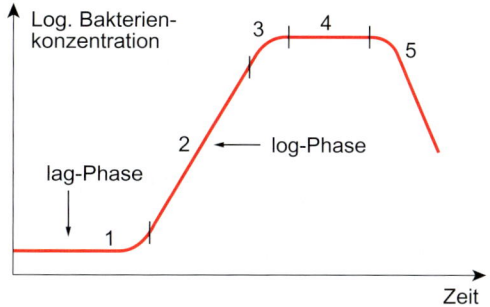

**Abb. 3.3** Wachstum einer Bakterienkultur. 1: Anlaufphase, 2: exponentielle Phase, 3: Retardationsphase, 4: stationäre Phase, 5: Absterbephase.

### Klinik

Klinisch werden verschiedene Agenzien und Verfahren eingesetzt, um das Wachstum von Bakterien zu verhindern. Nach dem Effekt werden unterschieden:
- **Bakteriostase:** Hemmung der Vermehrung von Bakterien
- **Bakteriozidie:** Abtötung von Bakterien

Zur Sterilisation werden Hitze, heißer Dampf (Autoklavieren) oder ionisierende Strahlung eingesetzt. Desinfizierend wirken Agenzien wie Alkohol, Formaldehyd oder Phenolderivate. Auch UV-Strahlung hemmt das Wachstum von Bakterien.

### Lerntipp

Eine spezielle Form der Bakteriozidie ist die Bakteriolyse. Prägen Sie sich ein, dass Penicillin und alle Derivate, die in die Zellwandsynthese eingreifen, ihre Wirkung am besten in teilungsaktiven Zellen entfalten, d.h. bei sich in der log-Phase befindenden Kulturen.

## 3.5 Bakteriengenetik

### 3.5.1 Genregulation

Das Genom der Bakterien (▶ Kap. 3.3.7) sowie die Prinzipien der Transkription (▶ Kap. 2.2.3.2) und Translation (▶ Kap. 2.2.5.2) wurden bereits beschrieben.

Die Prokaryonten sind Einzeller. Im Gegensatz zu mehrzelligen Organismen können sie alle ihre Gene exprimieren. Bei den Prokaryonten ist die Regulation der Transkription der wichtigste Mechanismus zur Steuerung der Genaktivität. In Bakterien werden oft ganze Gruppen von Genen gleichzeitig an- oder abgeschaltet.

Nach dem **Modell von Jacob und Monod** gliedert sich die DNA wie folgt:

- **Strukturgene** kodieren die Information für die Synthese eines Polypeptids. Sind an einer Stoffwechselkette mehrere Enzyme beteiligt, so können deren Strukturgene im Genom von Mikroorganismen unmittelbar hintereinander angeordnet sein.
- Zwischen dem Promotor und den Strukturgenen oder innerhalb des Promotors befindet sich der **Operator,** der wie ein Schalter wirkt. Am Operator kann ein intrazelluläres Botenmolekül andocken, der **Repressor.** Die RNA-Polymerase beginnt am Promotor und wird durch den gebundenen Repressor blockiert. Somit wird die Transkription der Strukturgene abgeschaltet.

- Ein an einer beliebigen anderen Stelle des Genoms lokalisiertes **Repressor-Gen** kodiert den Repressor.

Die gesamte funktionelle Einheit aus Promotor, Operator und Strukturproteinen wird als **Operon** bezeichnet.

### Lerntipp

Bitte beachten Sie, dass es in Eukaryonten keine polycistronischen mRNAs gibt (d. h. solche, die die Information für mehrere Proteine hintereinander beinhalten). Dort wird zu jedem Gen eine separate mRNA synthetisiert.

Ein Beispiel ist das Lactose-Operon von *Escherichia coli* (▶ Abb. 3.4). Die hintereinander liegenden Strukturgene des Lactose-Operons kodieren drei Enzyme, die an der Aufspaltung von Lactose in Glucose und Galaktose beteiligt sind. Befindet sich im Nährmedium der Bakterien Glucose, wird

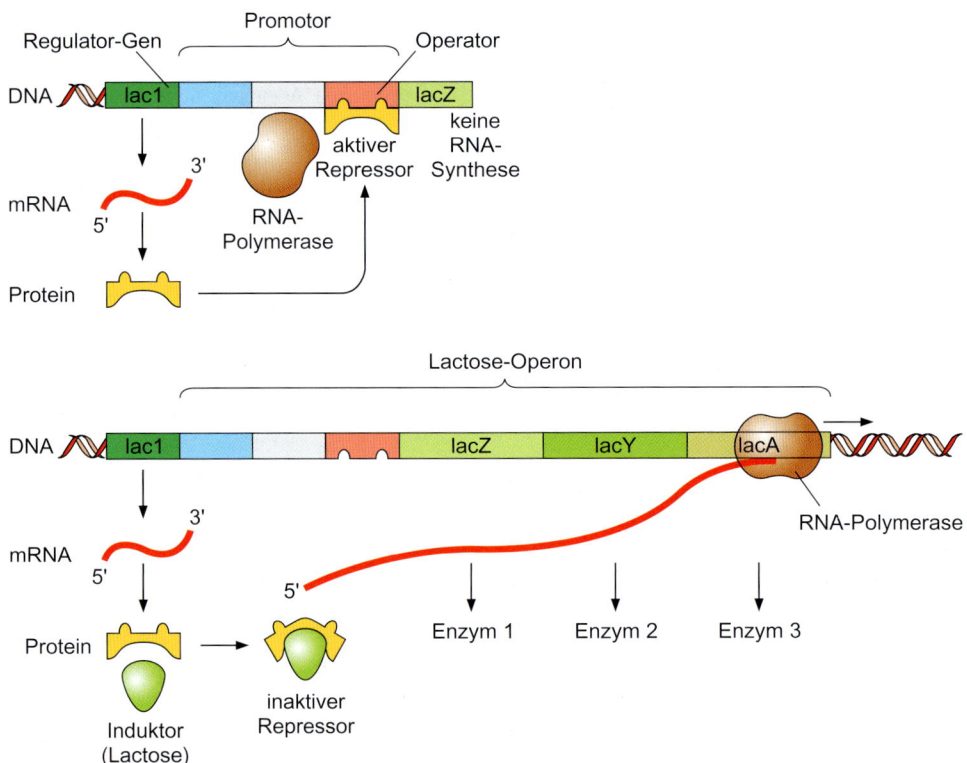

**Abb. 3.4** Substratinduktion am Beispiel des Lactose-Operons. In der Abwesenheit von Lactose ist das Operon abgeschaltet (**a**). Das Operon wird angeschaltet, indem Lactose den Repressor inaktiviert (**b**). Enzym 1: β-Galaktosidase, Enzym 2: Permease, Enzym 3: Transacetylase.

diese bevorzugt verwertet. Der Repressor ist an den Operator gebunden und das Operon folglich inaktiv. Es wird erst dann aktiviert, wenn sich Lactose und gleichzeitig keine Glucose im Medium befindet.

Es handelt sich hier um eine **Substratinduktion** des Operons mit **allosterischer Hemmung** des Repressors. Lactose, das Substrat der Enzymkette, bindet am Repressormolekül, woraufhin dieses seine Konformation so ändert, dass es nicht mehr am Operator ansetzen kann.

Dagegen wird die Synthese der Aminosäure Tryptophan durch **Endproduktrepression** gesteuert. Im Anfangszustand passt die Konformation des Repressors nicht zum Operator des trp-Operons. Das Operon ist daher aktiv und es wird Tryptophan synthetisiert. Das Tryptophan bindet am allosterischen Zentrum des Repressors und verändert diesen so, dass er das Operon abschalten kann.

## 3.5.2 Übertragung von Genmaterial

Bakterien können untereinander Genmaterial übertragen. Bei einer asexuellen Vermehrung durch Teilung ändert sich der Genbestand nur durch Neumutationen. Durch Transposons können Gene an eine andere Position verschoben oder dupliziert werden (▶ Kap. 2.2.8.1).

Die Fähigkeit der Bakterien, fremde DNA in ihr Genom zu integrieren, ermöglicht ihnen eine Neukombination ihres Genbestands und führt somit zu einer größeren genetischen Vielfalt. So können genetische Eigenschaften zwischen verschiedenen Bakterienstämmen übertragen werden. Bei den Bakterien sind 3 Mechanismen der Genübertragung bekannt:

- **Konjugation** ist der direkte Transfer genetischen Materials zwischen Zellen, die sich durch F-Pili (▶ Kap. 3.3.3.2) vorübergehend verbunden haben. Dieser Vorgang wird auch als **Parasexualität** bezeichnet. So genannte F⁺-Stämme der Bakterien besitzen Fertilitätsgene (F-Faktoren). Die F⁺-Zellen bilden F-Pili (Sex-Pili) und nehmen über diese selektiv Kontakt zu F⁻-Zellen auf, d.h. zu Zellen ohne Fertilitätsfaktor. Die Fertilitätsgene werden von der F⁺-Zelle auf die F⁻-Zelle übertragen. Dabei wird das F-Plasmid, das den Fertilitätsfaktor enthält, durch den schlauchartigen Pilus in die Empfängerzelle geschoben. Das F-Plasmid enthält etwa 25 Gene, die hauptsächlich zur Bildung der F-Pili benötigt werden. Das F-Plasmid ist ein Episom (▶ Kap. 3.3.7.2). In seltenen Fällen integriert es sich in das Bakterienchromosom. Die betroffenen Zellen und ihre Nachkommen übertragen dann oft weitere Gene, die beim Herauslösen des F-Faktors mitgenommen werden. Solche Bakterienstämme werden als **Hfr-Stämme** (High Frequency of Recombination) bezeichnet.

- **Transduktion** ist der Gentransfer durch Bakteriophagen. Bakteriophagen sind Viren (▶ Kap. 3.7), die Bakterien infizieren. Die Phagen können bei ihrem Vermehrungszyklus unter Umständen DNA der Wirtszelle integrieren und auf den nächsten Wirt übertragen.

- **Transformation** ist die Aufnahme von freier, isolierter Fremd-DNA in das Bakteriengenom. Dafür ist kein direkter Zellkontakt erforderlich. Nicht alle Bakterienarten sind zur Transformation fähig.

### Klinik

Klinische Bedeutung hat der Gentransfer bei der Übertragung von **Resistenzgenen** (R-Faktoren), hier besonders bei Genen der Antibiotikaresistenz, sowie von Virulenzfaktoren. Pathogenitäts- und Virulenzfaktoren sind Gene, die die Zelle zur Kapselbildung oder zur Produktion von Toxinen befähigen.

Grundsätzlich kann eine **Antibiotikaresistenz** entweder durch Neumutation oder durch Genübertragung erworben werden. Die Exposition von Bakterien mit Antibiotika beeinflusst weder deren Mutationsrate noch die Mechanismen des Gentransfers.

- Ein breiter Einsatz von Antibiotika erzeugt jedoch einen Selektionsdruck, gegen den nur die resistenten Stämme bestehen können. Es werden deshalb immer häufiger bakterielle Infektionen beobachtet, die auf herkömmliche Antibiotika nicht mehr ansprechen.

- Ein zu früher Abbruch einer Antibiotikatherapie kann zu unerwünschten Selektionseffekten führen. Die empfindlicheren Zellen wurden abgetötet, während die noch überlebenden Zellen gegen das betreffende Antibiotikum weitgehend resistent sind.

### Merke

**Zusammenfassung Bakteriengenetik:**
**Genom:**
- Nucleoid („Bakterienchromosom"):
  – Ringförmig
  – Doppelsträngig
  – Ohne Histone
- Plasmide:
  – Ringförmig, doppelsträngig
  – Lage außerhalb des Nucleoids
  – Replikation unabhängig vom Nucleoid
  – Träger von Resistenzfaktoren, z. B. gegen Antibiotika
  – Träger von Fertilitätsfaktoren

**Genübertragung:**
- Konjugation: parasexuelle Übertragung durch Kontakt mittels F-Pili
- Transduktion: Übertragung durch Bakteriophagen
- Transformation: Aufnahme freier DNA

## 3.6 Pilze

### 3.6.1 Lebensweise

Pilze (Fungi) sind Eukaryonten. Sie besitzen einen Zellkern mit Chromosomen und einer Kernmembran sowie Mitochondrien. Früher wurden die Pilze zu den Pflanzen gezählt, nach der aktuellen Klassifikation bilden sie aber eine eigene Organismengruppe.

Wie Pflanzenzellen weisen die Zellen der Pilze Zellwände auf. Bei fast allen Pilzen besteht die Zellwand jedoch aus Chitin. Nur in seltenen Fällen tritt, wie auch bei pflanzlichen Zellen, eine Zellwand aus Zellulose auf.

Pilze sind nicht zur Photosynthese fähig. Sie sind **obligat heterotrophe Organismen,** d. h., sie benötigen als Substrate ihres Stoffwechsels organische Verbindungen (▶ Kap. 3.4.1). Diese gewinnen sie als **Saprophyten** (Faulstoffverwerter) aus der Zersetzung der Reste anderer Organismen oder sie erhalten die notwendigen Nährstoffe als **Symbionten** oder **Parasiten** von lebenden Organismen (▶ Kap. 3.9.4).

### Merke

Pilze sind Eukaryonten, die einen Zellkern und eine Zellwand besitzen und nicht zur Photosynthese fähig sind.

### Klinik

**Mykosen** sind durch Pilze verursachte Infektionskrankheiten. Sie nehmen beim Gesunden in der Regel keine kritischen Formen an, treten aber bei immundefizienten Patienten häufig als opportunistische Infektionen auf.
- Dermatophyten sind keratinophile Pilze, die beim Menschen Haut, Haare oder Nägel befallen.
- Auch die Schleimhäute des Verdauungs- und des Respirationstrakts sind mögliche Lokalisationen eines Pilzbefalls, meist durch Hefen und Schimmelpilze.
- Systemische Mykosen manifestieren sich an verschiedenen Organen. Sie stellen eine schwerwiegende Allgemeininfektion dar, die lebensbedrohlich verlaufen kann.

### 3.6.2 Wachstumsformen

Die meisten Pilze sind vielzellige Organismen, die fast immer aus Zellfäden, den **Hyphen,** bestehen.

- Septierte Hyphen sind durch Zellwände unterteilt (▶ Abb. 3.5a). Über Poren ist aber trotzdem ein freier Durchfluss des Zytoplasmas möglich. Die Poren sind so groß, dass Ribosomen, Mitochondrien und sogar Zellkerne hindurchgelangen können.
- Coenozytische Hyphen bestehen aus einer kontinuierlichen zytoplasmatischen Masse mit bis zu Tausenden von Zellkernen (▶ Abb. 3.5b). Der coenozytische Zustand entsteht durch Kernteilungen ohne Teilung des Zytoplasmas.

Der gesamte Organismus eines mehrzelligen Pilzes besteht aus einem Röhrensystem, das durch die Zellwand der Röhren stabilisiert wird. Die Hyphen bilden ein weit verzweigtes Netzwerk, das als **Myzel** (Plural: Myzelien) bezeichnet wird.

Es gibt aber auch Pilzarten, u. a. die Hefen, die keine Hyphen und dementsprechend auch kein Myzel bilden.

### Merke

**Hefen** sind einzellige, hyphenlose Pilze.

Die einzelnen Pilzarten zeigen ein weites Spektrum an Wachstumsformen. Die mikroskopische Identifizierung der Wachstumsform ist wichtig für die mykologische Diagnostik.

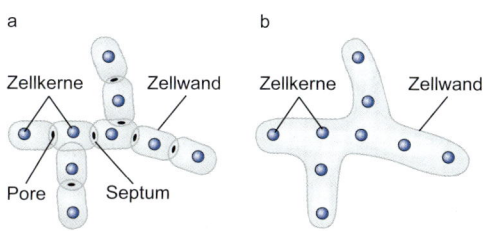

a

Zellkerne    Zellwand

Pore    Septum

b

Zellkerne    Zellwand

**Abb. 3.5** Hyphenformen: **(a)** septierte und **(b)** coenozytische Hyphen.

Bei vielen Pilzen erstreckt sich das Myzel unterirdisch über einen sehr großen Bereich. Oberirdisch lagern sich die Hyphen dichter zusammen und bilden einen Stiel oder Schlauch und einen Fruchtkörper.

Andere Pilzgattungen, wie z.B. die Schimmelpilze, wachsen flächig auf einem Substrat.

## 3.6.3 Vermehrung

Viele mehrzellige Pilze vermehren sich durch **Sporenbildung.** Die Sporen werden im Fruchtkörper gebildet, der sich aus spezialisierten Hyphenabschnitten aufbaut. Je nach Pilzart erfolgt die Vermehrung geschlechtlich oder ungeschlechtlich; bei manchen Arten sind beide Wege möglich. Es werden diploide oder haploide Sporen produziert.

Haploide Sporen bilden ein haploides Myzel. Aus zwei haploiden Myzelien entsteht zunächst ein dikaryontisches Myzel, mit zwei Arten haploider Kerne, die dann zu diploiden Kernen verschmelzen. Erst das diploide Myzel kann erneut einen Fruchtkörper bilden.

**Merke** •───

Pilzsporen dienen der Vermehrung und sind daher von der resistenten Dauerform der Bakterien, den Bakteriensporen (▶ Kap. 3.3.8), zu unterscheiden.

Einzellige Pilze, wie die Hefen, vermehren sich durch **Sprossung.** An einer Mutterzelle bildet sich eine mit Zytoplasma gefüllte Ausstülpung. In diese Knospe wandert ein Zellkern ein. Schließlich schnürt sich die Knospe als Tochterzelle ab.

Einige Pilzarten können durch die Bildung von Hyphen oder durch Sprossung wachsen. Sie wechseln abhängig von den Umgebungsbedingungen von einer zur anderen Wachstumsform, können aber auch beide Wachstumsformen gleichzeitig aufweisen.

**Lerntipp** •───

Bitte merken Sie sich, dass viele Schimmelpilze wie *Penicillium* oder *Aspergillus* diploide Sporen bilden, die Konidien genannt werden. Nach dem Begriff wird manchmal in diesem Zusammenhang gefragt.

## 3.6.4 Synthese von Antibiotika und Toxinen

Pilze sind Produzenten zahlreicher Substanzen, die als Antibiotika oder Toxine für den Menschen klinische Bedeutung besitzen.

## 3.7 Viren

### 3.7.1 Virusbegriff

**Viren** (lat. virus = Schleim, Gift) sind kleine, infektiöse Partikel. Das vollständige, infektiöse Virus wird auch als **Virion** bezeichnet.

Die Größe der Viren liegt zwischen 20 nm (Poliomyelitis-Virus) und etwa 300 nm (Mumps-Virus), Viren sind daher nur im Elektronenmikroskop sichtbar. Lediglich das Pockenvirus mit einem Durchmesser von 500 nm ist unter Umständen noch lichtmikroskopisch erkennbar.

Viren sind weder zu Wachstum noch zu eigenständiger Vermehrung in der Lage. Es wird deshalb immer wieder diskutiert, ob Viren der belebten oder unbelebten Natur zuzuordnen sind. Zu seiner Reproduktion benötigt das Virus eine Wirtszelle, deren Stoffwechsel es zu seiner Vervielfältigung umdirigiert (▶ Kap. 3.7.3). Eine spezielle Gruppe der Viren, die **Bakteriophagen** oder kurz **Phagen,** nutzen Bakterien als Wirte.

**Viroide** sind kleine Moleküle „nackter" RNA, die nur einige hundert Nukleotide lang sind. Bisher wurden durch Viroide verursachte Krankheiten nur bei Pflanzen nachgewiesen.

> **Merke** •
>
> Viren benötigen zu ihrer Vermehrung eine Wirtszelle. Sie sind aber nicht mit anderen obligat intrazellulären Parasiten wie Chlamydien und Rickettsien (▶ Kap. 3.4.1) zu verwechseln, die zu den Bakterien gezählt werden.

### 3.7.2 Aufbau

Das Virus (▶ Abb. 3.6) enthält seine genetische Information in Form eines Nucleoids, das aus einzel- oder doppelsträngiger DNA oder aus RNA aufgebaut ist.

Das Nucleoid ist von einer Proteinhülle, dem **Capsid,** umgeben. Dieses setzt sich aus mehreren Untereinheiten zusammen, den **Capsomeren**. Nucleoid und Proteinhülle werden zusammen als **Nucleocapsid** bezeichnet.

Viren eukaryontischer Zellen können darüber hinaus eine zusätzliche **Hülle** besitzen. Die Virushülle ist wie die Plasmamembran einer Zelle als Lipiddoppelschicht aufgebaut. Als so genannte **Spikes** sind Glykoproteine oder Lipoproteine integriert, mit denen sich das Virus an spezielle Oberflächenmerkmale seiner Zielzelle bindet.

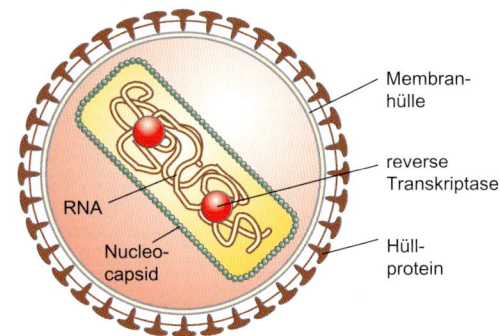

**Abb. 3.6** Schematischer Aufbau eines Virus.

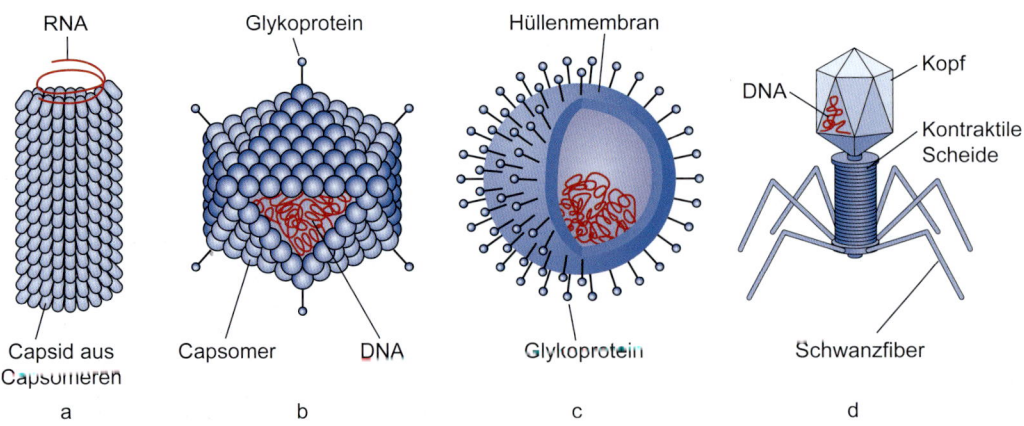

**Abb. 3.7** Beispiele für den Bau von Viren: **(a)** Tabakmosaikvirus, **(b)** Adenoviren, **(c)** Influenzaviren, **(d)** Bakteriophage T4.

Die Viren eukaryontischer Zellen werden nach folgenden Kriterien klassifiziert:

- Genom: DNA oder RNA, einzel- oder doppelsträngig
- Form des Capsids: helikal, kubisch, polyedrisch oder noch komplexer
- Vorhandensein oder Fehlen einer Hülle
- Antigeneigenschaften
- Zytopathische Effekte
- Klinisches Krankheitsbild

Viren sind in ihrer Größe und Gestalt sehr unterschiedlich, es lassen sich aber gemeinsame Strukturmerkmale erkennen:

- Das Tabakmosaikvirus (► Abb. 3.7a), ein Krankheitserreger bei Pflanzen, besitzt eine stäbchenförmige Gestalt mit einem helikalen Capsid.
- Adenoviren (► Abb. 3.7b) haben ein polyedrisches Capsid mit einem Glykoprotein-Spike an jeder der Ecken.
- Influenzaviren (► Abb. 3.7c) besitzen eine Hülle mit zahlreichen Spikes. Das Genom besteht aus 8 RNA-Molekülen, die jeweils von einem eigenen helikalen Capsid umgeben sind.
- Der Bakteriophage T4 (► Abb. 3.7d) weist als Kopf ein polyedrisches Capsid auf. Wie alle Phagen besitzt er einen Schwanz, durch den er sein Genom in das Wirtsbakterium injiziert (► Kap. 3.7.3.1).

## 3.7.3 Vermehrung

Alle Arten von Viren benötigen eine Wirtszelle zu ihrer Replikation. Sie integrieren ihr eigenes Genom in das Genom der Wirtszelle und nutzen damit deren Syntheseapparat zur Produktion neuer Viren. Viren können im Labor daher nur in Zellkulturen oder in entsprechend sensitiven Versuchstieren vermehrt und kultiviert werden. Hinsichtlich der Mechanismen der Infektion sind die Bakteriophagen von den Viren eukaryontischer Zellen zu unterscheiden.

### 3.7.3.1 Bakteriophagen

Phagen bestehen aus einem Kopf, der einzel- oder doppelsträngige DNA enthält, und einem Schwanz, mit dem sich der Phage an das Bakterium heftet (► Abb. 3.7d). An der Kontaktstelle wird die Zellwand enzymatisch aufgelöst und durch eine Kontraktion der Schwanzhülle durchstoßen (Penetration). Durch den hohlen Schwanz des Phagen wird sein Genom in das Bakterium injiziert. Danach spielt sich eines von zwei möglichen Szenarien ab:

- **Virulente Phagen** durchlaufen einen **lytischen Vermehrungszyklus.** Die DNA wird sofort transkribiert. Die von der Wirtszelle produzierten Proteinstrukturen des Phagen organisieren sich selbsttätig zu Hüllen für neue Phagen. Gleichzeitig repliziert sich auch die DNA des Phagen. Später transkribierte Gene des Phagen kodieren für die Synthese von Lysozym, das die Zellwand der Wirtszelle auflöst. Es werden pro Zelle etwa 100–200 neue infektiöse Phagen freigesetzt. Die Bakterienzelle geht dabei zugrunde.
- Beim **temperenten Zyklus** wird die DNA des Phagen in das Bakterienchromosom integriert, dieser Vorgang wird als **Lysogenie** bezeichnet. Die Entscheidung, ob sich die Phagen-DNA integriert oder im lytischen Zyklus sofort repliziert wird, erfolgt kurz nach ihrer Injektion. Nach Einbau der Phagen-DNA wird die Transkription der Phagengene unterdrückt. Der integrierte, aber reprimierte Phage wird **Prophage** genannt. Der inaktive Prophage wird zusammen mit der Bakterien-DNA repliziert und an die Tochterzellen weitervererbt. Gegen eine nochmalige Infektion mit demselben Phagentyp ist ein lysogenes Bakterium immun. Neu eingedrungene Phagengene werden ebenfalls reprimiert und damit wird eine lytische Vermehrung des Phagen verhindert. Der lysogene Zustand ist meist stabil. Er ist aber an die Wirkung eines Repressors gebunden. Durch mutagene Einflüsse kann der Repressor inaktiviert werden, der Phage geht dann in den Zustand lytischer Vermehrung über.

### 3.7.3.2 Viren eukaryontischer Zellen

Die Viren eukaryontischer Zellen dringen komplett in die Wirtszelle ein und setzen erst im Inneren der befallenen Zelle ihr Genom frei. Grundsätzlich durchläuft der Replikationszyklus des Virus die folgenden Stadien:

1. **Adsorption:** Das Virus bindet über Rezeptoren an einer für die jeweilige Virenart spezifischen Wirtszelle.
2. **Penetration:** Das Virus wird in die Zelle eingeschleust. Es wird entweder aktiv durch Phagozytose bzw. Pinozytose oder durch Fusion seiner Hülle mit der Zellmembran aufgenommen.

3. **Uncoating:** Das Capsid und ggf. die Hülle werden abgebaut. Damit wird das Genom des Virus freigesetzt.
4. **Replikation:** Nachdem sich die viralen Gene in das Genom der Wirtszelle integriert haben, repliziert der zelluläre Apparat die virale Nukleinsäure und die viralen Proteine.
5. **Maturation** (Reifung): Aus den von der Zelle synthetisierten Bestandteilen setzen sich neue Viren zusammen.
6. **Liberation** (Ausschleusung): Die neu gebildeten Viren verlassen die Zelle, entweder durch Lyse der Membran und Zerfall der Zelle oder mittels Abschnürung aus der Zellmembran. Bei der Abschnürung werden die Ausstülpungen aus der Zellmembran in eine Virushülle mit Spikes transformiert.

Die Gene des Virus werden als **Provirus** in das Genom der Zelle integriert.
- DNA kann direkt integriert werden.
  - In der Gruppe der **Retroviren** liegt die Erbinformation in Form von RNA vor. Mit dem viruseigenen Enzym reverse Transkriptase wird die RNA zunächst in DNA umgeschrieben, die sich dann in das Wirtsgenom integriert.

Die aus der Untersuchung des Vermehrungszyklus von Viren gewonnenen Erkenntnisse nutzt die Gentechnologie zur Herstellung von Genvektoren, mit deren Hilfe bestimmte Gene in das Genom einer Zielzelle integriert werden.

In der Regel ist die Folge einer viralen Infektion die Virusproduktion durch die befallene Zelle. Werden die viralen Gene aber reprimiert, kann diese Produktion auch unterbleiben.

Die Integration viraler Gene kann zur Transformation einer Zelle zur Tumorzelle führen. Bei einigen Krebsarten werden deshalb Viren zumindest als Kofaktoren der Tumorgenese vermutet.

**Klinik**

Eine **Virusinfektion** wird in der Regel nicht direkt, durch Nachweis des Virus, sondern mittels immunologischer Tests über den Nachweis spezifischer Enzyme oder Antikörper labordiagnostisch festgestellt.

Die Struktur der Virushülle mit ihren spezifischen Glyko- und Lipoproteinen bestimmt essenziell die infektiösen Eigenschaften des Virus. Die Hülle spielt eine Rolle bei der

- Anlagerung des Virus an Oberflächenstrukturen der Zelle,
- Aufnahme des Nucleocapsids nach Fusion mit der Zellmembran,
- Aufnahme des kompletten Virus durch Phagozytose bzw. Pinozytose,
- Ausschleusung neu gebildeter Viren durch Abschnürung aus der Zellmembran.

**Klinik**

Eine Zerstörung der Virushülle durch lipidlösende Agenzien, wie Chloroform, Ether oder Detergenzien, reduziert deshalb entscheidend das Infektionspotenzial des Virus.

Die Infektion einer Zelle mit einem Virus lässt sich nicht mehr rückgängig machen. In den meisten Fällen werden virusinfizierte Zellen vom Immunsystem erkannt und angegriffen. Eine Therapie von Viruserkrankungen soll die weitere Vermehrung der Viren verhindern.

**Virostatika** können an unterschiedlichen Stellen des viralen Reproduktionszyklus ansetzen:
- Störung der Adsorption des Virus an die Zellmembran
- Angriffe beim Prozess des Uncoating
- Blockade virusspezifischer Enzyme
- Eingriffe beim Zusammenfügen des Virus aus seinen einzelnen Bausteinen

## 3.8 Prionen

**Prionen** sind die kleinsten übertragbaren pathogenen Partikel. Die Bezeichnung Prion ist abgeleitet aus dem englischen Ausdruck Proteinaceous Infectious Particle. Bei den Prionen handelt es sich also um infektiöse Proteine.

Prionen werden mit einer Reihe degenerativer Gehirnerkrankungen in Verbindung gebracht. Bei Schafen lösen sie die Krankheit Scrapie, bei Rindern die bovine spongiforme Enzephalopathie (BSE, „Rinderwahnsinn") aus.

**Klinik**

**Spongiforme Enzephalopathien** sind übertragbare, degenerative, im Endstadium tödlich verlaufende Gehirnerkrankungen. Durch den Untergang von Bereichen des Hirngewebes erhält das Gehirn im fortgeschrittenen Krankheitsstadium eine löchrige, schwammartige Struktur.

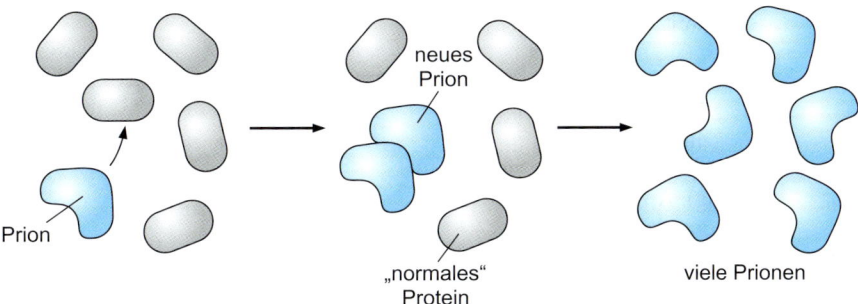

Prion

neues Prion

„normales" Protein

viele Prionen

**Abb. 3.8** Hypothese zur Vermehrung von Prionen.

- Beim Menschen wird die erworbene Form der **Creutz-feldt-Jacob-Krankheit** mit Prionen in Verbindung gebracht. Histologisch zeigen sich dabei die gleichen degenerativen Kennzeichen wie bei BSE. Aus diesem Grund wird ein möglicher Infektionsweg durch den Verzehr von Rindfleisch oder anderen aus infizierten Rindern hergestellten Nahrungsmitteln befürchtet.
- Eine ähnliche Symptomatik wie die Creutzfeldt-Jacob-Krankheit zeigt die **Kuru-Krankheit.** Die Erreger sind vermutlich Prionen. Kuru ist eine seltene Erkrankung, die nur in Papua-Neuguinea bei einem Stamm aufgetreten ist, der rituellen Kannibalismus betreibt.

Ein Protein kann sich nicht selbst replizieren. Der Mechanismus der Vermehrung von Prionen und ihrer Übertragung ist noch nicht vollkommen aufgeklärt.

Nach einer inzwischen allgemein akzeptierten Hypothese stellt ein Prion die aberrante Variante eines normalen Proteins dar, das in bestimmten Zellen vorkommt. Infiziert das Prion die entsprechende Zielzelle, katalysiert es die Umwandlung des normalen Proteins in die Prion-Variante. In einer Kettenreaktion steigt die Zahl der Prionen sprunghaft an (▶ Abb. 3.8). Auf welche Weise das Prion dem normalen Protein die Konformationsänderung aufzwingt, ist bisher noch unbekannt.

### Klinik

- Bei **BSE** ist die Prion-Variante des Proteins nicht löslich. Es bildet sich Amyloid, ein Protein-Polysaccharid-Komplex, der sich in Form von Plaques in den betroffenen Neuronen ablagert. In der Folge gehen die Neuronen zugrunde.

- Amyloid-Ablagerungen sind auch bei der **Alzheimer-Krankheit** zu finden, deren Ursache bisher noch unbekannt ist. Trotz gewisser Ähnlichkeit mit den spongiformen Enzephalopathien wird bei der Alzheimer-Krankheit bisher aber keine Übertragbarkeit vermutet.

## 3.9 Ausgewählte Kapitel aus der Ökologie mit Bezügen zur Mikrobiologie

### 3.9.1 Stoffkreisläufe

Die Lebensgemeinschaft aller Organismen in einem bestimmten Gebiet (Biozönose, ▶ Kap. 3.9.4), einschließlich der abiotischen Faktoren des umgebenden Raums, wie Rohstoff- und Energiequellen, bildet ein **Ökosystem.** So lässt sich der gesamte Planet Erde als ein globales Ökosystem betrachten. Dieses kann weiter in kleinere Teilsysteme untergliedert werden.

Innerhalb eines Ökosystems stehen die einzelnen Lebensformen in gegenseitigen Wechselbeziehungen. Jedes Ökosystem setzt sich aus verschiedenen Komponenten zusammen (▶ Abb. 3.9):

- Die **abiotische Umwelt** stellt die Raumstruktur mit anorganischen Grundstoffen und die Versorgung mit Primärenergie zur Verfügung. Die für alle Lebensprozesse auf der Erde notwendige Energie wird direkt oder indirekt über Zwischenstufen von der Sonne geliefert.
- **Produzenten** sind autotrophe Organismen (▶ Kap. 3.4.1). Sie erzeugen unter Energieverbrauch aus anorganischen Stoffen organische Verbindungen.

– Die Grundlage des Stoffwechsels vieler Produzenten ist die **Photosynthese.** Zu den photoautotrophen Produzenten zählen somit nahezu alle Pflanzen, einschließlich der Algen, sowie Flechten, Cyanobakterien (früher als „Blaualgen" bezeichnet) und einige andere Bakterien.

– Chemoautotrophe Bakterien und Archaeen nutzen dagegen anorganische Stoffe wie Wasserstoff, Stickstoff, Schwefelwasserstoff oder $Fe^{2+}$ als Energiequelle (**Chemosynthese**).

• **Konsumenten** sind von der Syntheseleistung der Produzenten abhängig. Sie sind heterotrophe Organismen, die organische Verbindungen als Energiequelle ihres Stoffwechsels benötigen. Die Konsumenten lassen sich weiter in verschiedene Hierarchiestufen (Trophiestufen) einteilen.

– **Primärkonsumenten** sind alle Herbivoren (Pflanzenfresser). Sie ernähren sich von den Produzenten.

– **Sekundärkonsumenten** sind Carnivoren (Fleischfresser). Ihre Nahrungsquelle bilden die Primärkonsumenten. Gelegentlich wird die Unterteilung noch weitergeführt. Carnivoren, die sich von anderen Carnivoren ernähren, werden dann als Tertiärkonsumenten bezeichnet.

• **Destruenten** sind ebenfalls heterotrophe Organismen. Ihre Energiequelle ist Detritus, d.h. tote organische Abfälle, wie Kadaver, Kot, abgestorbene Pflanzen etc. Sie zerlegen die aufgenommenen organischen Substanzen wieder in ihre anorganischen Grundstoffe. Zu den Destruenten gehören vor allem Bakterien und Pilze sowie bestimmte wirbellose Tiere.

In jedem Ökosystem finden ständig Energie- und Stoffumwandlungen statt. Nach den Gesetzen der Thermodynamik lässt sich Energie nicht völlig verlustfrei von einer Form in eine andere umwandeln. Es entsteht immer Wärmeenergie, die nicht mehr weiter genutzt werden kann.

Im Gegensatz dazu befinden sich die chemischen Elemente in einem Kreislauf. Die chemischen Grundstoffe gehen niemals verloren, sie werden ständig recycelt.

> **Merke**
>
> Für jedes biologisch bedeutende Element, wie Kohlenstoff, Stickstoff, Sauerstoff, Mineralien und Spurenelemente, besteht ein **Stoffkreislauf.**

Exemplarisch wird in ▶ Abb. 3.10 der Stoffkreislauf des Stickstoffs dargestellt. Stickstoff kommt, vor allem als Bestandteil von Aminosäuren und Nukleinsäuren, in jedem Lebewesen vor. Stickstoff ist eines der häufigsten Elemente; die Atmosphäre besteht zu 78 % aus $N_2$. Der molekulare Stickstoff ist jedoch für die meisten Konsumenten nicht nutzbar.

• Durch **Stickstofffixierung,** die Umwandlung von $N_2$ zu Ammoniak ($NH_3$), wird der Stickstoff in den Stoffkreislauf eingebracht. Nur bestimmte Prokaryonten können Stickstoff fixieren. Sie leben oft als symbiontische Bakterien in den Wurzelknöllchen der Pflanzen.

• Aus dem abgegebenen Ammoniak bildet sich in leicht saurem Milieu Ammonium ($NH_4^+$), das von Pflanzen direkt genutzt werden kann. Der größte Teil wird aber von aeroben Bakterien in einem als **Nitrifikation** bezeichneten Prozess zu Nitrit ($NO_2^-$) und dann weiter zu Nitrat ($NO_3^-$) oxidiert.

• Einige Bakterien gewinnen unter anaeroben Bedingungen Sauerstoff aus Nitrat. Als Endprodukt dieser **Denitrifikation** wird wieder molekularer Stickstoff ($N_2$) an die Atmosphäre abgegeben.

• Der größte Teil des Nitrats wird aber von Pflanzen **assimiliert** und in organische Verbindungen eingebaut. Mit diesen von den Produzenten gebildeten organischen Stoffen gelangt der Stickstoff in den Organismus der Konsumenten.

• Destruenten bauen schließlich die organischen Verbindungen wieder ab. Ein Endprodukt des Abbaus ist Ammonium. Dieser Remineralisierungsprozess, über den anorganisch gebundener Stickstoff wieder zurück in den Boden gelangt, wird **Ammonifikation** genannt.

Das Beispiel des Stickstoffkreislaufs zeigt die wichtige Rolle von Mikroorganismen beim Abbau organischer Substanzen. Natürliche Stoffwechselprozesse werden auch in der biologischen Stufe einer Kläranlage genutzt. Dem zuvor mechanisch von mitgeführten Fremdkörpern gereinigten Wasser wird im biologischen Klärbecken ein Schlamm aus Bakterien und Protozoen zugeführt. Die Mikroorganismen bauen organische Verunreinigungen unter Sauerstoffverbrauch ab. Biologische Klärbecken müssen daher künstlich belüftet werden.

Anthropogene Einflüsse können einen natürlichen Stoffkreislauf empfindlich stören. Dies kann bei der **Eutrophierung** von Gewässern beobachtet werden. Ein erhöhter Eintrag an Nitraten und Phosphaten aus der Landwirtschaft und von Haushalten in Form von Mineraldünger, Gülle oder Waschmitteln verwandelt ein ehemals nährstoffarmes (oligotrophes) Gewässer in ein nährstoffreiches (eutrophes) Gewässer. Das gesteigerte Nährstoffangebot fördert das Wachstum von Algen (Phytoplankton). In der Folge kommt es zu einer Zunahme von organischem Abfall und von Destruenten und dadurch zu einer fortschreitenden Sauerstoffverknappung. Ist nicht genügend Sauerstoff vorhanden, kommt es zum „Umkippen" des Gewässers. Organisches Material zersetzt sich dann unter anaeroben Bedingungen. Die dabei entstehenden Fäulnisgase Methan, Ammoniak und Schwefelwasserstoff sind toxisch für höhere Lebewesen.

### 3.9.2 Nahrungskette

Im Stoffkreislauf eines Ökosystems wird Biomasse, d. h. biologisches Material, in mehreren Stufen aufgebaut. Es entsteht eine **Nahrungskette:** (pflanzlicher) Produzent → (herbivorer) Primärkonsument → (carnivorer) Sekundärkonsument.

Unter Umständen setzt sich die Nahrungskette noch weiter fort, zu ebenfalls carnivoren Tertiär- oder Quartärkonsumenten (vgl. ▶ Abb. 3.11). Die Ernährungsstufen einer Nahrungskette werden auch **trophische Stufen** genannt (griech. trophe = Ernährung).

#### 3.9.2.1 Schadstoffanreicherung

In das Ökosystem eingebrachte **Schadstoffe** gelangen über die Nahrungskette in den Körper des Menschen.

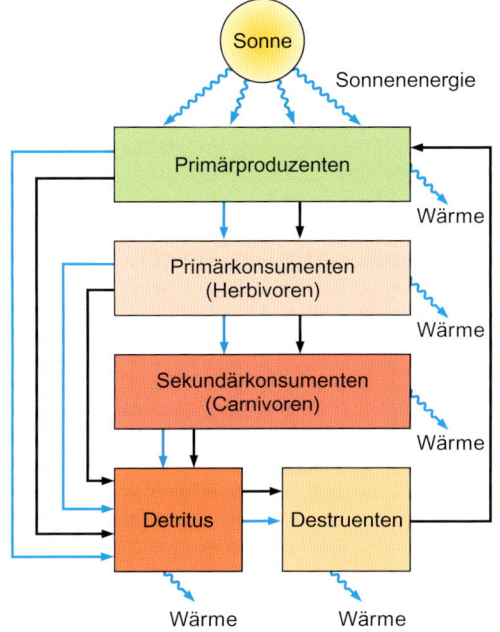

**Abb. 3.9** Dynamik eines Ökosystems; blaue Linien: Energieflüsse, schwarze Linien: Stoffflüsse.

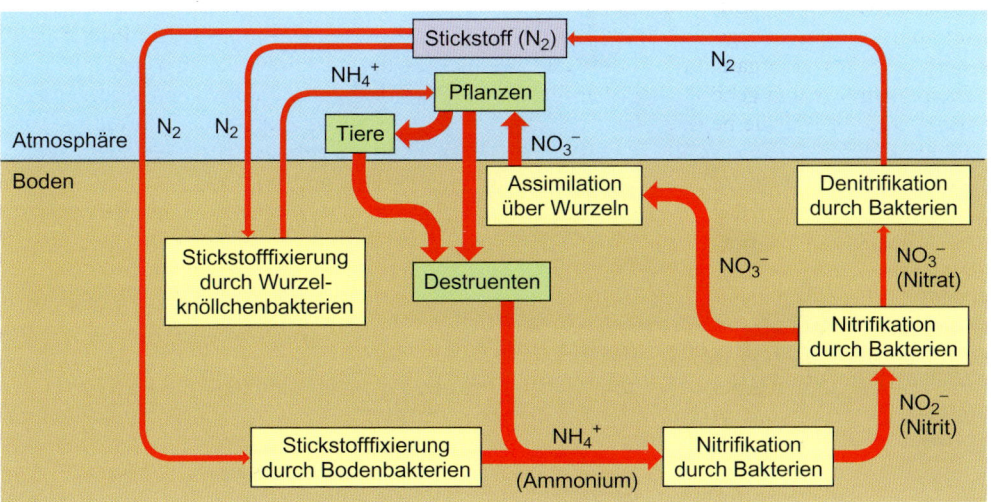

**Abb. 3.10** Der Kreislauf des Stickstoffs.

Besonders kritisch sind solche Stoffe, die sich im Körper anreichern. Zu dieser Gruppe zählen viele Pestizide, wie DDT, polychlorierte Biphenyle (PCB) und Schwermetalle.

Quecksilbervergiftungen durch Nahrungsmittel wurden beim Menschen bereits mehrfach beobachtet. Quecksilber fällt bei vielen industriellen Produktionsvorgängen an und gelangt mit dem Abwasser in Flüsse und Meere.

Elementares Quecksilber ist für den Menschen relativ ungefährlich. Dagegen wirkt Methylquecksilber hoch toxisch. Bestimmte Mikroorganismen wandeln elementares Quecksilber in das toxische Methylquecksilber um. In dieser Form wird es von anderen Organismen aufgenommen und reichert sich von Stufe zu Stufe in der Nahrungskette an. In Fischarten, die an der Spitze der maritimen Nahrungskette stehen, kann die Quecksilberkonzentration mehr als das Tausendfache der Konzentration im Meerwasser erreichen.

### 3.9.2.2 Energiefluss und Biomasse

Innerhalb einer Nahrungskette wird beim Übergang von jeder Stufe auf die nächstfolgende Energie umgewandelt. Entlang der Nahrungskette findet ein **Energiefluss** statt.

Der Energieinhalt der aufgenommenen Nahrung wird auf der jeweils nächsten trophischen Stufe nur zu etwa 10 % wieder in Biomasse umgewandelt. Jeder Organismus verbraucht den größten Teil des Energieinhalts der Nahrung zur Aufrechterhaltung seiner Lebensfunktionen. Nur ein kleiner Teil wird in die Synthese von Biomaterial investiert. Die Bilanz einer Nahrungskette lässt sich in Form einer **ökologischen Pyramide** darstellen. Eine Darstellung kann erfolgen als:

- Zahlenpyramide: Hier wird die Anzahl der Individuen auf jeder trophischen Stufe angegeben.
- Biomassenpyramide: Es wird die Gesamtheit der Biomasse jeder Stufe aufgetragen. Diese Form eignet sich besonders, um Massenverhältnisse zu verdeutlichen, z.B. welche Menge Pflanzen ein Rind fressen muss, um 1 kg Fleisch zu erzeugen.
- Energiepyramide: Hier werden die Biomassen der trophischen Stufen in ihren Energieinhalt umgerechnet.

Die **Produktionseffizienz** eines Organismus, d.h. das Verhältnis von assimilierter Energie zu der in Biomasse umgesetzten Energie, ist abhängig vom Stoffwechseltyp, vom Verhältnis zwischen Körpermasse und Körperoberfläche sowie von den Umgebungsbedingungen. So muss ein Kolibri im Verhältnis zu seiner Masse wesentlich mehr Nahrung aufnehmen als ein Elefant.

Die angenommene Effizienz von 10 % beim Übergang auf die nächste trophische Stufe stellt einen realistischen Mittelwert dar. Mit diesem Mittelwert kann eine idealisierte Energiepyramide dargestellt werden (▶ Abb. 3.11).

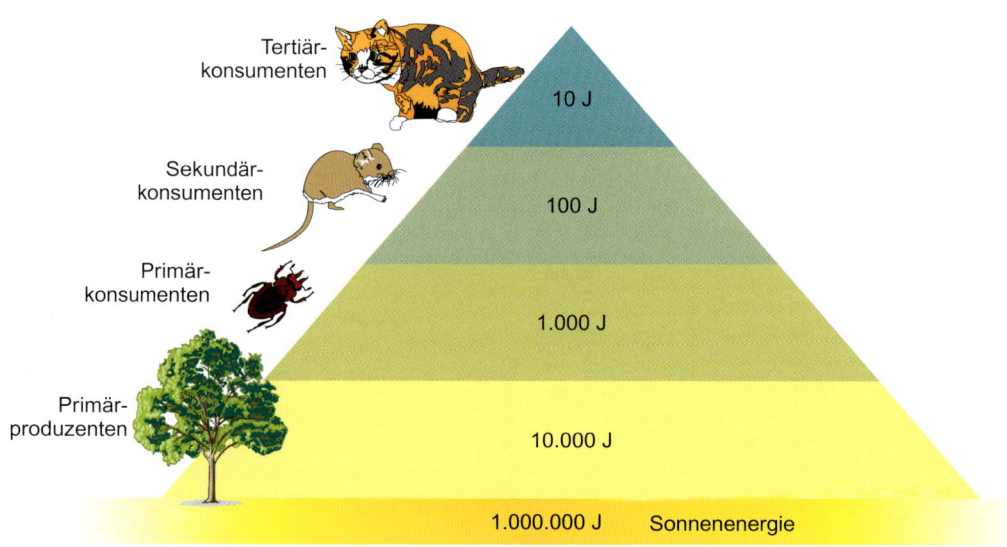

**Abb. 3.11** Idealisierte Energiepyramide einer Nahrungskette.

Die Primärproduzenten wandeln nur 1 % der eingestrahlten Sonnenenergie in biologisches Material um. Bei den Gliedern der Nahrungskette werden jeweils 10 % der von der vorhergehenden Stufe assimilierten Energie in Biomasse umgesetzt. Wegen der Energieverluste zwischen den trophischen Stufen werden Nahrungsketten nicht länger als 4–5 Stufen.

Die gezeigte Energiebilanz hat eine Bedeutung für zukünftige Strategien zur Ernährung einer ständig wachsenden Weltbevölkerung bei gleichzeitig begrenzten Ressourcen der Nahrungserzeugung. Eine gegebene Anbaufläche kann beim direkten Verzehr pflanzlicher Kost etwa die 10fache Personenzahl ernähren als beim Umweg über die Züchtung von Nutztieren für die Fleischproduktion.

## 3.9.3  Populationsdynamik

Eine Gruppe von Individuen der gleichen Spezies, die sich in einem gemeinsamen Lebensraum fortpflanzen, bildet eine **Population.** Jedes Mitglied der Population hat prinzipiell das Bestreben zur Fortpflanzung. Die **biologische Fitness** eines Individuums ist seine Fähigkeit, eine möglichst hohe Zahl von Nachkommen hervorzubringen.

> ### Merke
>
> Unter dem Begriff **Populationsgröße** wird die gesamte Anzahl der Individuen und unter **Populationsdichte** die Zahl der Individuen pro Flächeneinheit des zur Verfügung stehenden Lebensraums verstanden.

Die Größe einer Population bleibt im zeitlichen Verlauf nicht konstant. Sie wächst durch Geburten oder Einwanderung weiterer Individuen in den gemeinsamen Lebensraum. Todesfälle oder Abwanderung reduzieren die Populationsgröße.

Die Populationsdichte wird durch eine Reihe verschiedener Faktoren begrenzt. Es wird unterschieden zwischen dichteunabhängigen Faktoren, die als externe Faktoren nicht von der Zahl der Individuen beeinflusst werden, und dichteabhängigen Faktoren, deren Stärke durch den gegenwärtigen Zustand der Population bestimmt wird.

- **Dichteunabhängige Faktoren:**
  - Umweltbedingungen wie Klima und Bodenbeschaffenheit
  - Konkurrenz mit fremden Spezies um Nahrung und Lebensraum
  - Plötzlich auftretende Naturkatastrophen, wie Überschwemmungen, Vulkanausbrüche etc.
- **Dichteabhängige Faktoren:**
  - Intraspezifische Konkurrenz um Nahrung und Lebensraum
  - sozialer Stress
  - Parasitenbefall und Verbreitung von Infektionskrankheiten
  - Vermehrung von spezifischen Fressfeinden durch erhöhtes Beuteangebot

Mit zunehmender Populationsdichte wirken dichtebegrenzende Faktoren dem weiteren Anwachsen der Population immer stärker entgegen. Sie bewirken eine Rückkopplung in einem Regelkreis. Es stellt sich ein **dynamisches Gleichgewicht** ein zwischen wachstumsfördernden und wachstumshemmenden Einflüssen. Die Populationsdichte ändert sich nur noch geringfügig. Sie variiert in einem engen Bereich um den vom Regelkreis vorgegebenen Sollwert.

Diese Vorgänge lassen sich an einer Bakterienkultur anschaulich beobachten (▶ Abb. 3.3). Bei einem Überangebot an Nahrung und Lebensraum vermehren sich die Bakterien exponentiell. Beim Erreichen einer bestimmten Populationsdichte hemmen sich die Bakterien gegenseitig an der weiteren Vermehrung. Es stellt sich ein stationärer Zustand ein, in dem lediglich Zellverluste durch neue Zellteilungen kompensiert werden.

Einige Spezies vermehren sich unter günstigen Lebensbedingungen schneller, als die dichtebegrenzenden Faktoren anfänglich rückkoppelnd wirken können. Es kommt hier zu stark überschießenden Oszillationen um den Sollwert des natürlichen Regelkreises, die als **Massenwechsel** bezeichnet werden.

Eine derartige Population wächst zunächst sehr schnell. Es wird eine so hohe Populationsdichte erreicht, dass intraspezifische Konkurrenz und sozialer Stress auf ein extremes Niveau ansteigen. Krankheiten können sich seuchenartig verbreiten, die Fruchtbarkeit der Individuen sinkt, ihre Aggressivität steigt sprunghaft an, bei einigen Arten kommt es sogar zum Kannibalismus. Diese äußerst ungünstigen Bedingungen überleben nur sehr wenige Individuen, die sich dann aber wieder sehr schnell vermehren können.

Solche Massenwechsel werden bei Nagetieren, besonders bei Ratten und Lemmingen, sowie bei einigen Fisch- und Insektenarten beobachtet.

### 3.9.4 Wechselbeziehungen zwischen artverschiedenen Organismen

In jedem Ökosystem teilen sich Organismen verschiedener Arten einen gemeinsamen Lebensraum. Diese leben nicht voneinander isoliert, sondern befinden sich untereinander in einer ständigen Wechselwirkung. Eine solche Lebensgemeinschaft unterschiedlicher Arten, die sich gegenseitig beeinflussen und voneinander abhängen, wird als **Biozönose** bezeichnet.

Das Zusammenleben der Organismen kann verschiedene Formen annehmen:

- **Konkurrenz** ist der Wettbewerb um einen Faktor wie Nahrung oder Lebensraum. Längerfristig kann Konkurrenz zum Verschwinden einer Art führen, wenn die stärkeren Organismen sich schneller vermehren und die schwächere Art verdrängen. Es kann sich aber auch ein stabiler Zustand der Koexistenz einstellen.
- **Symbiose** bezeichnet ein Zusammenleben zweier Arten mit gegenseitigem Nutzen. Symbiosen haben sich in der Evolution durch lange Prozesse gegenseitiger Anpassung und Selektion entwickelt. Die Veränderung des einen Partners beeinflusst auch die Überlebenschancen des anderen. Die Biologie kennt zahlreiche Beispiele für Symbiosen.

**Klinik**

Symbionten des Menschen sind Bakterien, die den Darm, die Haut oder den Genitaltrakt besiedeln.
- Die **Darmbakterien** helfen bei der Aufspaltung der Nahrung. Sie synthetisieren einige Vitamine und essenzielle Fettsäuren. Darüber hinaus unterstützen sie die Immunabwehr gegen pathogene Bakterien und Viren.
- Die **Vagina** ist hauptsächlich durch relativ säurefeste Lactobazillen (Döderlein-Bakterien) besiedelt. Sie setzen in den Epithelzellen gespeicherte Glucose zu Milchsäure um. Damit stabilisieren sie den pH-Wert zwischen 3,8 und 4,5. Dieses saure Milieu verhindert die Ausbreitung pathogener Keime.
Eine **Antibiotikatherapie** schädigt immer auch die normale Bakterienflora des Darms und des Genitaltrakts.

- **Kommensalismus** bedeutet in einer freien Übersetzung des lat. Begriffs „Mitesser". Der Kommensale erhält oder nimmt sich Nahrung von seinem Wirt, ohne diesem dafür einen Nutzen zu verschaffen. Er schädigt den Wirt aber auch nicht.
- **Parasitismus** ist die Nutzung eines Wirtsorganismus, wobei der Wirt geschädigt wird. Der Parasit nutzt den Wirt dauerhaft oder nur temporär zu seiner Ernährung oder um sich selbst zu reproduzieren. Im Extremfall kann der Parasitenbefall zum Tod des Wirts führen. Ein Beispiel hierfür ist die lytische Vermehrung der Viren (► Kap. 3.7.3.1). Milben, Zecken, Flöhe und Läuse sind **Ektoparasiten,** sie leben auf der Oberfläche ihrer Wirte. **Endoparasiten** leben im Inneren des Wirtsorganismus, z. B. Würmer und Protozoen.

**Klinik**

Blut saugende Insekten sind Überträger vieler Krankheiten, wie z. B. der **Borreliose** (Zecken), der **Malaria** (*Anopheles*-Mücke) oder des **Fleckfiebers** (Läuse). Plasmodien, die Erreger der Malaria, zählen zu den Protozoen (► Kap. 3.3.1). Die Malariaerreger befallen parasitär die Erythrozyten. Beim Zerfall der Erythrozyten kommt es zu den für die Malaria typischen Fieberanfällen.

# Register